"1+X"职业技能等级证书配套系列教材

数字化网络管理与应用

主 编 王 鑫 李晓芹 刘江宁
副主编 滕 伟 房 菲 王星宝

科学出版社

北 京

内 容 简 介

本书围绕数字化网络管理与应用的岗位定义与岗位职能，以5G基站的选址与勘察、开通、维护、网络优化为主要技能点组织与阐述5G知识和5G技能。本书包括5个部分，知识准备阐述5G的基础理论、基本技术和5G工程相关知识；项目1介绍基站的选址与勘察；项目2详尽介绍基站的配置开通过程；项目3描述基站的维护流程和维护方法；项目4重点阐述基站单站验证的相关内容。项目1~项目4中的任务按照5G工程的流程展开，任务具备典型性，各个任务之间具备认知的相关性。通过5个项目的学习，读者可以初步具备基站勘察设计工程师、基站开通维护工程师和基站网络优化工程师的基本岗位技能。

本书适合作为应用型本科和职业院校通信类、计算机类、电子信息类相关专业的教材，也适合在通信行业有一定从业经验的人员学习和使用。

图书在版编目(CIP)数据

数字化网络管理与应用/王鑫，李晓芹，刘江宁主编. —北京: 科学出版社，2023.1

("1+X"职业技能等级证书配套系列教材)

ISBN 978-7-03-073476-1

Ⅰ.①数… Ⅱ.①王…②李…③刘… Ⅲ.①计算机网络管理－职业技能－鉴定－教材 Ⅳ.① TP393.07

中国版本图书馆CIP数据核字（2022）第193445号

责任编辑：孙露露　王会明/责任校对：王万红
责任印制：吕春珉/封面设计：东方人华平面设计部

科学出版社 出版
北京东黄城根北街16号
邮政编码：100717
http://www.sciencep.com

三河市良远印务有限公司印刷
科学出版社发行　　各地新华书店经销

*

2023年1月第 一 版　　开本：787×1092 1/16
2023年1月第一次印刷　　印张：16
字数：373 000

定价：58.00 元

（如有印装质量问题，我社负责调换〈良远〉）
销售部电话 010-62136230　　编辑部电话 010-62135763-2010

序

　　数字经济是大势所趋，数字产业化和产业数字化的双轮驱动，成为推动全球经济持续稳定增长的关键动力。2021年我国数字经济规模增至45.5万亿元，占GDP比重为39.8%。随着5G网络建设及业务创新的飞速发展，5G网络已经成为数字化转型的关键基础设施。5G网络商用正在全球加速推进，个人消费体验升级向行业数字化转型，数字技术和传统行业深入融合，5G赋能千行百业。

　　数字经济的发展、5G网络的建设与运营，急需数字化人才，尤其是数字化网络管理与应用人才。作为数字经济的筑路者和全球领先的通信服务提供商，中兴通讯有着众多数字化网络建设的成功案例和丰富的数字化人才培养经验，我们选派优秀老师与多所大学的教授和专家合作，分享我们的经验和案例，共同创作《数字化网络管理与应用》一书，在数字化网络人才紧缺的背景下，本书的诞生可谓正当其时。

　　本书是一本注重实战的教材，充分体现数字化网络人才培养理念，强调数字化网络管理与应用人才需要具备的5G知识及实践动手能力。数字化网络管理与应用人才培养要依托"岗""学""测"有效的协同。以5G网络部署中的规、建、维、优各环节的实际工作场景为目标，分解出要学什么，用以致学；通过对基站选址勘察、开通调测、故障告警、网络优化等场景所需知识点、技能点进行总结提炼，设计一系列的关键学习任务，通过检验任务达成，实现实战技能培养的目的，学会怎么干，学以致用。本书从工程实践的角度出发，以现网为例，强调落地实践，有很高的参考价值，既能作为通信网络领域职业教育的技能认证培训用书，也能作为5G工程技术人员的参考书。

　　未来中兴通讯还将继续向社会分享我们的最佳实践，不断出版专业技术书籍，培养更多的数字化人才，为数字经济的发展做出贡献！

李明

中兴通讯股份有限公司　副总裁

中兴通讯全球学习发展中心　总经理

2022年11月22日

前　言

产业数字化是中国再次腾飞的主要驱动力，作为产业数字化的主要内容之一，数字化网络管理与应用在 5G 时代也被赋予了新的含义。在 5G 时代下，更巨大的流量、更精细的数据、更丰富的业务场景、更个性化的业务将极大地促进企业的网络数字化转型。作为通信和信息服务领域的领导企业，中兴通讯股份有限公司推出了以 5G 网络为接入、承载和业务核心，融合大数据、人工智能等技术的涵盖管理、运营、服务和生产的数字化平台，全力支持各行业数字化转型。

同时，数字化转型也将加快 5G 网络建设的步伐和 5G 应用的深入，推动通信运营商、通信设备商、通信工程公司等通信产业链的中下游企业加大研发生产 5G 设备、建设和维护 5G 网络、开发 5G 应用的力度。因此，5G 建设和运维需要更多的技术人员和更高的技能水平。

在此背景下，为了贯彻落实《国家职业教育改革实施方案》以及《关于在院校实施"学历证书＋若干职业技能等级证书"制度试点方案》中的"1+X"证书制度，将数字化管理和应用的职业技能等级证书在众多职业院校中的通信类、计算机类、电子信息类、物联网类等相关专业中推广，培养具备高技能的 5G 应用型技术人才，使更多的高职高专学生在通信及其相关行业中就业，中兴通讯股份有限公司在全国行业职业教育教学指导委员会通信职业教育教学指导委员会的指导下，连同山东商业职业学院、山东理工职业技术学院和山东蟠龙信息科技有限公司，在广泛征求职业教育专家、职业院校老师意见和建议的基础上联合推出了《数字化网络管理与应用职业技能等级标准》（以下简称《标准》）。《标准》围绕 5G 勘察设计、5G 基站安装、5G 基站开通、5G 基站维护、5G 网络优化和 5G 核心网管理 6 种岗位定义，确定了初级、中级和高级 3 个职业技能等级的岗位职责。根据岗位的工作内容，同一岗位在 3 个等级中均有涉及，但是在不同的等级中对同一岗位有不同的技能内容和技能水平的要求。

本书是《标准》的中级标准配套教材，一共包括 5 个部分。5 个部分根据学习逻辑和工程流程进行串联，项目中的任务设计具备典型性，能够代表 5G 工程每个阶段中岗位的主要工作内容和工作特性。知识准备为 5G 基础理论和工程基础知识，主要阐述 5G 应用场景和关键性能，5G 架构、网元功能和协议栈，5G 空口等基础理论，以及 5G 设备、5G 组网和频率分配等工程方面的知识。此部分是其他 4 个项目的理论和技术基础。

项目 1 为基站选址与勘察，是 5G 工程的第一个阶段，讲述基站选址和基站勘察。项目 2 为基站开通，是《标准》的重点内容之一，项目以一个基站的开通为任务，从数据分析、数据配置、开站确认、基站入网等方面讲解和引导读者一步步完成基站的开通，最终使读者牢固地掌握基站开通的相关技能。项目 3 为基站维护，以硬件更换和基站参数修改为任务，阐述基站硬件维护和系统维护的相关技能。项目 4 为网络优化，以基站开通后的单站验证为任务，帮助读者在掌握网络优化基础知识、DT 测试、CQT 测试等相关技能的基础上，完成网络优化中工程优化的第一步——基站的单站验证，为后续网络优化奠定基础。通过 5 个部分的学习，读者可以具备成为 5G 勘察设计工程师、5G 基站开通维护工程师、5G 网络优化工程师的基本岗位技能。

为便于学校开展教学和学生学习，本书配有微课视频、教学课件等教学资源，可到科学出版社网站(http://www.abook.cn)下载。

本书所有的实训任务全部在中兴通讯股份有限公司 5G 商用设备和系统上进行，与实际 5G 工程实施环境完全一致，不仅可以帮助读者不经培训或者轻度培训即可从事 5G 工程的相关工作，而且可以直接参加中兴通讯股份有限公司的 5G 工程体系认证——ZCTA of 5G NR（5G 无线工程师），成为一名具备良好发展前景的经过中兴通讯认证体系认证的工程师。

目　录

知识准备　5G基础知识认知

0.1　5G基础理论认知···0-2

　　0.1.1　5G概述···0-2

　　0.1.2　5G三大应用场景和关键性能··0-3

　　0.1.3　5G接入网架构、网元功能和协议栈···0-5

　　0.1.4　5G空中接口基本原理···0-8

0.2　5G基站认知··0-15

　　0.2.1　5G基站组成及功能···0-15

　　0.2.2　BBU硬件···0-17

　　0.2.3　AAU硬件···0-23

　　0.2.4　基站线缆···0-26

0.3　5G工程基础认知··0-28

　　0.3.1　5G工程概述···0-28

　　0.3.2　NSA组网和SA组网···0-28

　　0.3.3　D-RAN组网···0-30

　　0.3.4　C-RAN组网···0-33

　　0.3.5　5G频率分配···0-35

思考与练习··0-38

项目1　基站选址与勘察

任务1.1　基站站址选择··1-2

　　1.1.1　知识准备：站址选择相关知识··1-3

　　1.1.2　任务实施：站址选择··1-5

任务1.2　基站勘察···1-10

　　1.2.1　知识准备：基站勘察相关知识···1-11

　　1.2.2　任务实施：基站勘察···1-23

思考与练习··1-28

项目 2　基 站 开 通

任务2.1　三扇区基站开通···2-2

　　2.1.1　知识准备：基站开通工具和方法··2-3

　　2.1.2　任务实施：典型三扇区基站开通···2-16

任务2.2　基站入网··2-54

　　2.2.1　知识准备：基站入网相关知识···2-55

　　2.2.2　任务实施：基站入网···2-56

思考与练习··2-62

项目 3　基 站 维 护

任务3.1　基站硬件维护··3-2

　　3.1.1　知识准备：基站硬件维护知识与技能··3-3

　　3.1.2　任务实施：BBU和AAU维护···3-23

任务3.2　基站参数修改··3-28

　　3.2.1　知识准备：基站参数认知···3-28

　　3.2.2　任务实施：基站参数修改···3-31

任务3.3　告警管理··3-45

　　3.3.1　知识准备：告警和通知认知··3-46

　　3.3.2　任务实施：基站断链告警处理···3-52

思考与练习··3-57

项目 4　网 络 优 化

任务4.1　DT和CQT测试···4-2

4.1.1 知识准备: DT和CQT知识与技能 ……………………………………… 4-4

4.1.2 任务实施: 5G小区的DT和CQT测试 ………………………………… 4-24

任务4.2 单站验证 ………………………………………………………… 4-31

4.2.1 知识准备: 5G新开基站验证知识与技能 …………………………… 4-32

4.2.2 任务实施: 新开基站单站验证 ……………………………………… 4-35

思考与练习 …………………………………………………………………… 4-45

参考文献 ………………………………………………………………………… C-1

中英文术语对照表 …………………………………………………………… F-1

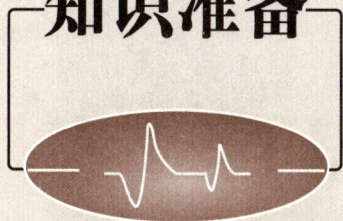

5G基础知识认知

本项目通过学习5G(第五代移动通信技术)的发展演进、应用场景和关键性能、接入网架构和功能以及空口方面的基础理论，5G基站设备的架构、功能和硬件软件方面的技术，5G工程建设的组网模式、接入网组网模式以及中国的运营商在频率分配等方面的知识，帮助读者完成由书面理论知识到现场设备和工程技术的切换。完成本项目后，读者可以熟悉5G基础理论，掌握5G设备组成和功能，了解5G工程知识，为之后5G项目的学习打下基础。

0.1　5G基础理论认知

【教学目标】

（1）了解5G的概念，熟悉三大应用场景的定义、特点以及性能要求。

（2）掌握5G接入网架构、网元功能和接口，了解接入网协议栈。

（3）了解5G空口帧结构、物理资源的定义。

微课：5G概述

0.1.1　5G概述

5G是最新一代蜂窝移动通信技术，是新一代信息基础设施的重要组成部分。2019年11月1日中国三大运营商［中国移动通信有限公司（简称中国移动）、中国电信集团有限公司（简称中国电信）、中国联合通信有限公司（简称中国联通）］正式上线5G商用套餐，标志着中国正式跨入5G时代。5G与4G（第四代移动通信技术）相比，具有超高速率、超低时延、超大连接的技术特点，不仅进一步提升了用户的网络体验，为移动终端带来更快的传输速度，同时还将满足未来万物互联的应用需求，赋予万物在线连接的能力。

作为新一代的移动通信技术，5G网络要满足高速度、低功耗、低时延、海量连接和高可靠等不同业务的关键性能要求，是一个非常大的挑战。因此，5G技术采用了可灵活定义的空口技术、新型编码和调制技术、大规模MIMO（多输入多输出）技术、网络虚拟化、云计算、边缘计算、网络频谱共享、无线中继传输等大量新技术来应对这种挑战。5G是由多种技术形成的一个集合，而不是几项技术，更不能简化为编码技术。根据3GPP（第三代合作计划）公布的5G网络标准制定过程，目前比较清晰的5G标准演进分为4个阶段。

第一阶段是启动R15计划。在该阶段，3GPP组织完成了NSA(非独立组网)和SA(独立组网)标准的制定。R15版本是5G的第一个成熟的版本，对5G技术的实现方式、实现效果、实现指标进行了详细规划，包括5G的所有新特性和新技术。简单来说，5G定义了eMBB（增强移动宽带）、uRLLC（超可靠和低延迟通信）、mMTC（海量机器类通信）三大场景。针对这三大场景，3GPP R15标准中不仅定义了5G NR（5G新无线），还定义了新的5G核心网，以及扩展增强了LTE(长期演进)/LTE-Advanced(长期演进高级)功能。

第二阶段启动R16为5G标准的第二个版本，主要是对R15标准进行补充和完善。进而在广度和深度两个方面推动5G在三大应用场景的应用，特别是在垂直行业的应用，比如面向智能汽车交通领域的自动驾驶、面向工业控制领域的时间敏感网络。另外，也推出了NR定位、5G局域网、毫米波集成回传等新功能。

第三阶段启动R17版本，围绕网络智慧化、能力精细化、业务外延化三大方向共设立23个标准立项。引入了许多全新的特性和技术，如Redcap（降低能力）终端、上行覆盖增强、动态频谱共享、多播广播业务、卫星5G网络、下行1024QAM、定位增强、无线切片增强等。R17版本已于2022年6月冻结。

第四阶段，2021年12月，3GPP开始R18版本项目立项，主要内容是通过优化频谱资源配置和使用方式进一步提升带宽；通过增强上行能力、定位等能力以及采取更灵活的组网方案面向垂直行业提供精细化设计；通过加强AI技术应用拓展新业务场景开发等。R18版本预计于2023年底冻结。

0.1.2 5G三大应用场景和关键性能

移动互联网和物联网是未来移动通信的主要驱动力，将为5G提供广阔前景。5G将渗透到未来社会的各个领域，以用户为中心构建全方位的信息生态系统，包括穿戴式设备、智能家居、移动终端、AR（增强现实）、VR（虚拟现实）、远端办公、休闲娱乐、工业生产、农业生产、医疗、教育、交通、金融、环境等各行各业和各种应用场景。

从信息交互对象的不同的角度出发，目前5G应用分为三大类场景：eMBB、mMTC和uRLLC。

1 eMMB 场景和关键性能

eMMB是指在现有移动宽带业务场景的基础上，对于带宽时延等性能的进一步提升。eMBB的典型应用包括超高清视频、虚拟现实、增强现实等。这类场景首先对带宽要求极高，关键的性能指标包括100Mb/s的用户体验速率（热点场景可达1Gb/s）、数十吉比特每秒（Gb/s）的峰值速率、每平方千米数十太比特每秒（Tb/s）的流量密度、500km/h数量级的移动性等。其次，涉及交互类操作的应用还对时延敏感，如虚拟现实沉浸体验对时延要求在10ms量级。

eMBB场景可以保证基本的5G覆盖，也能保证人口密集区域，如办公楼、学校、商场等区域的高话务大流量的业务需求。在5G时代，每一比特的数据传输成本都将大幅下降。因此，5G时代下eMBB更大的吞吐量、低延时特性将广泛应用到以大数据流量为典型特征的3D超高清视频类应用及以低时延为典型特征的交互业务和服务、交互游戏等类的应用中。以前，这些业务大多只能通过固定宽带网络才能实现，而5G使它们具备了更加有意义的移动属性。

eMMB场景的关键性能是需要尽可能大的带宽，实现极致的流量吞吐，并尽可能降低时延。例如，即使是最先进的LTE调制解调器，最高速率也只能达到吉比特每秒级，但往往一个小区的用户就已经有吉比特每秒级的带宽消耗，而且更多大流量的业务未来还将不断发展，现有的4G已经越来越难以满足今后的超大流量需求。eMBB在网络传输速率上的提升为用户带来了更好的应用体验，满足了人们对超大流量、高速传输的极致需求。

2　mMTC 场景和关键性能

mMTC典型应用包括智慧城市、智能家居等。这类应用对连接密度要求较高，同时呈现行业多样性和差异化。智慧城市中的抄表应用要求终端低成本、低功耗，网络支持海量连接的小数据包；视频监控不仅部署密度高，还要求终端和网络支持高速率；智能家居业务对时延要求相对不敏感，但终端可能需要适应高温、低温、振动、高速旋转等不同家具电器工作环境的变化。为了应对未来5G机器型通信的各种可能应用情境，mMTC技术的设计有以下4种要求。

1）覆盖范围

mMTC技术对于覆盖范围的要求需要达到164dB的MCL（最大耦合损失），即从传送端到接收端信号衰减的大小为164dB时也要能使接收端成功解出封包。此覆盖范围要求与3GPP Release 13 NB-IoT（窄带物联网）技术的要求相同。然而，由于使用重覆性传送来提升覆盖范围会大幅减少数据传输速率，因此5G mMTC的覆盖范围要求有一个附加条件，即数据传输速率在160b/s的情况下也能被正确解码。

2）电池寿命

未来5G机器型通信应用中，可能包含智慧电表、水表等需要有长久电池寿命的应用装置。此种装置可能被布建在不易更换或是更换电池成本太高的环境。因此，mMTC技术对于电池寿命的要求是需要达到10年。此10年电池寿命要求也与NB-IoT相同。mMTC技术的这一要求在保持一定数据流量且在164dB MCL的情况下达成，要求标准更高，实现难度更大。

3）连接密度

由于近年来物联网应用需求的不断增加，在未来5G通信系统中可以预期有各种不同应用的物联网装置，其数量可能达到10^6个/km²，因此5G mMTC对于连接密度的要求是在满足某一特定服务质量的情况下，能够支持10^6个/km²的连接密度。

4）时延

虽然机器型通信大部分对于数据传输时延有较大的容忍度，但是5G mMTC还是制定了适当的时延以确保一定的服务质量。mMTC对于时延的要求定义是：装置传送一大小为20B的应用层封包，在164dB MCL的通道状况下，时延要在10s以内。

3　uRLLC 场景和关键性能

uRLLC作为5G系统的三大应用场景之一，广泛存在于多种行业，如娱乐产业中的

AR/VR、工业控制系统、交通和运输、智能电网和智能家居的管理、交互式的远程医疗诊断等。

人们在生活、工作和学习中与移动通信密不可分。随着时代和通信技术的发展以及生活水平的提高，人们对移动通信的依赖和要求越来越高。例如，通过VR，可以不用"身临其境"即能感受到身临其境的影像效果；通过精确的自动化控制，可以大幅度提高生产效率和产品质量；通过精准的远程控制，可以在不用以身涉险的基础上实现对高危任务的远程把控；通过智能可穿戴设备，可以随时监控自己和家人的健康和安全。低时延、高可靠的通信，能够让人们的生活变得更高效、更便捷、更安全、更智能，能够给人们更丰富多彩的体验。

uRLLC场景的典型应用包括工业控制、无人机控制、智能驾驶控制等。这类场景聚焦对于时延极其敏感的业务，高可靠性也是其基本要求。自动驾驶、实时监测等要求毫秒级的时延，汽车生产、工业机器设备加工制造时延要求为10ms级，可用性要求接近100%。

在时延和可靠性方面，相比之前的蜂窝移动通信技术，5G uRLLC有了极大程度的提升。

（1）在时延方面，5G uRLLC技术实现了基站与终端间上下行均为0.5ms的用户时延。该时延是指成功传送应用层IP（国际协议）数据包/消息所花费的时间，具体是从发送方5G无线协议层入口点，经由5G无线传输，到接收方5G无线协议层出口点的时间。其中，时延来自上行链路和下行链路两个方向。

（2）在可靠性方面，5G uRLLC的可靠性指标为：用户面时延为1ms内，一次传送32B数据包的可靠性为99.999%。此外，如果时延允许，5G uRLLC还可以采用重传机制，进一步提高成功率。

0.1.3 5G接入网架构、网元功能和协议栈

5G系统分为5G RAN（或NG-RAN）（5G无线接入网）、5GC（5G核心网）和5G承载网，其中5GC和NG-RAN之间使用NG接口通过承载网连接。《数字化网络管理与应用》（中级）标准要求掌握NG-RAN相关内容，5GC和5G承载网本书不做介绍。

微课：5G接入网架构、网元功能和协议栈

1 接入网架构

NG-RAN是5G系统的重要组成部分，其结构如图0-1-1所示，相对于4G RAN（4G无线接入网），它发生了巨大变化。

NG-RAN由一组gNB（5G基站）组成，NG-RAN通过NG接口连接到5GC。gNB之间通过Xn接口互连。gNB可以由gNB-CU（集中式单元）和一个或多个gNB-DU（分

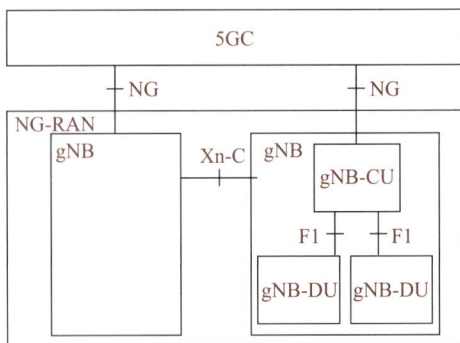

图 0-1-1 NG-RAN 结构

布式单元）组成。gNB-CU 和 gNB-DU 之间通过 F1 接口连接。一般一个 gNB-DU 连接到一个 gNB-CU 上，但是从可扩展性能或者冗余配置考虑，也可以将一个 gNB-DU 连接到多个 gNB-CU 上。但是在工作时，一个 gNB-DU 仅连接一个 gNB-CU。

对于 NG-RAN，gNB 的 NG 和 Xn-C 接口（gNB 和 gNB 之间的接口的控制面）终止于 gNB-CU；gNB-CU 和连接的 gNB-DU 只在 gNB 这个层级可以识别和区分。对于 5GC 来说。它看到的只是 gNB，并不区分 gNB-CU 和 gNB-DU。

2 网元功能

gNB 在采用 SA 2 系列的组网模式下，是 NG-RAN 的唯一网元，具有以下主要功能。

（1）无线资源管理功能，包括无线承载控制、无线接纳控制和连接移动性控制，上行链路和下行链路中 UE（用户终端）的动态资源分配及调度。

（2）IP 报头压缩，加密和数据完整性保护。

（3）将用户面数据路由到 UPF（用户面功能）。

（4）提供控制面信息向 AMF（接入和移动性管理功能）的路由。

（5）连接设置和释放。

（6）调度和传输寻呼消息。

（7）调度和传输系统广播信息。

（8）用于移动性和调度的测量与测量报告配置。

（9）会话管理。

（10）支持网络切片。

（11）服务质量流量管理和映射到数据无线承载。

（12）双连接。

3 接口和协议栈

NG-RAN 接口主要包括 RAN 和 5GC 之间的 NG 接口，NG-RAN 节点 gNB 或 NGeNB（NSA组网模式4下和5GC组网的4G基站）之间的Xn接口，NG-RAN内部gNB的CU和DU功能实体之间互连的F1接口，NG-RAN内部的gNB-CU-CP和gNB-CU-UP之间的点对点逻辑接口E1。gNB的NG、Xn、F1三个接口都可以在逻辑上分为控制面（-C）和用户面（-U）两部分，如图0-1-2所示。5G UE和NG-RAN之间的接口名字仍然沿用了Uu（5G空中接口）的名称，功能也和LTE Uu接口类似。

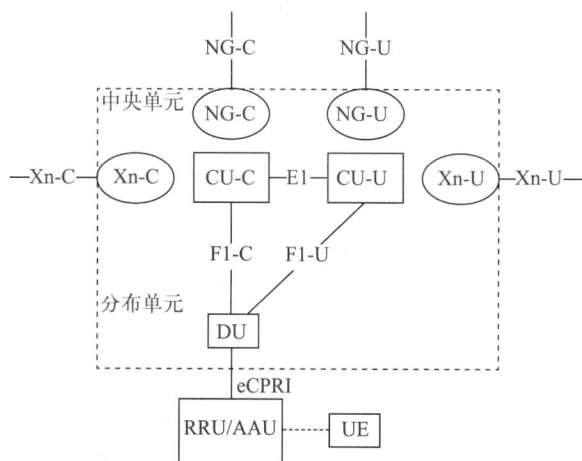

图0-1-2 gNB逻辑节点和接口

1）NG接口

NG接口是一个逻辑接口，规范了NG-RAN节点与不同制造商提供的核心网AMF节点和UPF节点的互连，同时分离NG接口无线网络功能和传输网络功能。

NG接口分为NG-C接口（控制面接口）和NG-U接口（用户面接口）两部分。

NG-U接口定义在NG-RAN节点和UPF之间，协议栈如图0-1-3所示。传输网络层建立在IP传输层之上，GTP-U[用户层面的GPRS（通用分组无线服务）隧道协议]用于UDP（用户数据报协议）/IP之上，以承载NG-RAN节点和UPF之间的用户面PDU（协议数据单元）数据。因此，NG-U的功能就是传送NG-RAN和UPF之间的用户数据。

NG-C接口在NG-RAN节点和AMF之间定义，协议栈如图0-1-4所示。传输网络层建立在IP传输层之上，为了可靠地传输信令消息，在IP之上添加了SCTP（流控制传输协议），提供有保证的应用层消息传递。应用层信令协议称为NGAP（NG应用协议），在传输中，IP层点对点传输用于传递信令PDU。NG-C的功能比较复杂，主要包括移动性管理、PDU会话管理、UE上下文管理、NAS（非接入层）传输、NAS节点选择、寻呼、位置报告等功能。

2）Xn接口

Xn接口是NG-RAN节点之间的网络接口，分为Xn-U接口（用户面接口）和Xn-C接口（控制面接口）两部分。Xn接口是开放的，支持两个NG-RAN节点之间的信令信息交换，以及PDU到各个隧道端点的数据转发。

　　Xn-U接口定义在两个NG-RAN节点之间，协议栈如图0-1-5所示。传输网络层建立在IP网络层之上，GTP-U用于UDP/IP之上以承载用户面PDU。Xn-U接口提供无保证的用户面PDU传送，支持数据转发和流控制功能。

　　Xn-C接口定义在两个NG-RAN节点之间，协议栈如图0-1-6所示。传输网络层建立在IP网络层之上的SCTP上。应用层信令协议称为XnAP（Xn应用协议），SCTP层提供有保证的应用层消息传递。在网络IP层中，点对点传输用于传递信令PDU。通过Xn-C接口提供可靠的XnAP消息传输、路由、流量控制等功能。

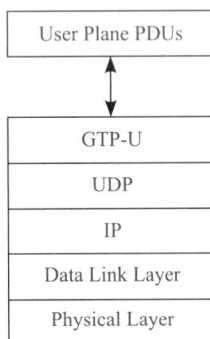

User Plane PDUs		NG-AP		User Plane PDUs		Xn-AP
GTP-U		SCTP		GTP-U		SCTP
UDP		IP		UDP		IP
IP		Data Link Layer		IP		Data Link Layer
Data Link Layer		Physical Layer		Data Link Layer		Physical Layer
Physical Layer				Physical Layer		

图0-1-3　NG-U协议栈　　图0-1-4　NG-C协议栈　　图0-1-5　Xn-U协议栈　　图0-1-6　Xn-C协议栈

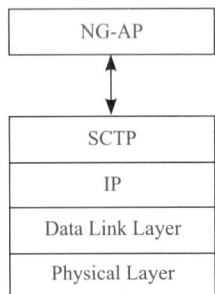

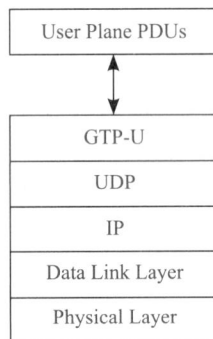

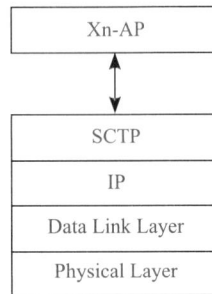

　　3）F1接口

　　F1接口定义为NG-RAN内部的gNB的CU和DU功能实体之间互连的接口，或者与E-UTRAN［演进的UMTS（通用移动通信系统）陆地无线接入网］（4G无线接入网）内的en-gNB（NSA组网模式3下和4G核心网对接的5G基站）之间的CU和DU部分的互连接口。F1接口规范的目的是实现由不同制造商提供的gNB-CU和gNB-DU之间进行互连。F1接口也分为F1-C接口和F1-U接口。F1-C接口的主要功能是F1接口管理、系统信息管理、F1 UE上下文管理、RRC（无线资源控制）消息转发；F1-U接口的主要功能是数据转发功能和流量控制。

　　4）E1接口

　　E1接口定义为NG-RAN内部的gNB-CU-CP和gNB-CU-UP之间的点对点接口，它是逻辑接口。E1接口提供用于在NG-RAN内互连gNB-CU-CP和gNB-CU-UP，或用于互连gNB-CU-CP和en-gNB的gNB-CU-UP的功能。E1接口的主要功能包括接口管理、E1承载上下文管理等。

0.1.4　5G空中接口基本原理

　　1）帧结构和Numerology的概念

　　5G的新空中接口称为5G NR，从物理层来说，5G NR相对于4G最大

微课：5G空中
接口基本原理

的特点是支持灵活的帧结构。5G NR引入了Numerology的概念，Numerology可翻译为参数集或配置集，指一套参数，包括子载波（subcarrier）间隔、符号长度、循环前缀（CP）长度等，这些参数共同定义了5G NR的帧结构。5G NR帧结构由固定架构和灵活架构两部分组成，如图0-1-7所示。

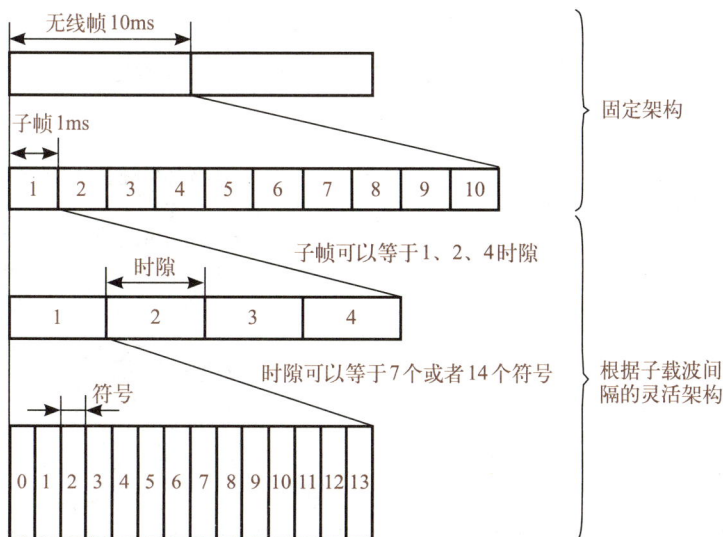

图 0-1-7 NR无线帧结构

在固定架构部分，5G NR的一个物理帧长度是10ms，由10个子帧组成，每个子帧长度为1ms。每个帧被分成两个半帧，每个半帧包括5个子帧，子帧1～5组成半帧0，子帧6～10组成半帧1。这个结构和LTE基本一致。

在灵活架构部分，5G NR的帧结构与LTE有明显的不同，用于3种场景eMBB、uRLLC和mMTC的子载波的间隔是不同的。5G NR定义的最基本的子载波间隔也是15kHz，但可灵活扩展。所谓灵活扩展，即将NR的子载波间隔设为 $\Delta f = 2^{\mu} \times 15\text{kHz}$，$\mu$是子载波的配置参数，$\mu \in \{-2, -1, 0, 1, \cdots, 5\}$，也就是说，子载波间隔可以设为3.75kHz、7.5kHz、15kHz、30kHz、60kHz、120kHz、240kHz等，这与LTE有着根本性的不同，LTE只有单一的15kHz子载波间隔。表0-1-1列出了NR支持的5种子载波间隔，表中的符号 μ 称为子载波带宽指数。

表 0-1-1 NR支持的5种子载波间隔

μ	$\Delta f/\text{kHz}$	CP
0	15	正常
1	30	正常
2	60	正常、扩展
3	120	正常
4	240	正常

　　由于NR的基本帧结构以时隙（slot）为基本粒度，当子载波间隔变化时，时隙的绝对时间长度也随之改变，每个帧内包含的时隙个数也有所差别。例如，在子载波带宽为15kHz的配置下，每个子帧时隙数目为1；在子载波带宽为30kHz的配置下，每个子帧时隙数目为2。正常CP情况下，每个子帧包含14个符号，扩展CP情况下包含12个符号。表0-1-2和0-1-3给出了不同子载波间隔时，时隙长度以及每帧和每子帧包含的时隙个数的关系。可以看出，每帧包含的时隙数是10的整数倍，随着子载波间隔的增大，每帧或每子帧内的时隙数也随之增加。

表0-1-2　正常CP的每时隙OFDM符号数、每帧时隙数和每子帧时隙数

μ	N_{symb}^{slot}	$N_{slot}^{frame,\mu}$	$N_{slot}^{subframe,\mu}$
0	14	10	1
1	14	20	2
2	14	40	4
3	14	80	8
4	14	160	16

表0-1-3　扩展CP的每时隙OFDM符号数、每帧时隙数和每子帧时隙数

μ	N_{symb}^{slot}	$N_{slot}^{frame,\mu}$	$N_{slot}^{subframe,\mu}$
2	12	40	4

　　在表0-1-2和表0-1-3中，N_{symb}^{slot}是每时隙符号数，$N_{slot}^{frame,\mu}$是每帧时隙数，$N_{slot}^{subframe,\mu}$是每子帧时隙数，子帧由一个或多个相邻的时隙形成，每时隙具有14个相邻的符号。

　　由于每个时隙的OFDM（正交频分复用）符号数固定为14（正常CP）和12（扩展CP），因此OFDM符号长度也是可变的。无论子载波间隔是多少，符号长度×子帧时隙数目=子帧长度，子帧长度一定是1ms。子载波间隔越大，其包含的时隙数越多，因此对应的时隙长度和单个符号长度会越短。各参数如表0-1-4所示。

表0-1-4　OFDM符号长度可变数表

参数	μ				
	0	1	2	3	4
子载波间隔/kHz	15	30	60	120	240
每个时隙长度/μs	1000	500	250	125	62.5
每个时隙符号数/个	14	14	14	14	14
OFDM符号有效长度/μs	66.67	33.33	16.67	8.33	4.17
CP长度/μs	4.69	2.34	1.17	0.57	0.29
OFDM符号有效长度（包含CP）/μs	71.35	35.68	17.84	8.92	4.46

　　注：OFDM符号长度（包含CP）=每个时隙长度/每个时隙符号数。

2）各种子载波的帧结构划分

虽然5G NR支持多种子载波间隔，但是在不同子载波间隔配置下，无线帧和子帧的长度是相同的。无线帧长度固定为10ms，子帧长度为1ms。在不同子载波间隔配置下，每个子帧中包含的时隙数不同。在正常CP情况下，每个时隙包含的符号数相同，且都为14个。

（1）正常CP+子载波间隔=15kHz。如图0-1-8所示，在这个配置中，一个子帧仅有1个时隙，所以无线帧包含10个时隙，一个时隙包含的OFDM符号数为14。

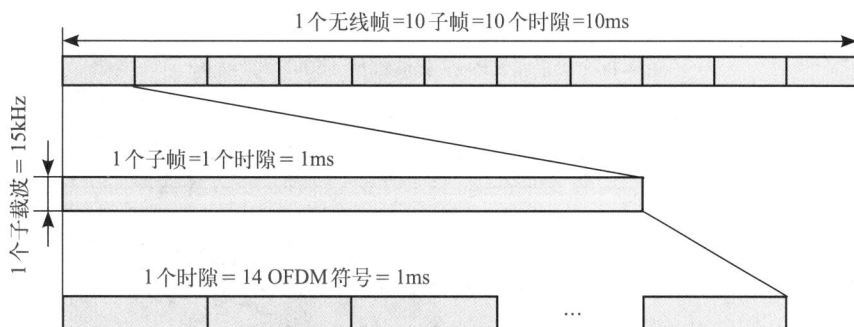

图0-1-8   正常CP+子载波间隔=15kHz帧结构

（2）正常CP+子载波间隔=30kHz。如图0-1-9所示，在这个配置中，一个子帧有2个时隙，所以无线帧包含20个时隙。1个时隙包含的OFDM符号数为14。

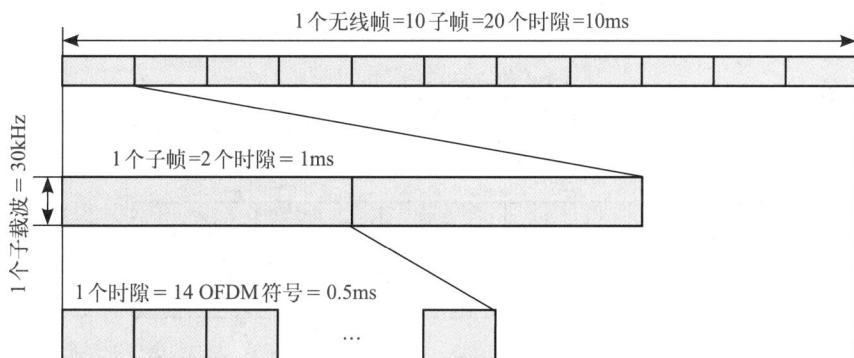

图0-1-9   正常CP+子载波间隔=30 kHz帧结构

（3）正常CP+子载波间隔=60kHz。如图0-1-10所示，在这个配置中，1个子帧有4个时隙，所以无线帧包含40个时隙。1个时隙包含的OFDM符号数为14。

（4）正常CP+子载波间隔=120kHz。如图0-1-11所示，在这个配置中，1个子帧有8个时隙，所以无线帧包含80个时隙。1个时隙包含的OFDM符号数为14。

（5）正常CP+子载波间隔=240kHz。如图0-1-12所示，在这个配置中，1个子帧有16个时隙，所以无线帧包含160个时隙。1个时隙包含的OFDM符号数为14。

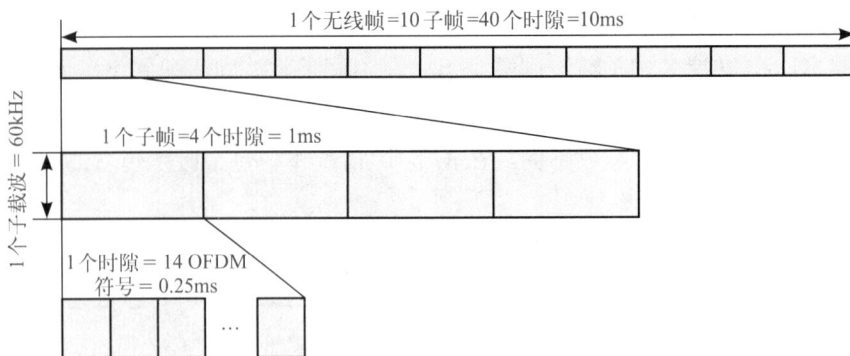

图 0-1-10　正常CP+子载波间隔=60kHz帧结构

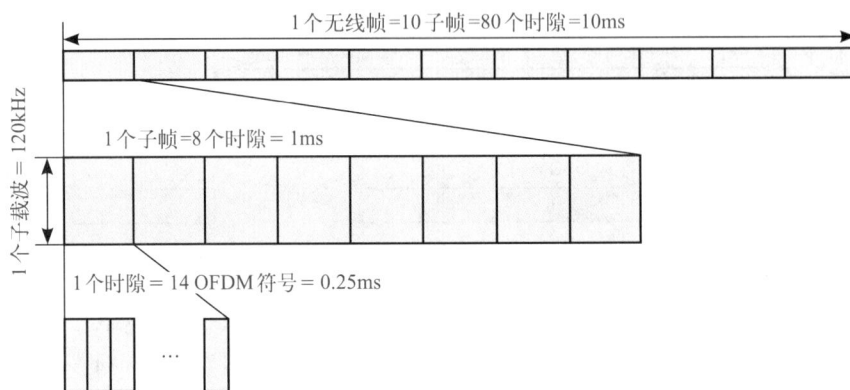

图 0-1-11　正常CP+子载波间隔=120kHz帧结构

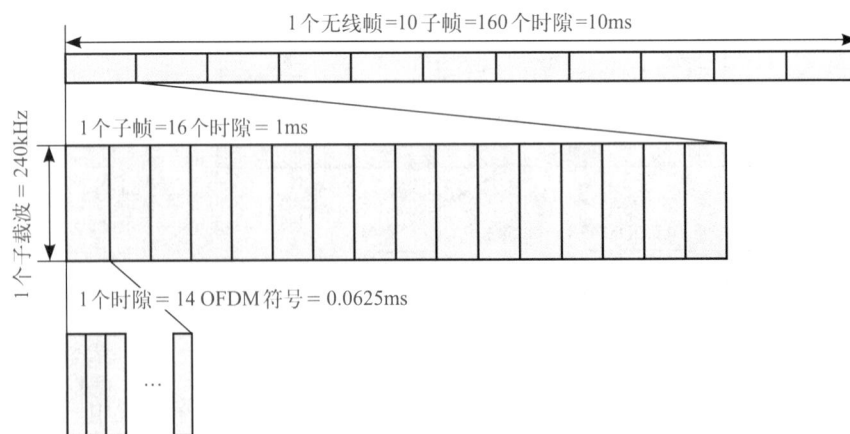

图 0-1-12　正常CP+子载波间隔=240kHz帧结构

（6）扩展CP+子载波间隔=60kHz。如图0-1-13所示，在这个配置中，1个子帧有4个时隙，所以无线帧包含40个时隙。1个时隙包含的OFDM符号数为12。

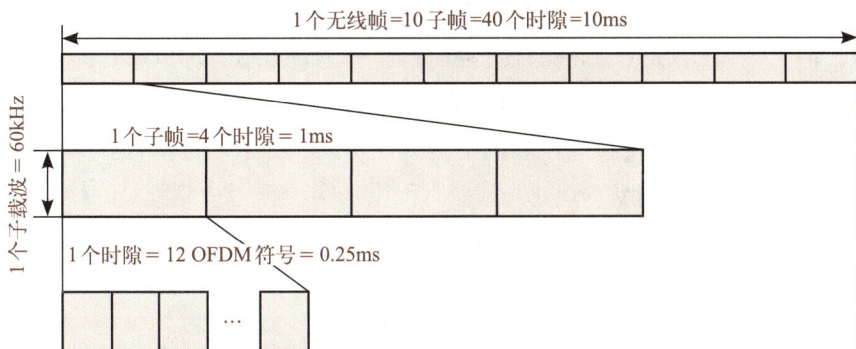

图0-1-13　扩展CP+子载波间隔=60kHz帧结构

总结:

(1) 虽然5G NR支持多种子载波间隔,但是不同子载波间隔配置下,无线帧和子帧的长度是相同的。无线帧长度为10ms,子帧长度为1ms。

(2) 不同子载波间隔配置下,无线帧的结构有所不同,即每个子帧中包含的时隙数不同。另外,在正常CP情况下,每个时隙包含的符号数相同,且都为14个。

(3) 时隙长度因为子载波间隔不同会有所不同,一般是随着子载波间隔变大,时隙长度变小。

3)时隙配比

5G NR采用TDD(时分双工)模式时,必须知道何时接收信息何时发送信息,因此必须定义下行(DL)和上行(UL)的分配模式,与LTE不同,5G NR上下行配置以时隙为粒度,某些条件下也可以以符号为粒度。

3GPP技术规范38.211规定了5G时隙的各种符号组成结构。图0-1-14列举了格式0～15的时隙结构,时隙中的符号被分为3类: 下行符号(标记为D)、上行符号(标记为U)和灵活符号(标记为X)。

下行数据可以在D和X上发送,上行数据可以在U和X上发送。同时,X还包含上、下行转换点,NR支持每个时隙包含最多两个转换点。由此可以看出,不同于LTE上、下行转换发生在子帧交替时,NR上、下行转换可以在符号之间进行。

5G系统进行业务的时候,有多种不同的时隙组合可以进行调度,以满足不同业务的上下行资源需求。在实际工程中,在eMBB场景一般使用的是30kHz的子载波,主要有4种时隙配比: 2.5ms双周期、2ms单周期、2.5ms单周期和5ms单周期。

(1) 2.5ms双周期。以2.5ms双周期为例,时隙组合如图0-1-14所示。

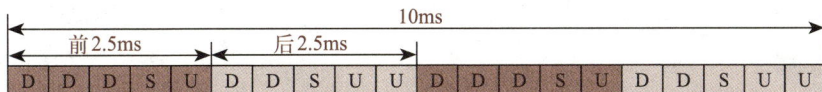

注: D代表下行时隙,S代表灵活时隙,U代表上行时隙。

图0-1-14　2.5ms双周期时隙组合

微课: 不同时隙组合上、下行资源计算

2.5ms双周期是包含两个2.5ms的时隙组合，这两个时隙一起调度，前一个为DDDSU，后一个为DDSUU，所以调度的时隙组合为DDDSUDDSUU，即每个2.5ms双周期包括5个D、3个U和2个S。D时隙的14个符号都为下行符号，U时隙的14个符号都为上行符号，S时隙比较特殊，它的结构如图0-1-15所示，包括10个D符号、2个U符号和2个保护间隔（guard period，GP）。GP用来实现符号由D到U的转化，所以GP不能用来传输数据。GP决定了小区覆盖范围，GP越大，说明接收信号的时间越长，距离基站越远，小区覆盖越大。

					符号0～13								
D	D	D	D	D	D	D	D	D	D	GP	GP	U	U

注：D代表下行符号，GP代表保护符号，U代表上行符号。

图0-1-15 特殊时隙结构

（2）2ms单周期。2ms单周期按照0.5ms时隙数计算一共有4个时隙，采用DDSU的时隙组合，每个周期包含2个下行时隙、1个特殊时隙和1个上行时隙。

（3）2.5ms单周期。2.5ms单周期一共有5个时隙，采用DDDSU的时隙组合，每个周期包含3个下行时隙、1个特殊时隙和1个上行时隙。

（4）5ms单周期。5ms单周期按照0.5ms时隙数计算一共有10个时隙，时隙组合为DDDDDDDSUU，包含7个下行时隙、1个特殊时隙和2个上行时隙。

4）RE（资源粒子）和RB（资源块）

NR的物理资源包括3部分：频率资源、时间资源和空间资源。在这里，频率资源指的是子载波；时间资源指的是时隙/符号；空间资源指的是天线端口。在5G NR中，可以使用的物理资源的基本单位就是RE和RB。

RE是时域上1个符号和频域上1个子载波可以利用的资源；频域上连续的12个子载波可以利用的资源称为1个RB，其在时域上没有定义。由于5G引入了Numerology的概念，在不同的配置集下，不同的子载波间隔对应的最小和最大RB数是不同的。在5G NR中，最小频率带宽和最大频率带宽随子载波间隔的变化而变化，如表0-1-5所示。

表0-1-5 RB数、频率带宽随子载波间隔的变化

μ	最小RB数	最大RB数	子载波间隔/kHz	最小频率带宽/MHz	最大频率带宽/MHz
0	24	275	15	4.32	49.5
1	24	275	30	8.64	99
2	24	275	60	17.28	198
3	24	275	120	34.56	396
4	24	138	240	69.12	397.44

◆ 任务总结 ——————————————————————————

　　5G是从4G演进而来的最新一代移动蜂窝通信技术，根据不同应用的特点和不同应用对性能的要求，5G被定义成eMMB、mMTC和uRLLC三大应用场景。相比4G，5G在体系架构上做了很大的改变，应用了很多新技术，使5G的每种关键性能提升至少10倍。

　　5G接入网主要的网元就是gNB。gNB可以由gNB-CU和一个或多个gNB-DU组成，通过NG接口，连接到5G核心网。

　　NG-RAN接口主要包括RAN和5GC间的NG接口、NG-RAN节点之间的Xn接口、NG-RAN内部gNB的CU和DU功能实体之间互连的F1接口、NG-RAN内部的gNB-CU-CP和gNB-CU-UP之间的点对点逻辑接口E1。NG、Xn、F1三个接口都可以在逻辑上分为控制面（-C）和用户面（-U）两部分。

　　在空中接口上，5G引入了Numerology概念，子载波间隔、时隙长度、时隙数量等参数均可灵活定义，时隙配比也可以根据业务需求灵活定义，体现了5G空中接口的灵活性。

0.2　5G基站认知

教学目标

（1）掌握5G基站的逻辑架构和设备体系。
（2）掌握中兴通讯5G基站的产品功能、硬件单板和单板接口。
（3）熟悉基站常用线缆种类、型号及功能。

微课：5G基站
组成及功能

0.2.1　5G基站组成及功能

　　5G接入网架构中，已经明确将接入网分为CU和DU两个功能实体，即由CU和DU组成gNB基站，如图0-2-1所示。

　　CU是一个集中式节点，上行通过NG接口与核心网5GC相连接，在接入网内部能够控制和协调多个小区，包含协议栈高层控制和数据功能，涉及的主要协议层包括控制面的RRC功能和用户面的IP、SDAP（服务数据适配协议）、PDCP（分组数据汇聚协议）子层功能。

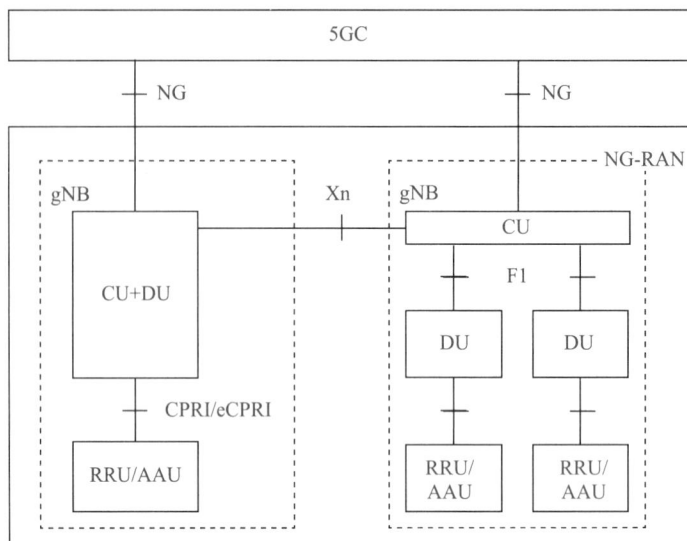

图 0-2-1   gNB 基站组成

DU 是分布式单元,基于实际设备的实现,DU 仅负责基带处理功能,RRU(远端射频单元)或者 AAU(有源天线单元)负责射频处理功能,DU 和 RRU/AAU 之间通过 CPRI(通用公共无线接口)或 eCPRI(增强型通用公共无线接口)相连。

由于功能的分离,在 5G RAN 侧增加了 CU 和 DU 之间的 F1 接口,3GPP 对该接口的定义和消息交互也进行了标准化。CU/DU 具有多种切分方案,不同切分方案的适用场景和性能增益均不同,同时对前传接口的带宽、传输时延、同步等参数要求也有很大差异。

这种分离架构体现在硬件部分,相比于 4G 基站,BBU(基带处理单元)功能在 5G 中被重构为 CU 和 DU 两个功能实体。采用 CU 和 DU 架构后,CU 和 DU 可以由独立的硬件来实现。从功能上看,一部分核心网功能可以下移到 CU 甚至 DU 中,用于实现移动边缘计算。此外,原先所有的 L1、L2、L3 等功能都在 BBU 中实现,新的架构下可以将 L1、L2、L3 功能分离,分别放在 CU 和 DU 甚至 RRU、AAU 中来实现,以便灵活地应对传输和业务需求的变化。由此可见,5G 系统中采用 CU-DU 分离架构后,传统 BBU 和 RRU 网元及其逻辑功能都会发生很大变化。

CU-DU 功能灵活切分的好处在于硬件实现灵活,可以节省成本。在 CU 和 DU 分离的架构下可以实现性能和负荷管理的协调、实时性能优化并使用 NFV/SDN(网络功能虚拟化/软件定义网络)功能。功能分割可配置能够满足不同应用场景的需求,如传输时延的多变性。

总之,为了支持灵活的组网架构,适配不同的应用场景,5G 无线接入网将存在多种不同架构、不同形态的基站设备。从设备架构角度划分,5G 基站可分为 BBU-AAU、CU-DU-AAU、BBU-RRU-Antenna、CU-DU-RRU-Antenna、一体化 gNB 等不同的架构。

从设备形态角度划分，5G基站可分为基带设备、射频设备、一体化gNB设备以及其他形态的设备。

0.2.2　BBU硬件

5G基站目前仍以分布式基站为主。分布式基站的简单组成如图0-2-2所示。本节主要介绍目前应用广泛的中兴通讯BBU-AAU架构基站设备中的BBU部分。

ZXRAN V9200是中兴通讯研发的先进的5G基带处理单元，如图0-2-3所示。它可以与AAU连接组成分布式基站，主要负责基带信号处理。ZXRAN V9200同时支持多种无线接入技术，包括GSM（全球移动通信系统）、UMTS、LTE、Pre5G和5G等，只需要更换相应的单板和软件配置就可以支持从GSM/UMTS/LTE到Pre5G/5G的平滑演进。

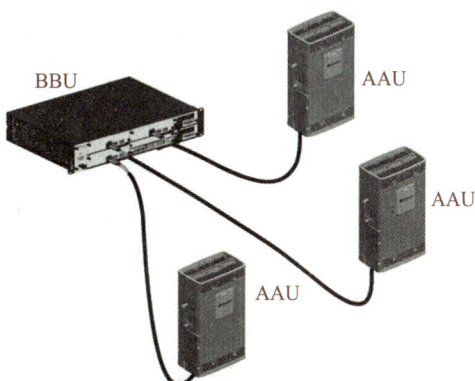

微课：BBU硬件

图0-2-2　5G分布式基站简图

图0-2-3　ZXRAN V9200

1　系统指标

ZXRAN V9200的主要系统指标如表0-2-1所示。

表0-2-1　ZXRAN V9200主要系统指标

指标	指标说明
接口类型及数量	10GE×2/25GE×2（回传）
尺寸（长×宽×高）	2U：88.4mm×445mm×370mm
满配重量/kg	18
同步方式	GPS（全球定位系统）/BDS（北斗卫星导航系统）/1588V2
供电方式/V	DC-48（−57～−40）
安装方式	19in（1in≈2.54cm）机柜安装、挂墙安装、室外一体化机柜安装、HUB柜安装
典型功耗（S111）/W	210
满配功耗/W	760

2　硬件结构

ZXRAN V9200设备实物图如图0-2-4所示，图中的阿拉伯数字代表槽位号。

图0-2-4　ZXRAN V9200设备实物图

ZXRAN V9200可以安装各种不同的单板，单板槽位配置如表0-2-2所示。

表0-2-2　ZXRAN V9200槽位可插的单板

槽位号	可插单板	单板名称
1	VSWc2	虚拟化交换板
2	VSW/VBPc5	虚拟化交换板/5G基带处理板
3/4/6/7/8	VBPc5/VGCc1	5G基带处理板/虚拟化通用计算板
5	VPD	虚拟化电源分配板
13	VPD/VEMc1	虚拟化电源分配板/虚拟化环境监控板
14	VF	风扇模块

1）VSWc2单板

VSWc2单板是虚拟化交换板，主要实现基带单元的控制管理、以太网交换、传输接口处理、系统时钟的恢复和分发及空中接口高层协议的处理。

VSWc2单板前面板如图0-2-5所示。

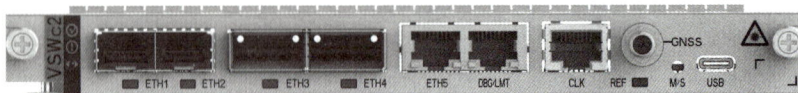

图0-2-5　VSWc2单板前面板

VSWc2单板各接口说明如表0-2-3所示。

表0-2-3　VSWc2单板接口说明

接口名称	接口说明
ETH1、ETH2	10/25Gb/s SFP（热插拔小封装模块）+/SFP28光接口，用于连接传输系统
ETH3、ETH4	40/100Gb/s QSFP（四通道SFP接口）+/QSFP28光接口，用于实现站间协同
ETH5	1GE电接口，用于连接传输系统

续表

接口名称	接口说明
DBG/LMT	用于调试或本地维护的以太网接口，该接口为10/100/1000Mb/s自适应电接口
CLK	用于引入或输出1PPS+TOD时钟信号
GNSS	用于连接GNSS（全球导航卫星系统）天线
REF	用于指示时钟参考源是否正常工作
M/S	维护和主板倒换按钮
USB	用于软件升级和自动开站

VSWc2单板前面板指示灯状态如表0-2-4所示。

表0-2-4　VSWc2单板前面板指示灯状态

指示灯	颜色	含义	说明
RUN	绿色	运行指示	亮：加载运行版本
			慢闪：单板运行正常
			快闪：外部通信异常
			灭：无电源输入
ALM	红色	告警	亮：硬件故障
			灭：无硬件故障
M/S	绿色	NTF自检触发指示	快闪：系统自检
			慢闪：系统自检完成，重新按M/S按钮恢复正常工作
		主备状态指示	亮：激活状态
			灭：备用状态
		USB开站状态指示	慢闪7次：检测到USB插入
			快闪：USB读取数据中
			慢闪：USB读取数据完成
			灭：USB校验不通过
REF	绿色	时钟锁定指示	亮：参考源异常
			慢闪：0.3s亮，0.3s灭，天馈系统工作正常
			灭：参考源未配置

续表

指示灯	颜色	含义		说明
ETH1、ETH2	红绿双色	绿色：高层链路状态指示		亮：链路正常
				闪：链路正常并且有数据收发
				灭：无链路
		红色：底层物理链路指示		亮：光模块故障
				慢闪：光模块接收无光
				快闪：光模块有光但链路异常
				灭：光模块在位/未配置
ETH3、ETH4	红绿双色	红色		亮：链路正常
				闪：端口链路正常，有数据收发
		绿色		亮：光模块故障
				慢闪：光模块接收无光
				快闪：模块每个通道都有光，但是有一链路关闭
		常灭		光模块不在位或未配置
ETH5	绿色	左：链路状态指示		亮：端口底层链路正常
				灭：端口底层链路断开
		右：数据状态指示		灭：无数据收发
				闪：有数据传输
DBG/LMT	绿色	左：链路状态指示		亮：端口底层链路正常
				灭：端口底层链路断开
		右：数据状态指示		灭：无数据收发
				闪：有数据传输

2）VBPc5单板

VBPc5单板是5G基带处理板，用来处理5G协议栈，它的功能包括实现物理层处理，提供上、下行的I/Q信号，实现MAC（介质访问控制层）、RLC（无线链路控制层）和PDCP。

VBPc5单板前面板如图0-2-6所示。

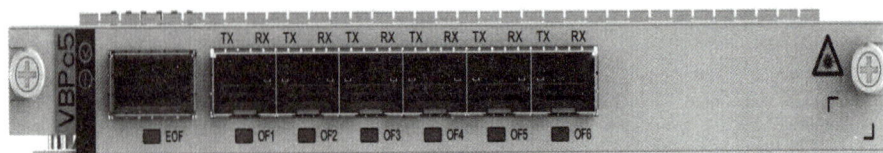

图0-2-6 VBPc5单板前面板

VBPc5单板接口说明如表0-2-5所示。

表0-2-5　VBPc5单板接口说明

接口	接口说明
EOF	40/100Gb/s QSFP+/QSFP28接口，保留
OF1～OF6	10/25Gb/s SFP+/SFP28接口，用于连接RRU和AAU

VBPc5单板前面板指示灯状态如表0-2-6所示。

表0-2-6　VBPc5单板前面板指示灯状态

指示灯	颜色	含义	说明
RUN	绿色	运行指示	亮：加载运行版本
			慢闪：单板运行正常
			快闪：外部通信异常
			灭：无电源输入
ALM	红色	告警	亮：硬件故障
			灭：无硬件故障
EOF	红绿双色	绿色：高层链路状态指示	亮：链路正常
			闪：端口链路正常有数据收发
			灭：光模块不在位或未配置
		红色：底层物理链路指示	亮：光模块故障
			慢闪：光模块接收无光
			快闪：模块每个通道都有光，但是有一个链路关闭
			灭：光模块不在位或未配置
OF1～OF6	红绿双色	绿色：高层链路状态指示	闪：链路正常
			灭：光模块不在位或未配置
		红色：底层物理链路指示	亮：光模块故障
			慢闪：光模块接收无光
			快闪：光模块有光但帧失锁
			灭：光模块不在位或未配置

3）VPDc1单板

VPDc1单板是虚拟化电源分配板，实现DC-48V输入电源的防护、滤波、防反接，额定电流为50A，输出为-48V，支持主备功能；支持欠电压告警，支持电压和电流监控，支持温度监控。VPDc1单板前面板如图0-2-7所示。

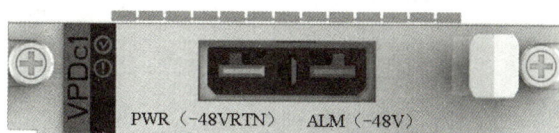

图0-2-7　VPDc1单板前面板

VPDc1单板接口说明如表0-2-7所示。

表0-2-7　VPDc1单板接口说明

接口	接口说明
–48V/–48V RTN	DC–48V输入接口

VPDc1单板前面板指示灯状态如表0-2-8所示。

表0-2-8　VPDc1单板前面板指示灯状态

接口	颜色	含义	功能说明
PWR	绿色	–48V电源模块状态指示灯	亮：电源正常工作 灭：无电源接入
ALM	红色	–48V电源模块告警灯	灭：无故障 亮：输入过电压、输入欠电压

4）VFC1

VFC1是风扇模块，其功能是进行系统温度的检测控制，进行风扇状态的监测、控制与上报，如图0-2-8所示。

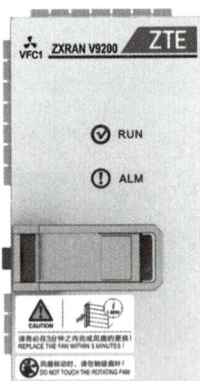

图0-2-8　VFC1面板

VFC1面板指示灯状态如表0-2-9所示。

表0-2-9　VFC1面板指示灯状态

接口	颜色	含义	功能说明
RUN	绿色	运行指示灯	亮：加载运行版本
			慢闪：单板运行正常
			快闪：外部通信异常
			灭：无电源输入
ALM	红色	告警灯	亮：硬件故障
			灭：无硬件故障

0.2.3 AAU硬件

ZXRAN A9611是中兴通讯研发的面向5G移动通信的一体化射频单元。ZXRAN A9611一体化基站是集成天线、中频、射频的一体化形态的 AAU 设备，如图0-2-9所示。AAU 与BBU 一起构成gNB基站，如图0-2-10所示。

微课：AAU 硬件

图0-2-9 A9611

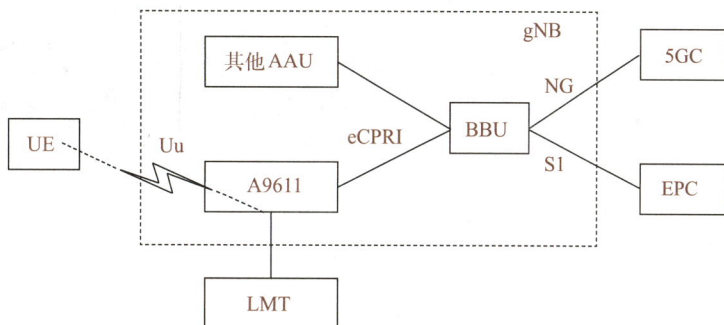

图0-2-10 AAU 与BBU 构成gNB基站

1 系统指标

A9611 的系统指标如表 0-2-10 所示。

表0-2-10 A9611的系统指标

功能	指标
制式	TD-LTE 和5G
频段 /MHz	T35：3400 ～ 3700
信道带宽 /MHz	20/40/50/60/80/100
输出功率 /W	200
频偏精度	$\pm 0.05 \times 10^{-6}$
天线类型	64 个接口的 192 天线
防护类型	IP Code/IEC standard 60529
本地/远端维护	支持
供电方式	直流供电或交流供电（交流供电通过外置AC-DC实现）
电压	-48V 直流电压范围：DC-37 ～ DC-60V 交流电压范围：AC 100 ～ 240V
功耗总平均值 /W	1250

2 底部接口

ZXRAN A9611的底部接口如图0-2-11所示。

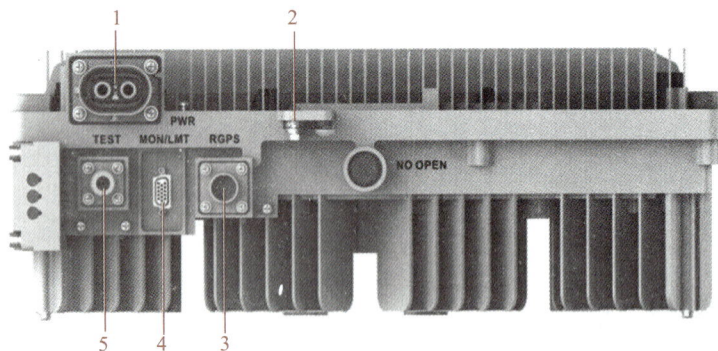

图0-2-11   A9611的底部接口

A9611的底部接口说明如表0-2-11所示。

表0-2-11   A9611的底部接口说明

图注序号	接口标识	接口说明
1	PWR	DC-48V电源输入接口
2	GND	保护地接口
3	RGPS	RGPS接口，用于连接外置RGPS模块
4	MON/LMT	MON外部监控接口或LPU设备接口、AISG设备接口
5	TEST	测试口，天线馈电口耦合信号的外部输出接口

ZXRAN A9611的维护窗接口如图0-2-12所示。

A9611维护窗接口说明如表0-2-12所示。

表0-2-12   A9611维护窗接口说明

标注序号	接口标识	接口说明
1	OPT1	25Gb/s光信号接口，为ZXRAN A9611和BBU系统之间的光信号提供物理传输
2	OPT2	100Gb/s光信号接口，为ZXRAN A9611和BBU系统之间的光信号提供物理传输
3	OPT3	100Gb/s光信号接口，为ZXRAN A9611和BBU系统之间的光信号提供物理传输

ZXRAN A9611的面板指示灯显示设备运行状态，位于机箱侧面，如图0-2-13所示。

A9611面板指示灯说明如表0-2-13所示。

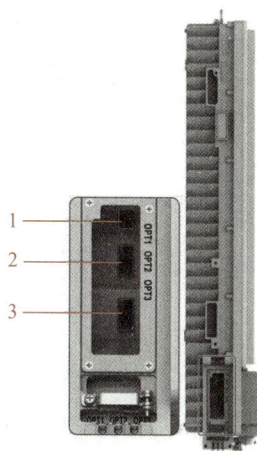

图0-2-12　A9611的维护窗接口　　　　图0-2-13　A9611的面板指示灯

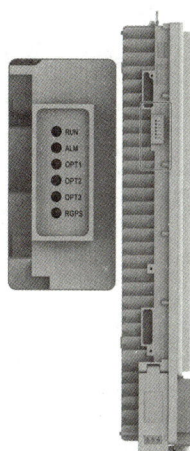

表0-2-13　A9611面板指示灯说明

丝印标识	功能	颜色	状态	状态说明
RUN	运行指示	绿	常灭	系统未加电或处于故障状态
			常亮	系统加电但处于故障状态
			闪烁（1s亮，1s灭）	系统处于软件启动中
			闪烁（0.3s亮，0.3s灭）	系统运行正常且与BBU的通信正常
			闪烁（70ms亮，70ms灭）	系统运行正常，与BBU的通信尚未建立或通信断链
ALM	告警指示	红	常灭	无告警
			常亮	有告警
OPT1	光接口状态指示	红绿双色	常灭	光口1光模块不在位或光模块未上电或未接收光信号
			常亮红色	光口1光模块收发异常
			常亮绿色	收到光信号但未同步
			闪烁绿色（0.3s亮，0.3s灭）	光口1链路正常
OPT2	光接口状态指示	红绿双色	常灭	光口2光模块不在位或光模块未上电或未接收光信号
			常亮红色	光口2光模块收发异常
			常亮绿色	收到光信号但未同步
			闪烁绿色（0.3s亮，0.3s灭）	光口2链路正常
OPT3	光接口状态指示	红绿双色	常灭	光口3光模块不在位或光模块未上电或未接收光信号
			常亮红色	光口3光模块收发异常
			常亮绿色	收到光信号但未同步
			闪烁绿色（0.3s亮，0.3s灭）	光口3链路正常

续表

丝印标识	功能	颜色	状态	状态说明
RGPS	光接口状态指示	红绿双色	常灭	RGPS没有配置，或AAU/BBU处于启动状态
			常亮红色	RGPS异常
			常亮绿色	RGPS模块同步卫星过程中
			闪烁绿色（0.3s亮，0.3s灭）	RGPS正常

0.2.4 基站线缆

基站设备连接线缆包括电源线缆、接地线缆、光纤、GPS射频线缆等。

微课：基站线缆

1 电源线缆

电源线缆分为BBU侧电源线缆和AAU侧电源线缆，两者不同。BBU电源线缆用于将外部-48V直流电源接入BBU电源板，其连接关系如表0-2-14所示，外观如图0-2-14所示。

表0-2-14 BBU电源线缆连接

A端	B端
VPDc1单板的-48V/-48V RTN接口	外部电源设备

AAU直流电源线缆用于将外部直流电源引入到ZXRAN A9611内，为设备提供-48V电源。直流电源线缆接头为2芯圆形连接器，需要现场裁剪制作，如图0-2-15所示。

图0-2-14 BBU电源线缆

图0-2-15 AAU电源线缆

直流电源线缆一端与ZXRAN A9611的PWR接口相连，另一端与外部电源设备/直流转接盒相连。

2 接地线缆

接地线缆连接BBU、AAU与地网，提供对设备以及人身安全的保护。

BBU接地线缆为横截面积16mm² 黄绿线缆，接地线缆的B端需要根据现场需求制作。

BBU接地线缆如图0-2-16所示。接地线缆A端接到ZXRAN V9200机箱上的保护地接口，B端接到14U机框上的接地点。

AAU接地线缆如图0-2-17所示，接地线缆一端连接到ZXRAN A9611底部的接地螺栓，另一端直接连接到地排上。

图0-2-16　BBU接地线缆

图0-2-17　AAU接地线缆

3　光纤

ZXRAN V9200系统中的光纤有如下用途。

（1）作为ZXRAN V9200与RRU的连接线缆。

（2）作为ZXRAN V9200与AAU的连接线缆。

（3）作为ZXRAN V9200系统与核心网之间的传输线缆。

ZXRAN V9200的BBU使用单芯光纤，两端均为LC型连接器，外观如图0-2-18所示。A端连接VSW单板的ETH1-ETH4口，B端连接传输的光接口。

ZXRAN A9611的AAU使用双芯光纤与BBU连接，如图0-2-19所示。光纤的A端连接ZXRAN A9611的光接口，B端连接BBU的VBP单板的光接口。

图0-2-18　BBU光纤

图0-2-19　AAU光纤

4　GPS 射频线缆

GPS射频线缆用于ZXRAN V9200VSW单板的GNSS接口与GPS防雷器的连接。GPS射频线缆如图0-2-20所示。A端连接VSW单板的GNSS接口，B端连接GPS防雷器。

◆　任务总结

图0-2-20　GPS射频线缆

5G基站的BBU分为CU和DU单元两部分，分离的目的是利于协议栈的灵活切割，给基站的灵活部署提供了理论和技术上的支持。5G基站以BBU-AAU的形态为主，BBU在逻辑上被分成了CU和DU两部分。

ZXRAN V9200是中兴通讯5G基站的BBU。1个VSW交换板、1个VBP基带板、1个电源板和1个风扇单板就可以组成一个BBU。ZXRAN A9611是中兴通讯5G基站的AAU，BBU和AAU之间通过光纤连接。BBU通过光纤连接到核心网，使用GPS射频线缆连接到GPS，使用专用电源线缆给BBU和AAU供电，接地线缆接好做好保护，就可以组成一个完整的基站。

0.3　5G工程基础认知

【教学目标】

(1) 了解5G工程的主要内容。

(2) 掌握NSA和SA两种组网部署方式以及它们之间的差别。

(3) 熟悉D-RAN（分布式无线接入网）和C-RAN（集中式无线接入网）两种接入网部署方式以及它们之间的差别。

(4) 了解5G频率应用和中国运营商的频率分配情况。

0.3.1　5G工程概述

2020年3月，工业和信息化部（以下简称"工信部"）提出了加快5G和数据中心等新型基础设施建设进度的行业建设措施，引发了全民热议的"新基建"概念。新基建的本质，是能够支撑传统产业向网络化、数字化、智能化方向发展的信息基础设施的建设，因此5G面临着良好的发展契机。同时，5G标准发展逐渐完善，SA独立组网技术逐步成熟，5G工程将很快进入建设的爆发期。

5G工程与其他通信工程类似。从流程上说，签订5G组网合同之后，就进入了工程期，一般包括工程规划、勘察设计、设备生产发货、设备安装、设备调测、业务验证、工程优化、初步验收、试运行和最终验收、维护优化多个阶段，这与其他无线通信工程并无二致。

从内容上来说，5G通信工程规模比其他通信工程更加庞大。5G工程建设包括无线接入网、核心网和承载网3张大网的建设。在无线接入网方面，由于5G基站在覆盖、容量、速率和接入数量等方面的特性，单位面积的基站数量将超过以往；核心网由于虚拟技术的应用，硬件成本在降低，但软件成本在上升；承载网由于5G的大带宽低时延的需求将进行大规模的设备更新。总之，5G建设工程在复杂度上超过以往。

0.3.2　NSA组网和SA组网

从5G技术的成熟度以及成本考虑，5G的组网并不是一步到位的，而是经历了一个逐步演进的过程。对此，3GPP将5G组网标准分成了NSA

微课：NSA组网和SA组网

和SA两种类型。

NSA指的是使用现有的4G基础设施进行5G网络的部署。基于NSA架构的5G基站仅承载用户数据，其控制信令仍通过4G网络传输，运营商可根据业务需求确定升级站点和区域，不一定需要完整的连片覆盖。

SA指的是新建5G网络，包括新基站、回程链路以及核心网。SA在引入全新网元与接口的同时，还将大规模采用网络虚拟化、软件定义网络等新技术，并与5G NR结合，同时其协议开发、网络规划部署及互通互操作所面临的技术挑战将超越3G和4G系统。

在NAS和SA的部署中，根据信令面和数据面的承载方式以及核心网的选择，NAS和SA又被细化成10种方式，如图0-3-1所示。

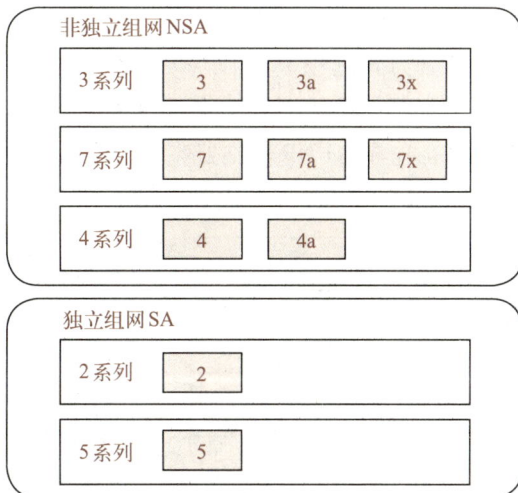

图0-3-1　NAS和SA组网细分

在实际组网中，一般会采用3系列和2系列。

1 3系列

在3系列中，终端同时连接到5G NR和4G LTE，控制面锚定于4G LTE，沿用4G核心网。部署方式有以下3种。

1）选项3

部署方式选项3如图0-3-2所示。

选项3的特点如下。

① 5G基站的控制面与用户面均锚定于4G LTE基站。

② 5G基站不直接与4G核心网通信，它通过4G LTE基站连接到4G核心网。

③ 4G和5G数据流量在4G LTE基站处分流后再传送到手机终端。

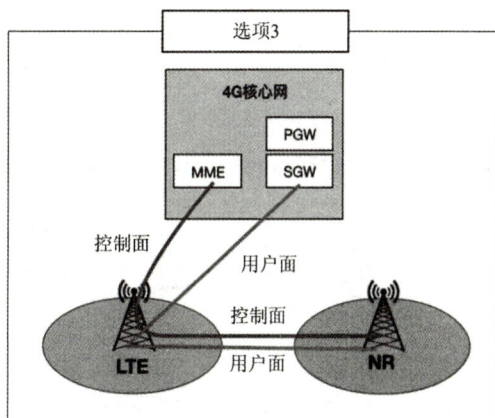

图0-3-2　部署方式选项3

④ 4G LTE基站与5G NR基站之间的X2接口需同时支持控制面和5G数据流量，以及支持流量控制，并要求满足时延需求。

2）选项3a

部署方式选项3a如图0-3-3所示，它与选项3的差别在于，4G和5G数据流量不再通过4G LTE基站分流和聚合，而是用户面各自直通4G核心网，仅控制面锚定于4G LTE基站。

3）选项3x

部署方式选项3x如图0-3-4所示，可以被看作选项3和选项3a的合体。在选项3x下，控制面依然锚定4G，但在用户面5G NR基站连接4G核心网，用户数据流量的分流和聚合也在5G NR基站处完成，要么直接传送到终端，要么通过X2接口将部分数据转发到4G LTE基站再传送到终端。

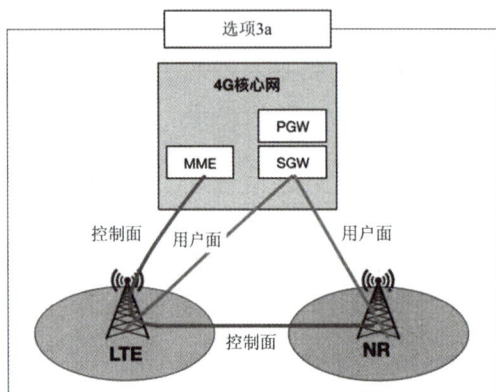

图0-3-3   部署方式选项3a

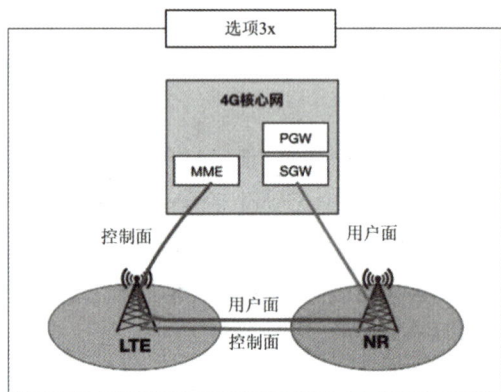

图0-3-4   部署方式选项3x

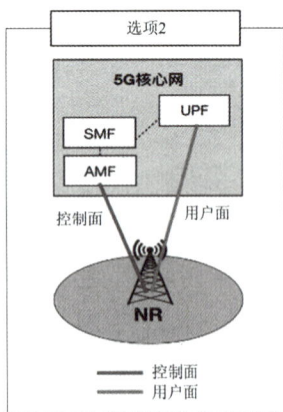

图0-3-5   部署方式选项2

选项3x架构面向未来，它既解决了选项3架构下4G基站的性能瓶颈问题，无须对原有的4G基站进行硬件升级，也解决了选项3a架构下4G和5G基站各自为阵的问题。

对于一些低速数据流，如VOLTE（长期演进语音承载），还可以从4G核心网直接传送到4G基站。如果采取NSA组网，大多数运营商选择选项3x。

2 2系列

部署方式选项2如图0-3-5所示，就是5G基站与5G核心网独立组网，5G基站和5G核心网同时部署。这是目前采用的5G SA组网模式。

0.3.3 D-RAN组网

D-RAN是分布式基站最初的一种组网模式，每个基站的BBU和射频、天线等都在一个站点，它们之间用野战光缆直连（一般不超过

微课：RAN组
网和频率分配

120m），彼此距离很近，方便维护。也就是说，每个BBU完全独立，与其他BBU不共站址部署的形态称为D-RAN。

在5G工程建设中，5G基站一般采取与4G基站共址部署的模式。图0-3-6所示为5G和4G基站共址部署的D-RAN基站组网图。

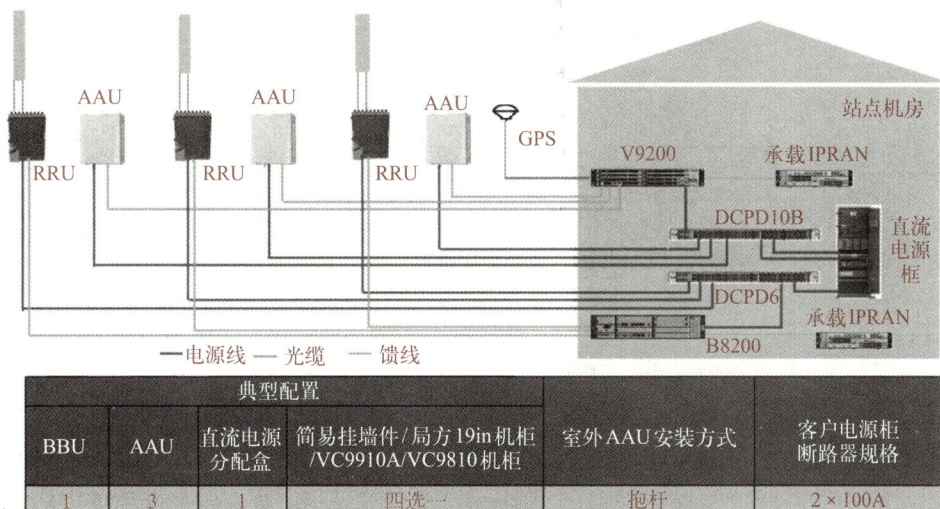

典型配置				室外AAU安装方式	客户电源柜断路器规格
BBU	AAU	直流电源分配盒	简易挂墙件/局方19in机柜/VC9910A/VC9810机柜		
1	3	1	四选一	抱杆	2×100A

图0-3-6　D-RAN 5G和4G共址组网

在这种组网方案中，5G设备和4G设备共用电源设备，并通过DCPD10B进行电源分配，其他包括传输、光纤都是独立的，而且AAU是射频和天线集成在一起，因此也不需要对原4G天面（天线的安装环境）进行端口改造，但是要注意天线之间的距离应满足隔离度要求。由于BBU和AAU之间距离较近，因此它们之间可以通过野战光缆直接连接。GPS可独立，也可与4G BBU共享。

1 BBU 安装

BBU安装可以选用19in机柜安装、竖直挂墙安装或者在第三方机柜集中安装。

2 供电方案

在只考虑室外基站的情况下，供电方案有两种方式：一种是D-RAN 机房供电方案；另一种是室外柜供电方案。

1）D-RAN机房供电方案

D-RAN机房供电方案如图0-3-7所示。

2）室外柜供电方案

室外柜供电方案如图0-3-8所示。

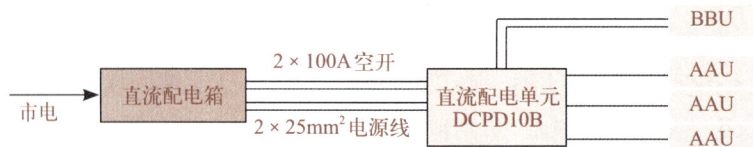

图 0-3-7 D-RAN机房供电方案

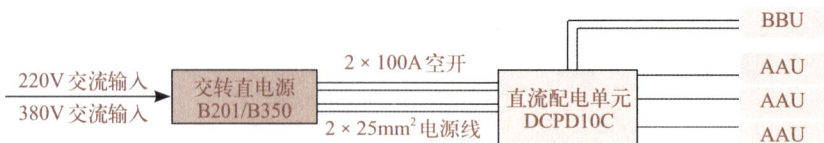

图 0-3-8 室外柜供电方案

3 前传方案

BBU和AAU/RRU之间的数据传送叫作前传,可以选用两种前传方案:一种是普通的两芯前传方案,在工程中广泛使用,如图0-3-9(a)所示;另一种是单芯单纤双向前传方案,节省光纤资源,但是需要配置BIDI单芯双向光模块,成本较高,如图0-3-9(b)所示。注意,图中是电信联通共享基站的组网方案,所以BBU到AAU使用了两对光纤(采用普通光模块)或者1对光纤(采用单芯双向光模块),如果一个运营商,只使用1对光纤(普通光模块)或者一根光纤(单芯双向光模块)。

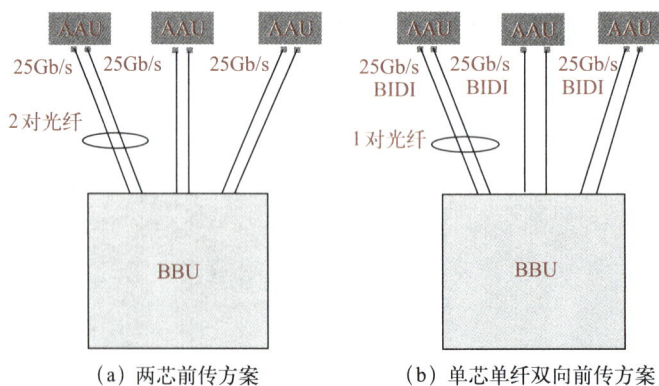

(a)两芯前传方案　　　　　(b)单芯单纤双向前传方案

图 0-3-9 前传方案

4 GPS 组网方案

GPS有两种组网方案:一种是5G BBU通过GPS防雷器单独接天线,如图0-3-10(a)所示;另一种是通过多端口的GPS防雷器和4G BBU一起接到GPS天线,如图0-3-10(b)所示。

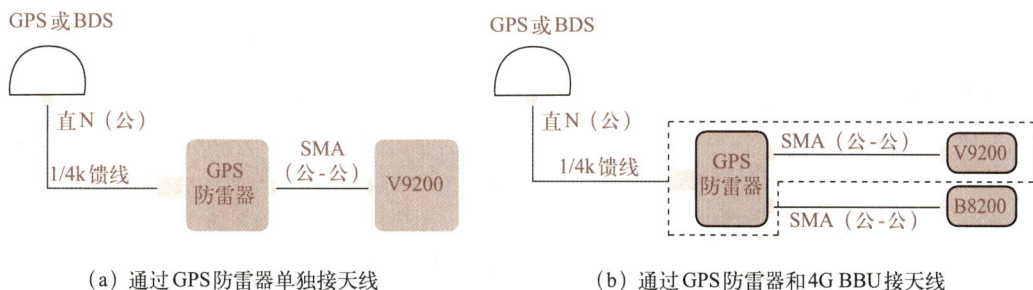

（a）通过GPS防雷器单独接天线　　　　　　（b）通过GPS防雷器和4G BBU接天线

图0-3-10　GPS组网方案

0.3.4　C-RAN组网

D-RAN组网虽然缩短了RRU和天线之间馈线的长度，减少了传输损耗，降低了馈线成本，让网络设计更加灵活，但是电信运营商仍然要承担巨大的建设成本，如为了摆放BBU和相关的配套设备（电源、空调和监控等），需要租赁或建设大量的标准机房。为了解决这些弊端，出现了C-RAN组网模式。

在C-RAN组网模式（图0-3-11）下，电信运营商把BBU全部集中放置在中心机房，甚至可以组成BBU资源池，而射频和天线部分可以通过光缆拉远到最远10km外的地方，这样大幅度降低了机房建设数量，从而缩减建设成本。另外，拉远之后的射频和天线，还能安装在离移动终端用户更近的位置，使基站的选址更加方便。

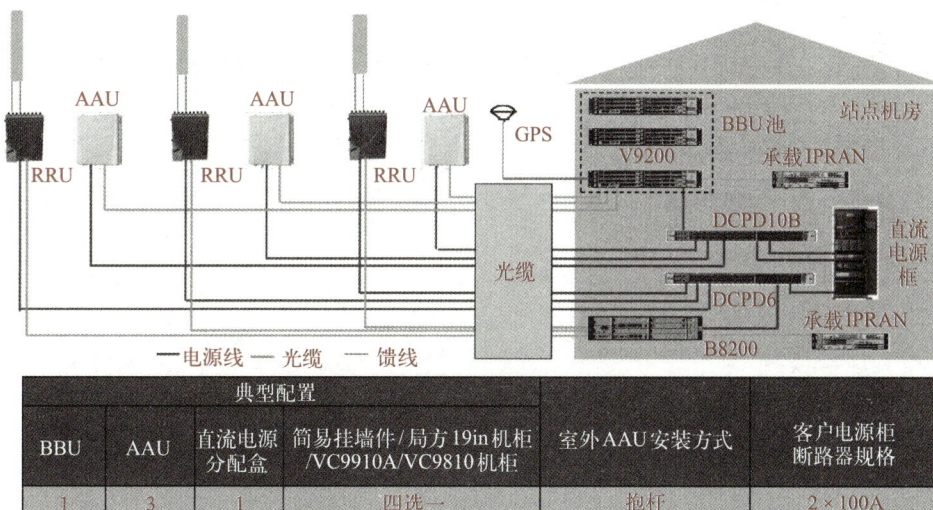

典型配置					
BBU	AAU	直流电源分配盒	简易挂墙件/局方19in机柜/VC9910A/VC9810机柜	室外AAU安装方式	客户电源柜断路器规格
1	3	1	四选一	抱杆	2×100A

图0-3-11　C-RAN 5G和4G共址组网

1 BBU安装

由于BBU较多，BBU安装会采用专用BBU机柜集中安装，如图0-3-12所示。

2 供电方案

在供电方面，BBU供电和AAU供电分离。在BBU侧，一般会使用室内直流供电，市电接入直流配电箱转化为直流电后，使用2路电源线接入DCPD进行直流电源分配后接到BBU，如图0-3-13所示。在AAU侧，电源柜靠近AAU，因此一般是室外供电，市电接入直流配电箱转化为直流电后输入DCPD，直流电分配后接入AAU，如图0-3-14所示。注意，空开和电源线的选择要根据所接设备的功率来计算。

图0-3-12　BBU集中安装

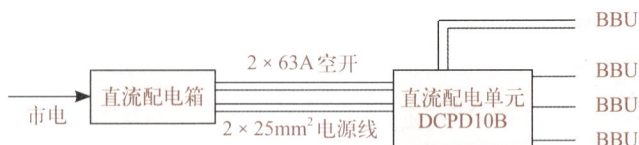

图0-3-13　BBU供电

图0-3-14　AAU供电

3 前传方案

前传方案和D-RAN类似，主要区别是BBU和AAU之间使用光纤拉远，因此，BBU光纤需要先接到ODF（光纤配线架），然后熔纤到光缆再到AAU侧的ODF之后，再连接到AAU，如图0-3-15所示。注意，图0-3-15采用的也是电联组网方案。

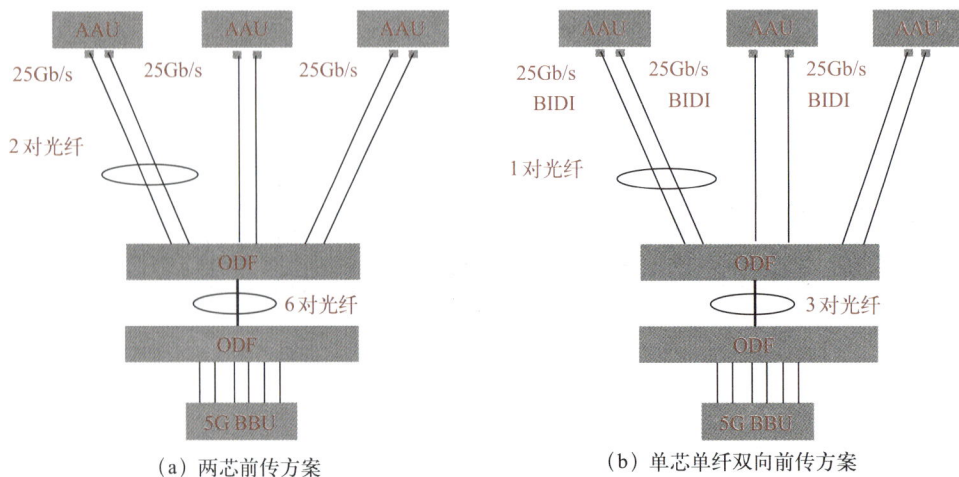

（a）两芯前传方案　　　　　　　　（b）单芯单纤双向前传方案

图0-3-15　前传方案

4 GPS 组网方案

由于BBU较多而且在一个机房内，需要多个BBU共享一个GPS接收器。因此，如果是2个BBU，则需要使用一分二的功分器，防雷器前置或者后置，然后通过SMA线缆接入BBU，如果是2个以上BBU，则需要在GPS和防雷器之后连接功分器，一般有一分四、一分八功分器，最后使用SMA线缆分别接入各个BBU，如图0-3-16所示。注意，SMA跳线建议不超过2m，否则信号衰减较大。

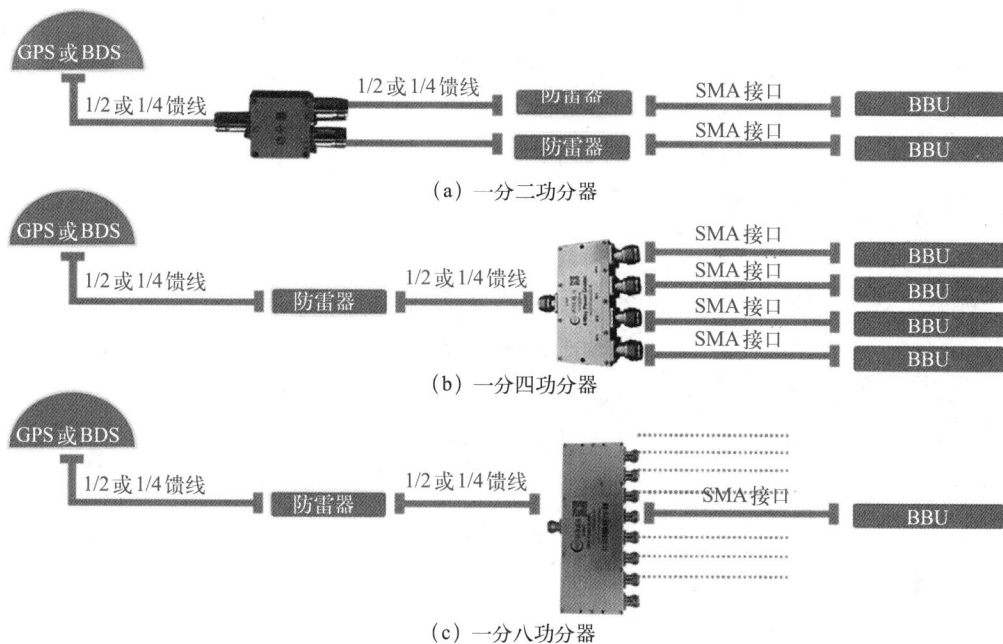

（a）一分二功分器

（b）一分四功分器

（c）一分八功分器

图0-3-16 GPS组网方案

0.3.5 5G频率分配

根据3GPP于2017年12月发布的 V15.0.0版 TS 38.104规范，5G NR的频率范围分别定义为不同的频段（FR）：FR1与FR2。其中，频率范围FR1即通常所讲的5G Sub-6GHz（6GHz以下）频段；频率范围FR2则是5G毫米波频段。

1 FR1 频段

FR1就是通常讲的6GHz以下频段，如表0-3-1所示。其频率范围为450MHz ～ 6GHz，最大信道带宽为100MHz。

表0-3-1　5G NR FR1 频段

频段号	上行/MHz	下行/MHz	带宽/MHz	双工模式
n1	1920～1980	2110～2170	60	FDD
n2	1850～1910	1930～1990	60	FDD
n3	1710～1785	1805～1880	75	FDD
n5	824～849	869～894	25	FDD
n7	2500～2570	2620～2690	70	FDD
n8	880～915	925～960	35	FDD
n20	832～862	791～821	30	FDD
n28	703～748	758～803	45	FDD
n38	2570～2620	2570～2620	50	TDD
n41	2496～2690	2496～2690	194	TDD
n50	1432～1517	1432～1517	85	TDD
n51	1427～1432	1427～1432	5	TDD
n66	1710～1780	2110～2200	70/90	FDD
n70	1695～1710	1995～2020	15/25	FDD
n71	663～698	617～652	35	FDD
n74	1427～1470	1475～1518	43	FDD
n75	N/A	1432～1517	85	SDL
n76	N/A	1427～1432	5	SDL
n77	3300～4200	3300～4200	900	TDD
n78	3300～3800	3300～3800	500	TDD
n79	4400～5000	4400～5000	600	TDD
n80	1710～1785	N/A	75	SUL
n81	880～915	N/A	35	SUL
n82	832～862	N/A	30	SUL
n83	703～748	N/A	45	SUL
n84	1920～1980	N/A	60	SUL

5G NR 频段号标识以"n"开头，如LTE的B20（Band20），5GNR称为n20。

目前，中国三大电信运营商的5G频段已经确定，中国移动获得了2515～2675MHz
和4800～4900MHz两个5G频段，频段号分别为n41和n79，带宽分别是160MHz和

100MHz；中国电信获得了3400～3500MHz的频段，频段号为n78，带宽为100MHz；中国联通获得了3500～3600MHz的频段，频段号也是n78，带宽为100MHz。2019年6月6日，中国广播电视网络有限公司（简称"中国广电"）与中国移动、中国联通、中国电信共同获得了5G商用牌照，中国广电拥有4900～4960MHz的60MHz带宽的5G频段，频段号是n79。

关于移动通信的黄金频率700MHz，即表0-3-1中的频段号n28，2020年4月，工信部公示信息中正式调整700MHz频段的频率使用规划，将其重新划归给了移动通信系统，明确了703～743MHz/758～798MHz频段规划用于FDD（频分双工）工作方式的移动通信系统，上下行各40MHz，共计80MHz，未来更能提升5G网络峰值速率并优化用户体验。工信部已经依申请向中国广电颁发了频率使用许可证，许可其使用703～733MHz/758～788MHz频段分批、分步在全国范围内部署5G网络。

2　FR2频段

FR2频段就是毫米波频段，如表0-3-2所示。其频率范围为24.25～52.6GHz，最大信道带宽为400MHz。目前，FR2频段尚未分配给三大运营商和中国广电。

表0-3-2　5G NR FR2频段

频段号	上行/MHz	下行/MHz	带宽/MHz	双工模式
n257	26500～29500	26500～29500	3000	TDD
n258	24250～27500	24250～27500	3000	TDD
n260	37000～40000	37000～40000	3000	TDD

◆　**任务总结**

5G的组网模式分为NSA组网和SA组网，在建网初期基于成本考虑，运营商会选择NSA组网，随着技术成熟和应用推广，运营商会采用SA组网，因为SA组网才能发挥5G网络的性能优势。

D-RAN和C-RAN组网是目前主要的组网模式。其中，D-RAN组网中的BBU和AAU处于一个位置，维护方便，但是成本较高；C-RAN组网中的BBU和AAU在不同的位置，距离较远，中间使用光缆拉远，有利于缩减成本，而且BBU可以组成基带池，使基站运行更稳定。

中国三大运营商目前都被分配了5G频段，中国移动获得了2515～2675MHz和4800～4900MHz两个5G频段，带宽分别是160MHz和100MHz；中国电信获得了3400～3500MHz的频段，带宽为100MHz；中国联通获得了3500～3600MHz的频段，带宽为100MHz。700MHz的黄金频段分配给了中国移动和中国广电。

思考与练习

一、填空题

1. 5G RAN和5GC的接口是＿＿＿＿＿＿，它分为＿＿＿＿＿＿和＿＿＿＿＿＿。

2. gNB的CU和DU之间的接口是＿＿＿＿＿＿，CU内部的控制面和用户面之间的接口是＿＿＿＿＿＿＿＿＿＿＿＿＿＿。

3. 目前5G工程中BBU和AAU之间的光模块速率一般采用＿＿＿＿＿＿。

4. 5G帧结构中，一个无线帧的长度是＿＿＿＿＿＿ms，子载波间隔有＿＿＿＿＿＿、＿＿＿＿＿＿、＿＿＿＿＿＿、＿＿＿＿＿＿和＿＿＿＿＿＿多种选择。

5. 5G的BBU是＿＿＿＿＿＿，AAU是＿＿＿＿＿＿。

6. BBU的VSW单板的ETH1接口使用＿＿＿＿＿＿＿＿＿连接核心网，ETH5使用＿＿＿＿＿＿连接核心网，LMT是＿＿＿＿＿＿接口，GNSS接口连接＿＿＿＿＿＿＿。

7. VBP单板的ALM灯亮时表示＿＿＿＿＿＿＿，灭时表示＿＿＿＿＿＿＿。

二、问答题

1. 5G包括哪三大应用场景？每种场景对关键性能指标的要求是什么？

2. 如果5G帧结构采用2.5ms双周期，则它的时隙组合是怎样的？

3. 中兴BBU的VSWc2和VBPc5单板有哪些接口？功能分别是什么？

4. D-RAN组网和C-RAN组网的主要区别是什么？

5. 目前中国三大运营商和中国广电的频段是怎么分配的？

6. NSA组网和SA组网的区别是什么？

项目1

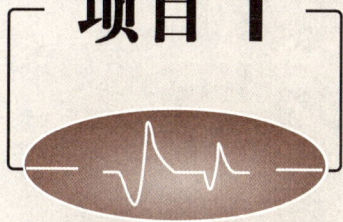

基站选址与勘察

基站选址与勘察是工程实施前和工程验收的一个重要环节,基站选址的作用是根据规划部门的初步站址规划,在指定的覆盖区域内现场勘察,选择适合安装基站的站址。站址确定之后,再使用专用工具进行详细勘察,获取站址的各种数据,为工程设计、网络规划、工程调测等做准备,因此勘察的准确性和完备性,对工程质量和工程进度有非常重要的影响。

任务 1.1
基站站址选择

教学目标

1. 知识教学目标

（1）掌握基站选址原则。

（2）掌握选址环境要求。

（3）掌握站距控制原则。

（4）掌握基站机房要求。

2. 技能培养目标

（1）能够根据设计规划选择基站站址。

（2）能够根据设计规划选择机房。

任务描述

电信公司要在某学校新建2个5G基站，学校分为生活区和教学区。教学区包括5栋楼，生活区包括11栋楼，教学楼为6层建筑，楼层高度3m，宿舍楼为5层建筑，楼层高度2.6m，楼层情况和具体分布如图1-1-1所示。

图1-1-1　某学校分布图

两个基站分别覆盖教学区与生活区，基站采用D-RAN模式组网。要求勘察人员到学校进行实地勘察并确定以下内容。

（1）站点建设的合理性及可行性。

（2）选择合适的地点安装AAU，选择合适的地点新建BBU机房。

实施环境

（1）GPS定位仪、数码相机、指北针、测距仪、皮尺、望远镜等测量工具。

（2）电子地图、笔记本电脑、纸和笔等记录工具。

（3）车辆、登高梯等。

1.1.1 知识准备：站址选择相关知识

微课：站址选择相关知识

1 站址选择的基本概念

基站站址的布局对网络有着至关重要的影响，基站的不合理布局会降低整个网络的运行效果，并且给后期的网络调整带来困难。通常基站站址的选址目标由规划设计单位给出，规划设计单位根据整体覆盖目标、话务模型、周围基站分布等因素大致给出基站安装的位置。站址选择的任务就是到规划设计单位给定的目标位置进行实地勘察，判定目标位置是否适合新建基站，如果适合新建，则合理选择基站的具体安装位置。在实际工程中，很多情况下基站站址直接由运营商提供，此时可以略过基站选址直接进行基站勘察

站址的选择既要与现网基站的布局相容，也要有针对性地解决网络存在的弱覆盖区。所以，选址时应在目标点附近寻找适合建设基站的建筑物。基站所在的建筑物起到安放设备、布放馈线和支撑天线等作用。因此，基站选址的第一选择就是建筑，如果没有合适的建筑，再考虑其他物体，如铁塔、独杆塔等。寻找建筑物时，要结合基站建设的要素，并考虑周围环境、机房、天面的综合影响，按照覆盖效果、安装维护方便、后期调整便捷的优先级顺序，有针对性和快速地判定建筑物是否适合作为站址。

2 基站选址要点

初期基站选址直接关系到后期基站站址的洽谈和详细勘察，对无线网络规划方案的执行起着决定性的作用。因此，要优先参考以下要点进行站址选择。

1）选址基本要求

站址选择时首先要考虑基站AAU安装位置本身的情况，主要包括以下内容。

（1）按照规划站址确定基站实际位置。站址规划是基于全网覆盖或者区域覆盖做出的分析，不要轻易更换目标位置。

（2）预估安装位置的覆盖效果能否达到规划设计要求。

（3）建筑物的物理属性，如建筑高度、建筑体量、建筑材料和材质、目测的建筑坚固程度等。

（4）建筑物的配套设施，如接电、地排、防雷、排水管道、避雷针等是否具备，是否完好等。

（5）根据站址位置及预估的天线高度选择候选站址楼宇及其具体位置，并初步确定采用的天线架设方式以及抱杆、增高架等架设件的粗略安装位置，每个基站应至少选择1个主选及1个备选站址。

（6）每个候选站址的具体情况如下。

① 坐标。

② 站址位置（城区应记录街道、门牌号、单位及楼宇名称等，郊区应记录乡镇名称、标志性区域、周边重要交通干线及旅游景点的相对位置等）。

③ 楼层数量及大致高度。

2）选址环境要求

站址选择时要考虑周围物理环境、无线环境、配套环境以及产权、物权的影响，主要包括以下内容。

（1）不宜在大功率无线发射台、大功率雷达站、高压电站和有电焊设备、X光设备或产生强脉冲干扰的热合机、高频炉的企业或医疗单位设站。

（2）站址周围环境应比较安全，利于无人值守，交通方便，汽车能到楼下，方便设备的运送。

（3）基站选址时应充分考虑电源、传输、光纤光缆等线缆布放的要求。

（4）站址应该在8～15年内不会拆迁，楼房业主明确，有合法的产权手续，并可签长期租约。

（5）站址楼梯应有足够宽度，以便通信设备及安装器材的搬运；应有条件搬运设备、天线等到楼顶并进行天线安装。

（6）基站选址时应考虑周围环境发展变化的影响，并要考虑建设维护方便。

（7）基站选址时应充分考虑铁塔或桅杆安装位置，室内外馈线走线路由。

（8）站址周围应比较开阔，周围无高层建筑或障碍阻挡；对于定向天线，在天线主瓣覆盖方向100m内应无阻挡。

（9）根据设站目的确定站址高度，确定天线的架设方式。天线挂高市区为30～40m，郊区为40～50m，楼顶天面面积应在50m²以上，以利于安装天线。

3）选址安全性要求

基站选址时，还需要考虑一些安全方面的因素，主要包括以下内容。

（1）站址应选择安全环境，不应选择在易燃、易爆的建筑物和堆积场。

（2）站址应选择在地势平坦、地质良好的地段，应避开断层、土坡边缘、古河道以及有可能塌方、滑坡和有开采价值的地下矿藏或古迹遗迹的地方。

（3）站址不应选择在易受洪水淹灌的地区。如无法避开时，可选择在基地高程高于要求的计算洪水水位0.5m以上的地方。

（4）当基站设置在机场附近时，天线高度应符合机场净空高度要求。

当以上条件均基本满足时，选址人员和业主沟通是否可以作为基站安装站址，确认该建筑在短期内不会拆迁，业主是否有合法的产权手续，并且可签长期租约；同时要听取并记录业主对运营商和施工人员在安全、租金和人员出入方面的具体要求。

3　机房选择要点

基站选址的另一个方面是选择基站BBU及其附属设备的安装机房，如果选择D-RAN组网，机房位置和AAU的安装位置相邻，如果没有利旧机房或者共享机房，机房就需要新建；如果采用C-RAN组网，则BBU机房选择电源、传输等资源富余的已有机房，不需要新建。

其中，市区覆盖中大部分都是利用已有建筑新建机房，机房的选择要求如下。

（1）机房应选择靠近顶层的位置，最好是倒数第二层，以缩短传输线的长度及避免机房受太阳照射，节省空调消耗的能量。

（2）机房净高应在2.6m以上，面积在$18 \sim 25m^2$，形状规则。对于机房地面的承重要咨询业主，如果业主无法确定，需要建筑结构专业设计人员到现场核实机房的承重情况，若不满足需要，则应与业主提前说明后续会进行相应的加固改造。

（3）要求楼房应符合安全防火、抗震等有关规定。

（4）安装空调，要有合适的室外机安装位置。

（5）要求考虑馈线窗的位置，一般会在业主房屋墙壁上打洞。如果机房不在顶楼，则须考虑并确定该机房到楼顶的走线路由。

（6）交流电的引入需要考虑从一个稳定可靠的独立电源或从稳定可靠的输电线路上引入一路380V交流电。

如果以上条件有多个无法满足且无其他位置替代，运营商就需要考虑自己进行土建。这种情况在农村、草原、景点、公路、铁路等场景下比较常见。

1.1.2　任务实施：站址选择

1　任务实施准备

微课：站址选择

（1）仪表及工具准备：笔记本电脑、查勘记录本、数码相机、移动通信网络、手机等。

（2）仪表与工具检查调试。

（3）与建设单位开协调会，与建设单位一起讨论制定工作规程及选址日程表。

2 任务实施步骤

1）地图选点

规划工程师根据覆盖和容量要求，并考虑基站频段、功率、覆盖模型等，使用规划工具在地图上标注目标位置作为基站选址的备选位置，并将此目标位置提供给勘察人员。此步骤需要较强的网规网优技能，在《标准》（中级）中不做要求。

2）现场勘察

（1）选定AAU安装位置，输出选址文件。

勘察人员根据规划工程师提供的位置到达现场，观测现场和周边环境，选择主用和备用安装位置，填写"基站选址——AAU选址（主、备用）"表，如表1-1-1和表1-1-2所示。

表1-1-1　基站选址——AAU选址（主用）

勘察人员：		
勘察时间：		
勘察编号：		
勘察项目	记录	说明
基站编号		规划的基站序号
楼层		建筑物楼层数目
建筑物高度		建筑物大约高度
天线挂高		预估的天线挂高
AAU选点位置		AAU的大致安装位置
天线架设方式		建议的天线架设方式，如增高架、抱杆等
有无遮挡		安装位置周围有无广告牌等遮挡
周围有无基站		安装位置视距范围内有无通信设备
周围环境描述		安装周围楼层、山势、树木等环境
安装位置，周围环境照片		站点各个角度、周围环境拍照留存
业主		建筑物所属业主及联系方式

表1-1-2 基站选址——AAU选址（备用）

勘察人员：		
勘察时间：		
勘察编号：		
勘察项目	记录	说明
基站编号		规划的基站序号
楼层		建筑物楼层数目
建筑物高度		建筑物大约高度
天线挂高		预估的天线挂高
AAU选点位置		AAU的大致安装位置
天线架设方式		建议的天线架设方式，如增高架、抱杆等
有无遮挡		安装位置周围有无广告牌等遮挡
周围有无基站		安装位置视距范围内有无通信设备
周围环境描述		安装周围楼层、山势、树木等环境
安装位置，周围环境照片		站点各个角度、周围环境拍照留存
业主		建筑物所属业主及联系方式

（2）进行BBU机房选点，填写"基站选址——BBU机房选址（主、备用）"表，如表1-1-3和表1-1-4所示。

表1-1-3 基站选址——BBU机房选址（主用）

勘察人员：		
勘察时间：		
勘察编号：		
勘察项目	记录	说明
基站编号		规划的基站序号
地址		机房详细地址
楼层		机房楼层
面积（长×宽×高）		机房大约面积（长×宽×高）
地板		地板类型和坚固程度
电源		机房是否能引入市电
空调		机房能否安装空调，有无室外柜机位置
馈线窗		机房有无馈线进出位置，是否方便进行改造
机房照片		对机房各个角度拍照留存
所属业主		机房所属业主及联系方式

表1-1-4 基站选址——BBU机房选址（备用）

勘察人员:		
勘察时间:		
勘察编号:		
勘察项目	记录	说明
基站编号		规划的基站序号
地址		机房详细地址
楼层		机房楼层
面积（长×宽×高）		机房大约面积（长×宽×高）
地板		地板类型和坚固程度
电源		机房是否能引入市电
空调		机房能否安装空调，有无室外柜机位置
馈线窗		机房有无馈线进出位置，是否方便进行改造
机房照片		对机房各个角度拍照留存
所属业主		机房所属业主及联系方式

3 上传勘察记录表

完成勘察后，将全部勘察记录表上传至项目的勘察管理平台，以供设计院和运营商进行审核确认。

4 任务确认

本任务中，学员进行实地勘察，输出"基站选址——AAU选址"和"基站选址——BBU机房选址"两个表格，任务完成。

5 任务评估

任务完成之后，老师按照表1-1-5来评估任务的完成情况并打分，学生填写自评。

表1-1-5 任务评估表

任务名称：基站站址选择实战训练	任务负责人： 任务组成员：	日期
评估项目	评价标准	得分情况
选址完成情况（30分）	去现场找到了目标位置，完成了基站和机房的选址工作得30分；如果没有到现场勘察编造数据填写表格，或到了现场敷衍了事，整个任务不得分	
选址结果合理性（30分）	选址结果是否合理、是否可行，根据合理性和可行性适度打分，最合理的选址得30分，其他选择依次扣5分	

续表

评估项目	评价标准	得分情况
报告输出（30分）	按照文档要求输出数据，数据完备符合规范得30分；缺少1条数据，或数据不规范扣2分，扣完为止	
任务完成时间（10分）	30min内完成得10分；每超时5min扣2分，扣完为止	
评价人	评价说明	总分
学生		
老师		

6 任务总结

通过本任务的学习，应当掌握以下知识和技能。

（1）基站选址是进行基站勘察的第一步，主要是粗略勘察目标位置是否具备安装AAU和新建BBU机房的条件，在选址时必须满足合理可行、安装方便、无干扰、安全可靠等要求。根据工程勘察文档进行合理性和可行性的选址，输出选址文档。

（2）基站选址除了从覆盖效果、工程实施、维护优化等方面进行考量之外，也要考虑一些意外因素对选址的影响。例如，在实际勘察中，往往覆盖效果最佳的理想位置，但是业主拒绝或不适合工程实施，只能选用备用位置。因此，勘察时要根据现场实际情况做出取舍。

读 书 笔 记

任务 1.2

基 站 勘 察

教学目标

1. 知识教学目标

（1）掌握基站勘察内容和方法。

（2）掌握机房勘察内容和方法。

（3）掌握天面勘察内容和方法。

2. 技能培养目标

（1）会绘制机房平面草图。

（2）会使用各种勘察工具。

（3）能独立测试天线数据。

（4）能编写基站勘察报告。

任务描述

接着 1.1.2 的任务，基站选址、机房选址已经完成，要求继续完成详细站点信息的勘察，包括以下内容。

（1）完成 AAU 的安装勘察和天面勘察，输出勘察表格。

（2）完成机房勘察，画出设备布置草图。

实施环境

（1）GPS 定位仪、数码相机、指北针、测距仪、皮尺等测量工具。

（2）电子地图、笔记本电脑，以及纸、笔等记录工具。

（3）车辆、登高梯等。

1.2.1 知识准备：基站勘察相关知识

基站的勘察也称为工程勘察，是工程实施前的一个重要环节。完成站址选择后，勘察人员到达现场，选择最适合安装基站和新建BBU机房的具体位置，利用专用工具测量距离、高度、角度、经纬度等各种数据，为工程设计、网络规划及将来的工程实施提供基础数据。

1 勘察流程

基站工程勘察流程包括从勘察人员接收到勘察任务起，到勘察完成提交勘察数据止，流程如下。

（1）签发工程勘察任务书。设备厂商在与运营商签订合同后，根据合同签订的工程界面，由设备厂商或运营商向项目组或者勘察单位签发"工程勘察任务书"。

（2）勘察任务审核。项目组或者勘察单位的项目经理接收到"工程勘察任务书"后，负责审查任务的完整性、合理性，并确定勘察周期。

（3）勘察任务安排。项目组的工程经理或者勘察单位的工程经理分析勘察任务书，制订勘察技术方案，安排勘察人员。

（4）工程勘察准备。勘察人员接到勘察任务后，了解勘察任务，熟悉现场情况，准备勘察工具和资料。

（5）制订工程勘察计划。勘察人员与设计人员、运营商人员协商，制订勘察的具体实施计划。

（6）工程现场勘察。勘察人员在现场按照勘察计划实施勘察。

（7）勘察文档制作。勘察人员根据勘察数据制作勘察文档。

（8）勘察评审。勘察评审人员联合运营商建设负责人对勘察文档进行审核，确保勘察数据合理、数据完备，并最终确定勘察的站点是否有效。

（9）文档处理、输出。文档管理员保存好勘察报告，存档备查或者提供给需要的部门。

2 室外天面勘察

1）天面安装方式勘察

微课：天面勘察

在移动通信中，天面指的是天线的安装环境。例如，是否有阻挡，是否有其他通信设备的天线，如果有其他系统的天线，需要考虑不同系统之间的天线隔离度，如LTE天线与WCDMA（宽带码分多址）的天线隔离度，5G天线与LTE天线的隔离度；是否有其他运营商的通信天线，如是否有多家运营商的5G天线，如果有要考虑是否有干扰。对于不同系统的天线，一般情况下需要30dBm的隔离度，水平相隔0.2～0.5m，

具体视频段而定。

　　AAU 的天面勘察是 AAU 勘察的一个主要内容，由于 AAU 的射频器件和天线集成在一起，因此在勘察时，以前针对天线的方位角、下倾角、挂高等参数不再以天线正面中部为参照，而是以 AAU 的正面中部为参照。

　　一般天线的几种主要安装方式为：安装在平地架设的铁塔上；安装在楼房天面架设的铁塔上；安装在平地架设的通信杆上；安装在楼房天面架设的支撑杆（抱杆）上。基站站址确定后，应根据周围环境、覆盖范围确定天线挂高，由基站位置确定天线的架设方式。

　　如果在楼顶安装天线，一般采用的架设方式有抱杆、楼顶增高架、楼顶桅杆（拉线塔）、楼顶塔和铁塔。

　　下面介绍各种天线架设方式的特点。

　　（1）抱杆：一般应用在 30m 及 30m 以上的建筑物上，应用时要尽量保证建筑物周围无阻挡，可以有效覆盖目标区域。抱杆样式如图 1-2-1 示。

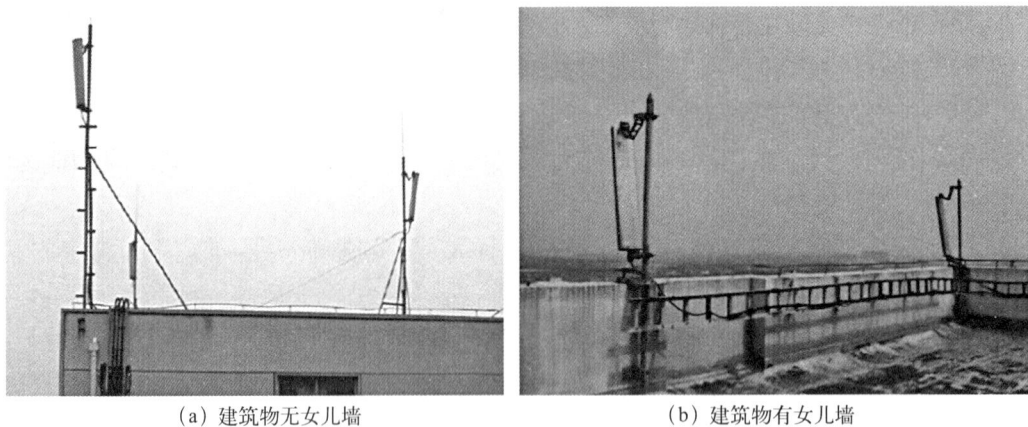

（a）建筑物无女儿墙　　　　　　　　　　　（b）建筑物有女儿墙

图 1-2-1　抱杆安装天线

图 1-2-2　楼顶塔

　　（2）楼顶塔、楼顶桅杆（拉线塔）、楼顶增高架：这类安装方式一般应用在低层建筑物上，楼顶塔高度一般为 10 ～ 20m，视周围建筑物和所在建筑结构而定。一般应满足楼顶塔高度高于周边建筑 5 ～ 10m。建筑物结构越好，楼顶塔能做的高度就越高。另外，拉线塔因其容易导致居民反感产生投诉，最好不要紧邻居民区。各种楼顶安装方式如图 1-2-2 ～图 1-2-4 所示。

（3）铁塔：铁塔有地面钢管塔、角钢塔、独杆塔3种。一般用于覆盖要求较远，容易施工的站址，但成本高，施工难度大且周期较长，如图1-2-5和图1-2-6所示。

图1-2-3 拉线塔

图1-2-4 楼顶增高架

图1-2-5 钢管塔

图1-2-6 角钢塔

2）室外天面测量内容

室外天面勘察主要包括以下内容。

（1）确定站点天面位置后，要记录经纬度，对GPS数值拍照，GPS的使用请参考"5. 测试仪器使用"的内容。

（2）确定天线安装位置后，应拍摄360°环境照片，每45°拍摄一张，共8张，确保天线安装方向覆盖范围100m内无明显的阻挡物。

（3）进行天线挂高、方位角和下倾角的勘察，如图1-2-7所示。根据楼高和选定的天线架设方式测量或估算天线挂高；查看覆盖目标的方向以正北0°为参照测量或者估算方位角；根据覆盖区域的密集程度和覆盖距离估算下倾角。这些数据属于工参参数，在勘察阶段不能保证完全准确，但是后期天线安装好用，可以使用仪器进行测量并进行更正。

（4）拍摄天面无死角的照片（站在四个角落），并对天线安装位置进行重点拍摄，如图1-2-8所示。

图1-2-7　AAU安装实图

图1-2-8　天线各个角度拍摄

图1-2-9　多运营商天线共塔

（5）绘制天面草图，要求反映出楼宇天面的所有部件，图上标注的尺寸要准确。

（6）对于天面上有共站点天线或其他运营商天线，如图1-2-9所示，增高架上有不止一家运营商的天线，此时需要拍摄并在草图上标注清楚。

（7）避雷针要求与全向天线的水平距离不小于1.5m，同时要求天馈系统安装位置在避雷针的保护范围内，空旷地带和山顶保护范围为30°，其他地域为45°。定向天线的避雷针可直接安装在抱杆顶端，如图1-2-10所示。

（8）保证GPS接收天线上部 ±50°范围内没有遮挡物。GPS天线应处于避雷针下45°角的保护范围内，如图1-2-10所示。

（9）检查女儿墙的厚度、高度、材质，是否适合在女儿墙上钻孔安装设备或支架，如图1-2-11所示。

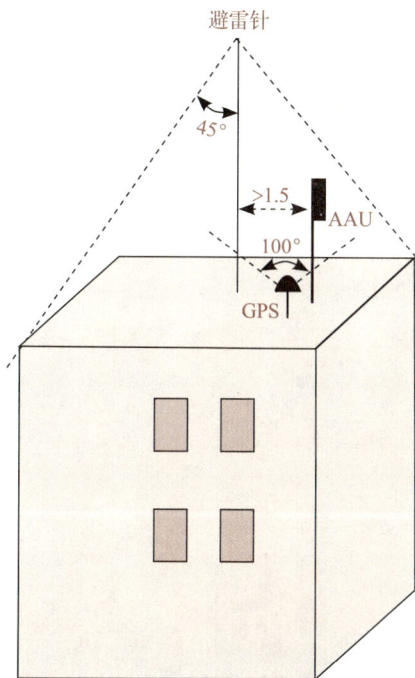

图1-2-10 避雷针与天线、GPS位置

图1-2-11 女儿墙

3 AAU 安装勘察

AAU安装勘察主要是对AAU安装方式和AAU配套设施的勘察，主要包括以下内容。

（1）AAU/RRU安装方式：一般有挂墙安装和抱杆安装两种安装方式。安装方式和采用的安装件有关，挂墙安装一般适用于RRU安装在女儿墙上，如图1-2-12所示；AAU一般采用抱杆安装，如图1-2-13所示。

微课：AAU及机房勘察

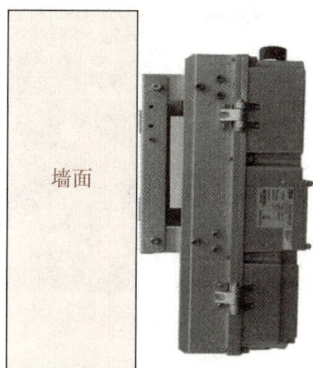

图1-2-12 挂墙安装

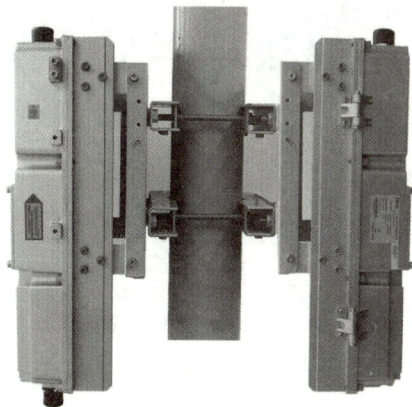

图1-2-13 抱杆安装

需要注意，由于 AAU 重量较大，且位置较高，女儿墙和抱杆需要较大的承重力。

（2）电源类型和电源线长度：根据设备需要的电源类型进行勘察，分别有交流 220V，直流 -48V。如果是 D-RAN 组网，AAU 供电一般采用室内供电，需要确定电源设备接线端子和基站设备接线端子之间（一般是先接到室外防雷箱）的距离，根据走线路由测量出所需长度，如图 1-2-14（a）所示。如果是 C-RAN 组网，AAU 供电一般会采取室外直流供电，需要计算交流配电箱接入直流电源柜或交变直转换器的电源线长度以及电源柜到直流室外防雷箱的长度，如图 1-2-14（b）所示。

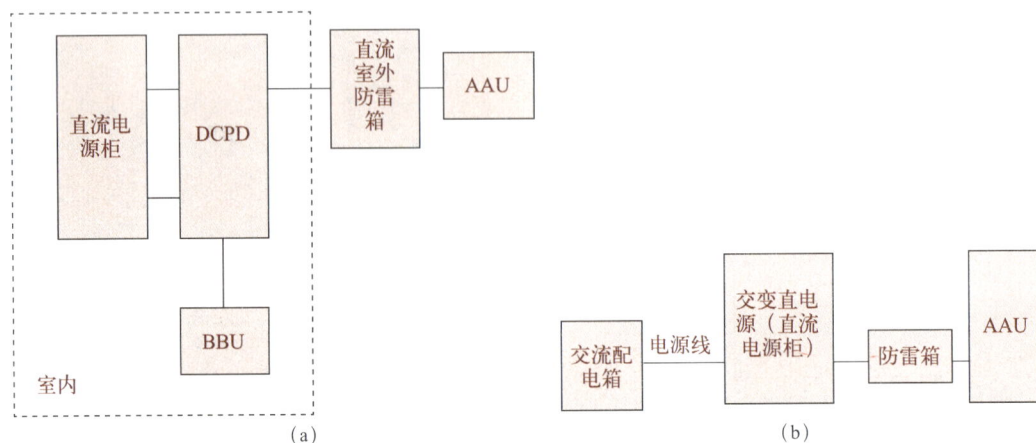

图 1-2-14   电源勘察

（3）防雷接地线：避雷器、接地卡和室外接地铜排之间需要用接地线连接，确定设备与接地铜排之间的距离，根据接地线的走向路由，测量出接地线的长度，如图 1-2-15 所示。

（4）AAU 保护接地线：AAU 使用黄绿接地线连接到安装件的接地端子上，测量接地线的长度，如图 1-2-16 所示。

图 1-2-15   安装架接地

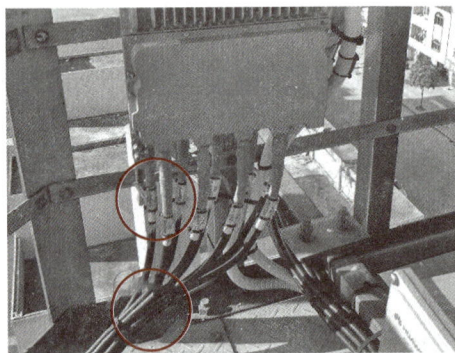

图 1-2-16   AAU 接地

（5）AAU 光纤长度：组网模式不同，AAU 和 BBU 之间光纤的长度也有区别。一般有两种方式：一种是 BBU 和 AAU 之间距离较近的情况下，BBU 和 AAU 之间采用光纤直连，如图1-2-17所示，光纤长度是BBU安装地点和AAU安装地点路由的长度；另一种是BBU和AAU距离较远，光纤通过光缆进行拉远，此时光纤长度分为两段路由，一段是机房内BBU到ODF的光纤长度，一段是AAU安装地点光纤交接箱到AAU的野战光纤的长度，如图1-2-18所示。

图1-2-17 光纤直连

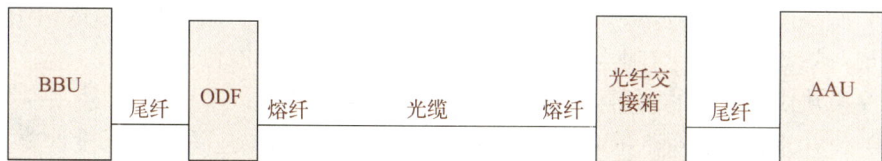

图1-2-18 光纤拉远

（6）确定GPS接收器的位置，测量GPS接收器到BBU的长度，如图1-2-19所示。

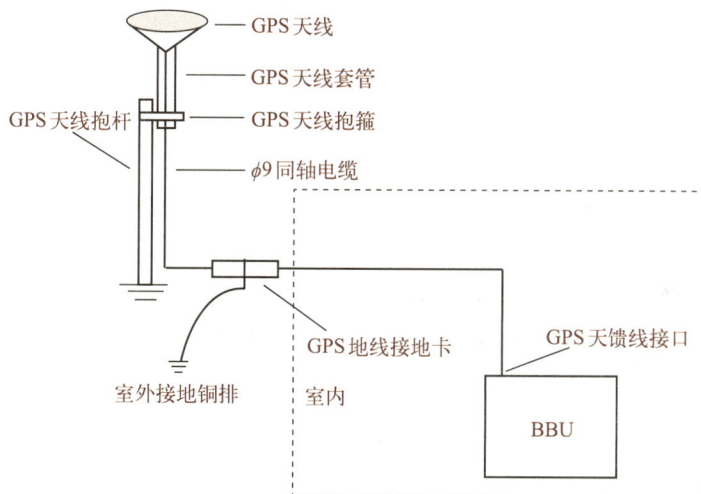

图1-2-19 GPS连接

以上涉及的测量方法可用皮尺或测距仪沿走线路由测量，也可以使用测距仪进行测试（请参考"5. 测试仪器使用"的内容）。在设备未安装或无皮尺/测距仪的情况下，可用目测或经验值。

4 机房勘察

机房勘察主要包括机房环境勘察和机房室内布置勘察。

1）机房环境勘察

机房环境勘察应检查下列项目。

（1）机房的建设工程应已全部竣工，机房面积适合设备的安装、维护。

（2）室内墙壁应已充分干燥，墙面及顶棚涂以不能燃烧的白色无光漆或其他阻燃材料。

（3）门及内外窗应能关合紧密，防尘效果好。

（4）机房的主要通道门高大于2m，宽大于0.9m，以不妨碍设备的搬运为宜，室内净高2.6m。

（5）地面每平方米水平差不大于2mm。

（6）机房通风管道应清扫干净，空气调节设备应安装完毕，性能良好并安装防尘网。

（7）机房照明条件应达到设备维护的要求，日常照明、备用照明、事故照明等3套照明系统应齐备。室内无直射阳光，建议采用有色玻璃窗或深色窗帘遮光。

（8）机房应有安全的防雷措施，机房接地应符合要求。

（9）机房地面、墙面、顶板、预留的工艺孔洞、沟槽均应符合工艺设计要求。工艺孔洞通过外墙时，应防止地面水浸入室内。沟槽应采取防潮措施，防止槽内湿度过大。所有的暗管、孔洞和地槽盖板间的缝隙应严密，选用材料应能防止变形和裂缝。

（10）各机房之间相通的孔洞、布设缆线的通道应尽量封闭，以减少两室间灰尘的流动。

（11）应设有临时堆放安装材料和设备的置物场所。

（12）机房内部不应通过给水、排水及消防管道。

（13）设备运行环境的温湿度应满足一定要求。若当地气候无法保证机房的四季温湿度符合要求时，用户应在机房内设置空调系统。

2）机房室内布置勘察

机房室内布置勘察主要勘察和测量BBU及其配套设施的类型、安装方式、数量、长度、相对位置等多方面的数据。

（1）绘制机房平面草图，记录机房长、宽、高尺寸，如果已经安装设备，尽量全面地记录设备摆放位置。

（2）如果机房设备较少，功耗较低，使用普通空调；如果设备较多，功耗较大，最好使用专用空调，如图1-2-20所示。

（3）记录机柜空间大小和使用情况，看是否有足够的空间安装新的BBU以及传输设备，如果一个机柜空间不足，就需要新建两个以上的机柜，如图1-2-21所示。

图1-2-20 专用空调

图1-2-21 机柜安装情况

（4）确定电源类型、电源线的长度和数量，电源端子使用情况如图1-2-22所示；如果是重要的机房，需要配备蓄电池（蓄电池容量计算方法请扫描二维码查看），如图1-2-23所示。

微课：蓄电池容量计算

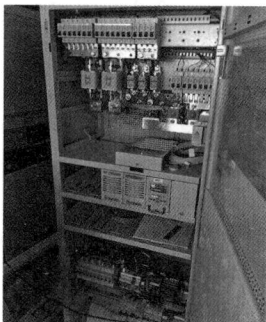

图1-2-22 电源端子使用情况

图1-2-23 蓄电池

（5）确定传输类型，使用的传输介质，确定基站设备和传输设备之间的位置，根据传输线走线路由，测量出传输线的长度，如图1-2-24所示。

PTN　光纤　BBU

图1-2-24 传输设备和BBU连接

（6）如果是C-RAN组网，因为BBU到AAU之间光纤拉远连接，所以需要确定BBU到AAU的尾纤接头类型，测量BBU通过走线架到ODF的光纤长度；如果是D-RAN组网，BBU到AAU光纤直连，因此BBU到AAU的光纤通过走线架穿过馈线窗直接连接到AAU，如图1-2-25所示。

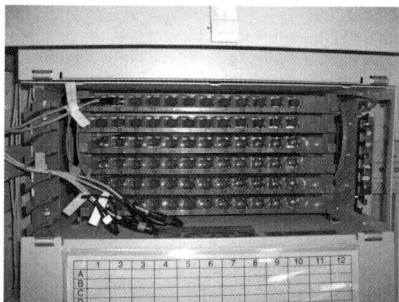

图1-2-25 机房ODF光纤连接

图1-2-26 GPS安装

（7）确定GPS馈线类型和长度，当馈线长度小于100m时，选用1/4in馈线，当馈线长度大于100m时，选用7/8in馈线，如图1-2-26所示。

（8）不管机房是新建还是利旧，记录走线架位置、地排、馈线窗位置，记录已有设备对它们的占用情况，如图1-2-27～图1-2-29所示。

图1-2-27   机房走线架

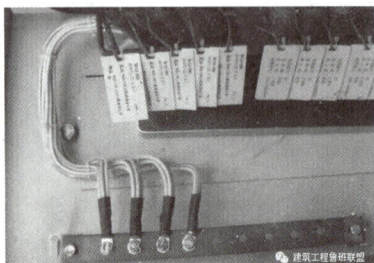

图1-2-28   室内地排

图1-2-29   馈线窗

（9）对于共站和扩容情况，特别注意机房大小是否满足新增设备，机柜空间是否够用。电源、传输、电池容量是否满足新增设备要求，是否有足够空间满足扩容的要求。对于上述各种情况应全部拍照留存。

5   测试仪器使用

微课：勘察工具使用

1）经纬度测量

由经度与纬度组成的坐标系称为地理坐标系。它是利用三维球面来定义地球表面位置的球面坐标系，能够标示地球上的任何一个位置。经纬度以度数表示，一般可直接以小数点表示，纬度在前，经度在后，中间用逗号隔开，如（117.76907，34.85343）。

经纬度使用GPS测试仪进行测试，如图1-2-30所示。

图1-2-30   GPS测试仪

GPS测试仪在没有外置天线的情况下在室外才可以使用，在室内无法接收到卫星信号时，建议使用GPS时把它放置到距离测试点最近，且周围空旷无遮挡和无强磁场干扰的地方，放置10min左右再读取数据，否则数据不准确。具体测试方法如下。

（1）安装好GPS电池后，到达数据采集点，按住红色电源键并保持至开机，屏幕显示开机界面，按下翻页键进入GPS主页面。

（2）清空GPS历史记录数据。

（3）检查GPS的数据显示，保存格式为度、分、秒。

（4）进入GPS主页面，保持GPS静止1～2min，保证收到3颗以上卫星信号（屏幕中间显示3根黑条以上，每根黑条代表一个卫星信号的强度），看到屏幕右上方精度显示在10m以下方可采集数据。

（5）按住输入键2s，GPS自动记录下当前位置，并显示标记航点页面。

2）天线挂高和长度测试

天线挂高是指天线中心到地面的高度，即约等于建筑物或山体高度+铁塔或抱杆高度。一定要注意挂高不是指天线的海拔高度。在移动通信工程设计中，确定基站天线的挂高是确定基站覆盖点的关键点。基站天线挂高合理与否，直接关系到无线覆盖效果和全网的通信质量。

测量天线挂高的原始方法是使用卷尺（图1-2-31），但是卷尺长度有限而且很不方便，现在一般使用激光测距仪来测量，其误差小，也很方便。激光测距仪是利用调制激光的某个参数实现对目标的距离测量的仪器（图1-2-32），测量范围为3.5～5000m。

激光测距仪的使用方法如下。

（1）将测距仪靠墙放置或放在底板上，也可以直接拿在手上。

（2）按下距离按钮打开激光器。

（3）将激光瞄准目标，再次按下距离按钮，然后直接从屏幕上读取测得的读数，如图1-2-33所示。

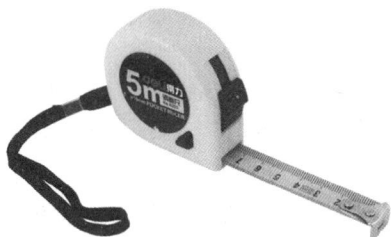

图1-2-31　卷尺　　　　　图1-2-32　激光测距仪　　　图1-2-33　激光测距仪
测量长度

（4）若需将距离相加或相减，先测得一个距离，然后按加号或减号，即可加上或减去下一个距离。利用这一功能可测量周长、非直线距离（将多个短距离相加），以及直接测量（测量整段，并减去某一小段，从而获得剩下的距离）。

图1-2-34 指北针

3）测量天线方位角

方位角定义为以磁北（正北）方向为0°，顺时针方向旋转到与天线平面垂直的法线重合所经历的角度。如果方位角设置与设计存在偏差，则易导致基站的实际覆盖范围与所设计的不相符，导致基站的覆盖范围不合理，从而可能导致同频及邻频干扰。

测量方位角通常使用指北针，如图1-2-34所示。指北针由罗盘、照准和准星等组成，一圈分划为360°，最小格值为1°，测量精度为±5°。

基站天线方位角的测量方法有多种，需要根据不同场景和人员情况来选择适当的方法。一般来说，由两人配合，一人到天线位置的测量方法是最准确的，但是需要一人持有登高证登到天线位置，由于成本的原因，这种方法在现实中很少采用。下面介绍两种常用的不需要到达天线位置的测量方法。

方法一：单人正面/背面测量法

该方法适用于塔高在20m以下，正面或背面有充足空间供测试人员站位。测量时测量人员站立在天线正面或背面，与塔体直线距离大于10m，与天线面板所指的正前方成一条直线。展开指北针，转动表盘使正北刻度线与方位指标对正，将反光镜斜放45°，单眼通过准星瞄准目标天线，从反光镜反射可以看到磁针N极所对反字表牌上方位分划。测试者应手持指北针或地质罗盘仪保持水平，指向天线方向，待指针稳定后读数，测得的天线方位角=（180°+分划数值）MOD 360。

方法二：单人侧面测量法

该方法适用于单人且无登高证人员测量，且测量场景多为塔高在20m以上，侧面有足够的空间方便测量人员站位。由于塔高过高时目测天线正前方误差较大，因此采用侧面测量。

测量时测量人员站立在天线侧面，通过测距仪或望远镜观察天线，左右移动，直到刚好看不到天线背面部分时（或所看到的天线为最窄时），可认为所站位置为天线的正侧面，之后根据方法一进行测量。测得的数值加或减90°即为天线的方位角。

针对楼顶塔或抱杆安装的天线，如果正前方无法观测，也可以按照测量落地铁塔天线方位角的方法进行测量。测量者可在被测天线的正前方或正后方寻找一个最佳位置进行测量，但必须遵循测量原则，尽量远离铁体及其他会产生磁场的物体。如有可能，可关闭基站发射，避免微波磁场干扰。

4）测量下倾角

下倾角是天线和竖直面的夹角，也称为俯仰角、俯角。合理设置天线下倾角不但可以降低同频干扰的影响，有效控制基站的覆盖范围，而且还可以加强基站覆盖区内的信号强度。通常天线下倾角的设定有两个目的，即干扰抑制和加强覆盖。

通常使用坡度仪测量下倾角，如图1-2-35所示。坡度仪构造如图1-2-36所示。

图1-2-35　测量下倾角

图1-2-36　坡度仪构造

具体测量方法如下。

（1）将坡度仪最长的一边平贴天线背面。

（2）转动水平盘，使水泡处于玻璃管的中间（既水平），记录此时指针所指的刻度，所得数值就是该天线的下倾角度。

1.2.2　任务实施：基站勘察

1　实施准备

微课：基站勘察记录

1）勘察工具准备

准备指北针、数码相机、GPS测试仪、皮尺、测试手机、测距仪，并保证这些设备可以正常使用。

2）勘察前的资料准备

（1）打印好勘察用表。

（2）了解新建站点的覆盖范围、覆盖目标及容量目标，初步断定其配置、方向角。

（3）了解站点位置的传输网络，初步确认传输网络路由、网络结构、容量。

（4）初步了解基站的建设方式。例如，是室内站还是室外站，是租赁机房还是自建机房，是否是拉远站，是否采用直流远供，是山顶站还是楼面站等情况。如果是山顶站还要准备爬山工具。

（5）如果是共站建设，则要了解老站的相关信息，如机房大小、电源与电池的伏安数、机房设备图等。

3）勘察前的其他准备

（1）联系好运营商的负责人，确定勘察时间、作业车辆等。

（2）联系好当地的选点带路人，确定见面的时间、地点。

2 实施步骤

（1）到达站点，拍摄站点入口、所属建筑物的总体结构，1～2张照片。

（2）在安装地点使用GPS测试仪测试经纬度。

（3）使用测距仪测试楼顶高度，再加上使用的安装件的高度，得出基站高度。

（4）从正北方向开始，记录基站周围500m范围内各个方向与天线高度一致或比天线高的建筑物或自然障碍物的高度和到基站的距离。在天线安装平台根据指南针指示，从正北方向开始以30°为步长顺时针拍摄12个方向的照片，每张照片要在绘制的天面平面示意图上注明拍摄点的位置和拍摄方向。观察站址周围是否存在其他运营商的天馈系统，并做记录。在站点楼顶选定具体位置，测量并记录天线挂高、方位角和下倾角。对天面各个角度及AAU安装环境进行拍照。

（5）考察楼顶天面、铁塔平台和抱杆上是否有足够的天线安装空间，并记录已有天线的网络类型。

（6）填写"基站勘察——AAU勘察表"，如表1-2-1所示。

（7）到机房进行勘察，确定机房位置，确定机房内安装机柜、电源柜、传输设备、空调、天馈窗等的位置，各种设备在室内位置及相对距离测量，进行机房拍照等，最后根据勘测结果手绘机房图，如图1-2-37所示。手绘图可以提供给制图员绘制出CAD图。

表 1-2-1   基站勘察——AAU 勘察表

勘察人		
勘察时间		
勘察内容	勘察结果	说明
基站编号		基站的设计编号
经纬度		GPS测量的经纬度数据
站型		根据覆盖区域决定采用的站型： S1：1个基站1个扇区 S11：1个基站2个扇区 S111：1个基站3个扇区 S1111：1个基站4个扇区 ⋮
拉远或者直连		BBU直连还是通过光缆拉远

勘察内容	勘察结果	说明
AAU1安装位置		详细描述AAU1的安装位置，拍照
AAU2安装位置		详细描述AAU2的安装位置，拍照
AAU3安装位置		详细描述AAU3的安装位置，拍照
GPS安装位置		详细描述GPS的安装位置，拍照
楼顶高度		激光测距仪测试的高度
塔桅类型		楼顶塔、增高架等类型
AAU1挂高		AAU1的挂高，AAU安装位置离地面高度
AAU2挂高		AAU2的挂高，AAU安装位置离地面高度
AAU3挂高		AAU3的挂高，AAU安装位置离地面高度
AAU供电类型		直流还是交流，室内还是室外
AAU1供电距离		AAU1距离电源柜的距离，如果考虑防雷箱，则需要考虑AAU到防雷箱再到电源柜的距离
AAU2供电距离		AAU2距离电源柜的距离，如果考虑防雷箱，则需要考虑AAU到防雷箱再到电源柜的距离
AAU3供电距离		AAU3距离电源柜的距离，如果考虑防雷箱，则需要考虑AAU到防雷箱再到电源柜的距离
AAU1到BBU距离		AAU1到BBU的距离（直连） AAU1到光缆熔纤盒的距离（拉远）
AAU2到BBU距离		AAU2到BBU的距离（直连） AAU2到光缆熔纤盒的距离（拉远）
AAU3到BBU距离		AAU3到BBU的距离（直连） AAU3到光缆熔纤盒的距离（拉远）
AAU1方位角		用坡度仪测试的方位角
AAU2方位角		用坡度仪测试的方位角
AAU3方位角		用坡度仪测试的方位角
AAU1俯仰角		用坡度仪测试的俯仰角
AAU2俯仰角		用坡度仪测试的俯仰角
AAU3俯仰角		用坡度仪测试的俯仰角
AAU1到接地点距离		AAU1到接地点的距离，一般安装架上有接地点
AAU2到接地点距离		AAU2到接地点的距离，一般安装架上有接地点
AAU3到接地点距离		AAU3到接地点的距离，一般安装架上有接地点

（8）根据勘察结果，填写"基站勘察——BBU机房勘察表"，如表1-2-2所示。

机房勘察草图实例

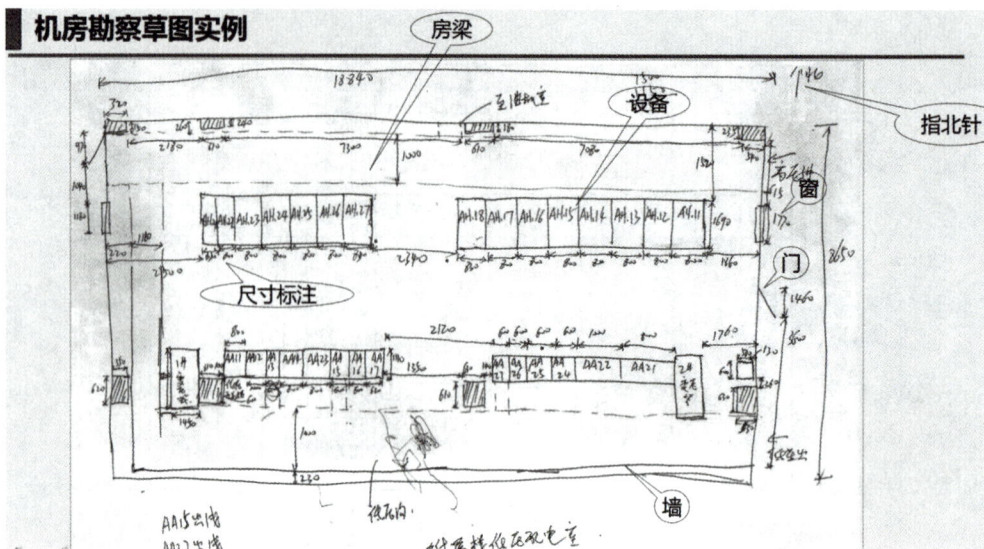

图 1-2-37 机房手绘图

表 1-2-2 基站勘察——BBU 机房勘察表

勘察人		
勘察时间		
勘察内容	勘察结果	说明
基站编号		基站的设计编号
机房名称		机房的具体位置
机房尺寸		机房长、宽、高
综合柜		新增的 BBU 安装柜数量、类型等
市电引入		市电引入的功耗估算和位置
交流配电箱		是否有交流配电箱,如果有需要注明位置,并估算距离
开关电源		新增开关电源柜数量
蓄电池		新增蓄电池组数量
室内防雷箱		新增室内防雷箱数量
接地		新增接地排个数
BBU 到传输接口距离		BBU 到传输接口的走线,即走线距离
BBU 到 AAU 距离(直连方式填写)		BBU 到 AAU 直连光纤长度
BBU 到 ODF 距离(拉远方式填写)		BBU 到机房 ODF 的走线距离
GPS 线缆长度		GPS 接收器到 BBU 机房的馈线走线长度

续表

勘察内容	勘察结果	说明
空调		新增空调数量、匹数
馈线窗		馈线窗位置
走线架		走线架位置

3 任务确认

本任务中，学员进行基站勘察，填写"基站勘察——AAU勘察表"和"基站勘察——BBU机房勘察表"，手工画出机房勘察草图，任务完成。

4 任务评估

任务完成之后，老师按照表1-2-3来评估任务的完成情况并打分，学生填写自评。

表1-2-3 任务评估表

任务名称：基站勘察实战训练	任务负责人： 任务组成员：	日期
评估项目	评价标准	得分情况
勘察工作（20分）	去现场完成了勘察工作得20分；没有去现场勘察，编造数据填写表格，或者去了现场敷衍了事，该项目不得分	
勘察工具使用（20分）	会使用GPS、激光测距仪、坡度仪、指北针、皮尺等工具，一种工具不会使用扣4分，扣完为止	
勘察内容完备和准确性（20分）	勘察内容全面，数据准确得20分；缺少一条数据或者数据明显不符扣1分，扣完为止	
报告输出规范性（30分）	按照文档要求输出数据，数据完备符合规范，缺少一条数据或数据不规范扣2分，扣完为止	
任务完成时间（10分）	1h内完成得10分，每超时5min扣2分，扣完为止	
评价人	评价说明	总分
学生		
老师		

5 任务总结

通过本任务的学习，应掌握如下知识和技能。

（1）勘察数据正确与否、完备与否与网络性能有直接的关系，一些不准确的勘察信息会使基站安装困难，降低基站的覆盖效果；如果缺乏一些数据也会给日后的维护和优化带来困难，因此基站勘察一定要保证数据的准确性和完备性。

（2）基站勘察要借助很多工具来完成，因此要熟练掌握这些工具的使用方法，以提高工作效率和数据的准确性。

（3）基站勘察表记录了详细的勘察数据，是工参数据的主要来源，是网络规划和网络优化的重要参考数据，因此一定要仔细填写勘察表。

（4）在机房勘察时，基站配套设备的勘察也是重要内容之一，这些勘察信息的缺乏会影响后期基站的安装开通和维护。

思考与练习

一、填空题

1.经纬度数据使用_____测试。

2.坡度仪可以用来测试_____和_____。

3.激光测距仪用来测试_____。

二、问答题

1.站址选择有哪些基本要求？

2.天线架设有哪几种方式，它们各自的特点是什么？

三、思考题

1.在勘察BBU机房时，需要考虑哪些设备的布局？布局时需要测试哪些数据？

2.用GPS测试仪勘测时，馈线长度如何勘测？

四、实战题

1.一个基站包括3个AAU，安装在楼顶，楼高六层，共20m，BBU机房在楼的第二层。使用楼顶增高架架设，增高架高度为10m，离最近的女儿墙5m，AAU挂高为8m，AAU供电使用直流供电，供电柜紧靠在楼的弱电井位置，在增高架正东，直线距离为20m，供电柜离最近的女儿墙5m，如图1-1所示。物业要求，电源线不能从楼的中间长距离走线。在不安装防雷箱的情况下，AAU电源线如何勘测？如果在AAU下方2m处安装防雷箱，AAU电源线如何勘测？3个AAU的光纤长度大约多少米？

2.一个基站有3个AAU，第一个AAU主覆盖方向在正北偏东10°，第二个AAU主覆盖方向在正南偏东20°，第三个AAU主覆盖方向在正西偏北10°，如图1-2所示，则3个AAU的方位角为多少度时会获得最好的覆盖效果？勘察时如何测试？

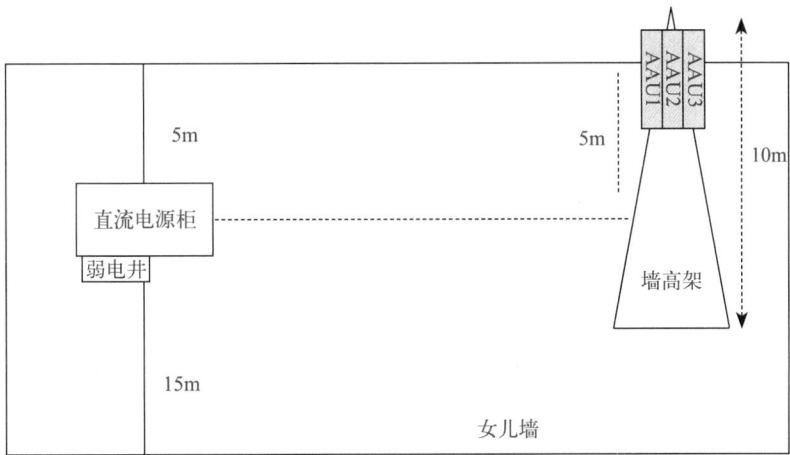

图 1-1   实战题示意图

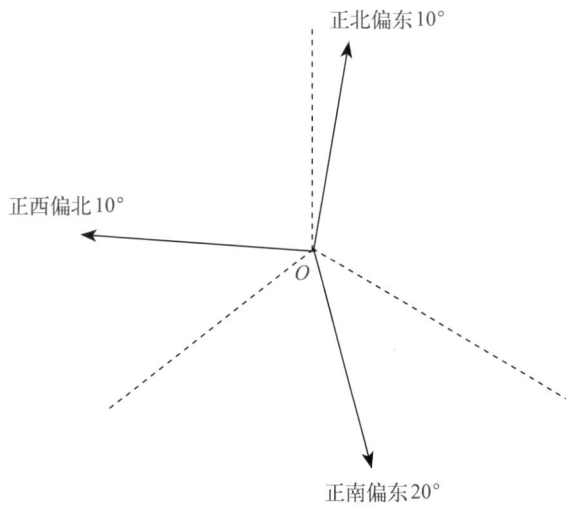

图 1-2   方位角示意图

读 书 笔 记

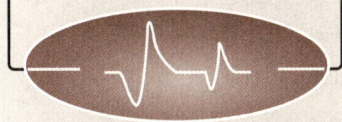

项目 **2**

基 站 开 通

　　　本项目从掌握知识和学习技能的相关性和逻辑性入手，以学会中兴通讯 5G 基站开通为目标，先知识后任务，由简单到复杂，设计了"三扇区基站开通"和"基站入网"两个任务。完成本项目后，可以掌握基站开通和基站入网的基本知识和技能，学会在基站建设工程中进行基站数据配置和业务开通的方法和流程，能够独立完成开站和入网的工作，达到基站工程师的基本岗位能力。

任务 2.1

三扇区基站开通

教学目标

1. 知识教学目标

（1）了解 5G 无线网管 UME（统一管理专家）的组成和功能。

（2）了解基站本地维护工具 WebLMT（基于 Web 的本地维护终端）的功能。

（3）掌握 5G 基站开通和入网的方法和流程。

（4）掌握 5G 基站开通的一些重要参数的含义。

2. 技能培养目标

（1）会使用无线网管 UME 和本地维护工具 WebLMT 的常用功能。

（2）会开通典型配置的基站。

（3）会进行基站入网的操作。

任务描述

电信公司在某市区开通一批基站，其中 A 小区新建的基站采用了 C-RAN 组网模式，BBU 安装在 2km 外的 B 站点机房，类型为 ZXRAN V9200，接了 1 个 GPS，传输使用光纤接到机房里的 SPN（切片传送网）设备上。3 个 AAU 安装在小区 8 号楼楼顶的北面、西面和南面，AAU 类型为 ZXRAN A9611 S35，通过地下光缆两次熔纤连接到 B 机房的 BBU 基带板上。开通基站后，基站提供正常的数据和语音业务，基站的峰值速率不能低于 10Gb/s，语音业务无杂音、无延迟、无丢字，声音清晰。

基站拓扑图如图 2-1-1 所示。

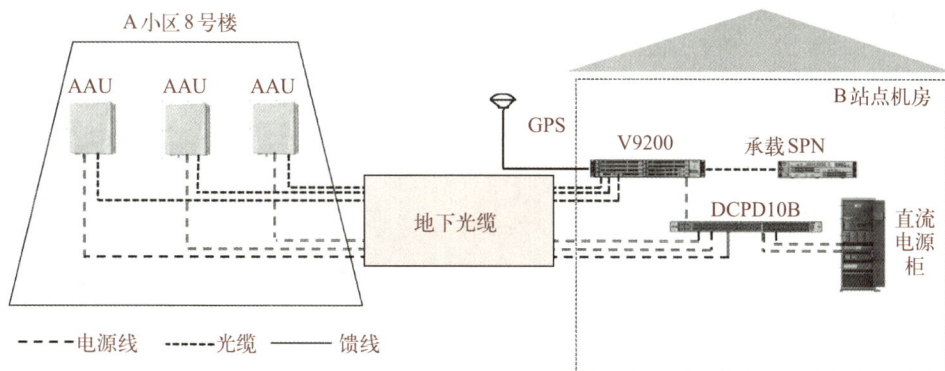

图2-1-1 基站拓扑图

实施环境

（1）5G实训室。

（2）连接到UME网络的电脑若干台，接入交换机1台。

（3）5G基站设备若干套，尾纤、6类网线、电源线若干。

2.1.1 知识准备：基站开通工具和方法

开通和维护中兴基站的工具一般有两个：一个是中兴通讯的新一代无线网管 UME 系统，它是基于虚拟系统的基站管理系统；另一个是中兴通讯的基站管理工具 WebLMT，它是一个基于 Web 架构的基站本地开通和维护工具。

微课：基站开通工具和方法

1 UME 概述

中兴通讯无线网管 UME 基于 PaaS（平台即服务）平台。PaaS 平台提供灵活的微服务和容器化开发、能力开发等能力。UME 网管提供了统一的 WebUI（Web用户接口）入口，开放了API（应用程序接口），提供了统一的集中管理能力。UME的特点如下。

（1）结构更先进：微服务架构，弹性伸缩，部署和升级更灵活。

（2）管理更广泛：UME可管理GSM、UMTS、LTE、NB-IoT、NR以及VNF（虚拟网络功能）。

（3）功能更强大：除了提供基本的网元管理、数据配置、开通升级、告警管理等传统功能外，还提供设备感知管理、SON（自组织网络）管理、开放管理等新型功能。

（4）系统更开放：北向支持SNMP（简单网络管理协议）和SFTP（安全文件传送协议），支持Open API（开放应用程序接口）。

UME的架构图如图2-1-2所示。

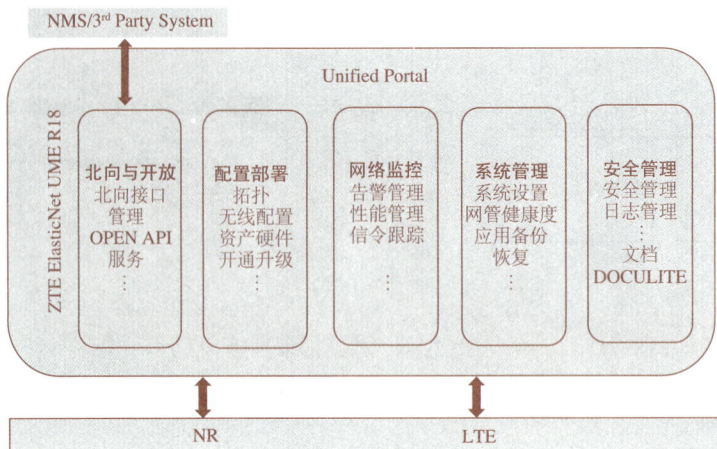

图2-1-2　UME架构图

2　UME 网管登录

要使用UME，首先要掌握登录UME的方法。

1）设置PC地址

将PC的网卡IP地址设置为与UME服务器地址在同一个网段，比如UME服务器地址为129.0.129.102/24，则将PC网卡的IP地址设置为129.0.129.X/24（X为大于0、小于255的整数，且不等于102），注意PC网卡的IP地址不要和网内其他设备的IP地址重复，如图2-1-3所示。设置完成后，将PC接入UME网络的交换机。

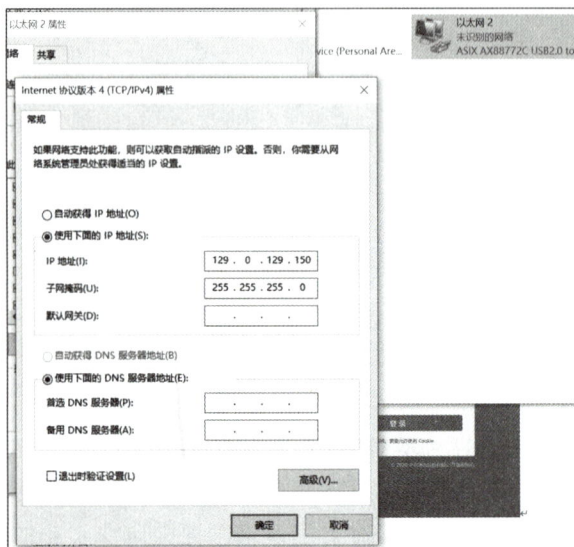

图2-1-3　PC的网卡设置

2）登录UME

打开谷歌浏览器，在浏览器网址一栏输入https://UME服务器IP地址:28001/uportal，如https://129.0.0.102:28001/uportal，按Enter键后出现安全告警，如图2-1-4和图2-1-5所示，单击"高级"按钮，再单击"继续前往"超链接，就可以打开登录界面，如图2-1-6所示。

图2-1-4 单击"高级"按钮

图2-1-5 单击"继续前往"超链接

图2-1-6 UME网管登录界面

在用户名文本框中输入admin，在密码文本框中输入Zenap_123，单击"登录"按钮即可进入UME主界面，如图2-1-7所示。

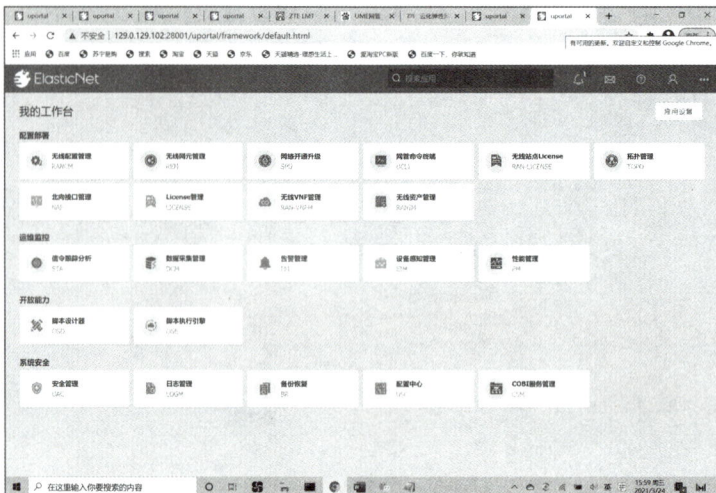

图2-1-7 UME登录主界面

3 UME 常用功能

UME网管功能非常多，不能一一介绍，《标准》（中级）中要求主要了解基站开通和维护相关的功能，包括网络开通升级SPU（服务处理单元）、无线网元管理（REM）、无线配置管理（RANCM）、告警管理（FM）及拓扑管理（TOPO）。

1）网络开通升级

网络开通升级是基站开通最常用的功能，主要完成基站开通、基站升级等操作。这里需要了解任务的概念，任务机制是网元开通和升级的核心机制，所有的基站开通、升级均以任务的形式进行，任务支持新建、删除、修改、重试等操作。图2-1-8所示为"网络开通升级"界面。

图2-1-8 "网络开通升级"界面

2）无线网元管理

无线网元管理用于对基站硬件、软件、附件、状态、信息等各方面进行管理。例如，网元管理可以对基站进行可视化管理，导入/导出配置数据，使用命令行管理基站，使用基站本地化维护终端和使用Web维护工具，等等。又如，网元模型管理可以导入模型包、查询模型包、删除模型包，节点管理可以提供子网和网元的查看、增加、删除、修改、导入、导出等。图2-1-9所示为"无线网元管理"界面。

图2-1-9 "无线网元管理"界面

3）无线配置管理

无线配置管理提供同时对多个下级网元进行配置操作的功能，帮助运维人员完成跨网元的集中配置操作。图2-1-10所示为"无线配置管理"界面。

其中最常用的功能是通用配置，包括MO（管理对象）编辑器、自定义查询、密码编辑器以及适用于2G和3G控制器的频点调度、站点迁移等功能。邻区管理用于管理具有邻接关系的小区，减少用户的掉话。邻区管理包含邻区的创建、删除、修改、查

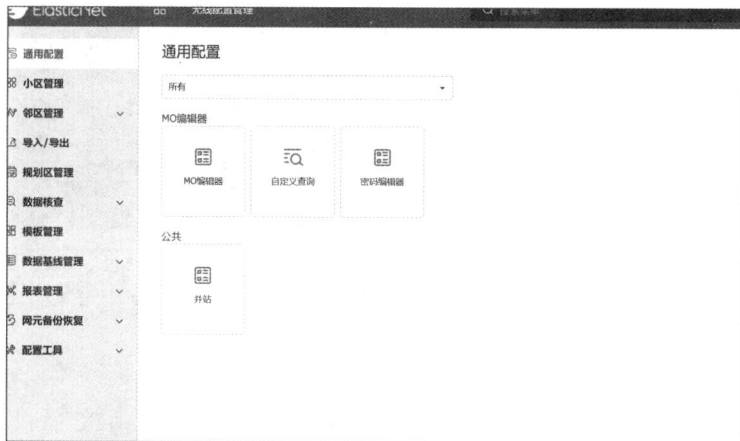

图2-1-10 "无线配置管理"界面

看等操作。

4）告警管理

告警管理是对被管理网元以及 UME 系统本身在运行过程中发生的异常情况进行报告，提醒维护人员进行相应的告警处理。告警管理可以查询当前发生的告警（当前告警）和已经发生且已经恢复的告警（历史告警），可以导出告警，客户设置告警提示等。图 2-1-11 所示为"告警管理"界面。

图 2-1-11 "告警管理"界面

5）拓扑管理

拓扑管理支持业务对象间的拓扑关系的展现，包括拓扑图层和表格两种方式。业务对象包括子网、网元、小区以及代理。拓扑管理支持实时显示网络的运行状态，实现配置监视、告警监视；支持对网元和小区进行分组管理。图 2-1-12 所示为"拓扑管理"界面。

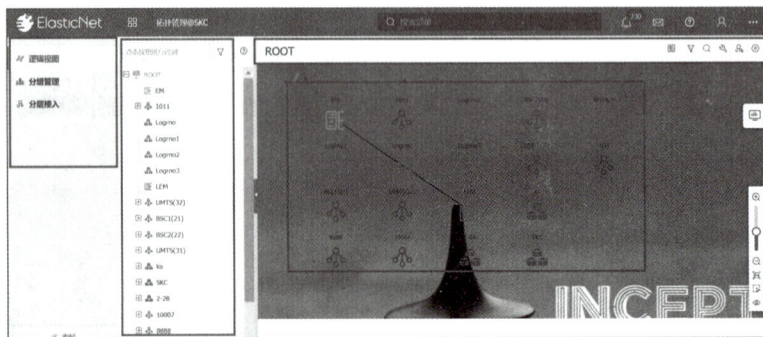

图 2-1-12 "拓扑管理"界面

4 WebLMT 概述

中兴 5G 基站的 LMT 是本地维护终端工具。本地维护是由 PC 通过以太网线与 ZXRAN V9200 的 LMT 接口直接相连，对其进行操作维护，如图 2-1-13 所示。中兴的

LMT基于Web架构，不需要在PC上安装客户端，就可以使用浏览器方便快捷地登录到基站进行数据配置、告警查询、故障处理等开通和维护操作。

图2-1-13 WebLMT维护操作

5 WebLMT 登录

1）确认PC连接WebLMT的接口

5G BBU的1和2槽位一般插着基站的交换板，如VSWc2。这个单板上有一个以太网接口DBG/LMT，它是登录BBU的接口。如果VSWc2安装在第一槽位，则它的IP地址为192.254.1.16/24；如果VSWc2安装在第二槽位，则它的IP地址为192.254.2.16/24，如图2-1-14所示。

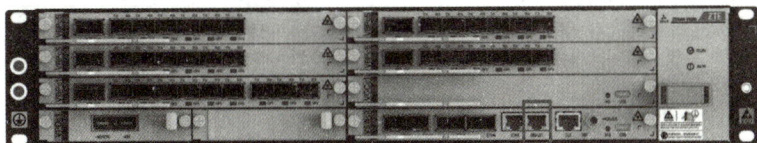

图2-1-14 基站LMT接口

2）设置笔记本电脑地址

将PC的网卡IP地址设置为与WebLMT地址在同一个网段的地址，如192.254.1.X（1 ≤ X<255，且X ≠ 16）。

3）登录基站WebLMT

打开谷歌浏览器，在浏览器网址一栏输入https://192.254.1.16（https://192.254.1.16/），按Enter键后出现安全告警，单击"高级"按钮，再单击"继续前往"超链接，就可以进入登录界面，如图2-1-15和图2-1-16所示。

图2-1-15 浏览器登录WebLMT（一）

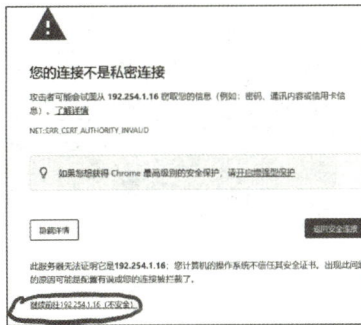

图2-1-16 浏览器登录WebLMT（二）

界面出现两个菜单，一个是"初始开站"，它在基站首次开通或者二次开通时使用（将会在基站开通时做详细介绍）；另外一个是"站点运维"，它在进行基站维护时使用。如图 2-1-17 所示为基站 WebLMT 界面。

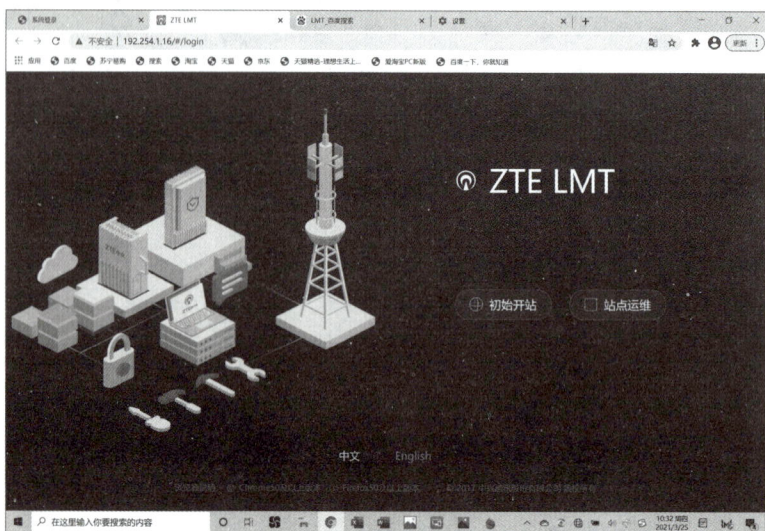

图 2-1-17　基站 WebLMT 界面

单击"站点运维"按钮，弹出登录界面。在用户名文本框中输入 itran，在密码文本框中输入 Itran_2430!@#，输入验证码，正确无误后，单击"登录"按钮，即可进入站点运维登录界面，如图 2-1-18 所示。

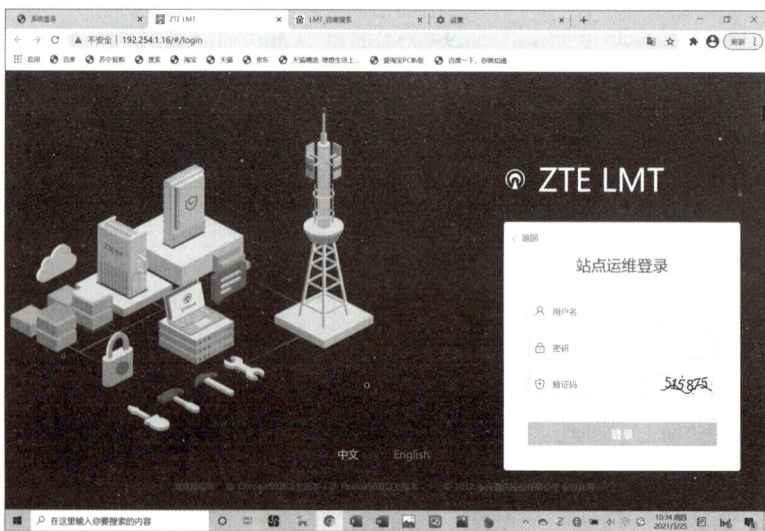

图 2-1-18　WebLMT 的运维登录

6　WebLMT 常用功能

WebLMT 最常用的功能是告警、设备拓扑、配置管理、版本管理、诊断查询和开通工具，具体如下。

1）告警

告警功能可以查询到基站的当前告警，如图2-1-19所示。

图2-1-19 基站告警查询

2）设备拓扑

设备拓扑可以查看基站的拓扑结构，包括设备型号、单板配置和设备连接等。在机架图上单击单板后还可以对基站单板进行查询、复位等操作，如图2-1-20所示。

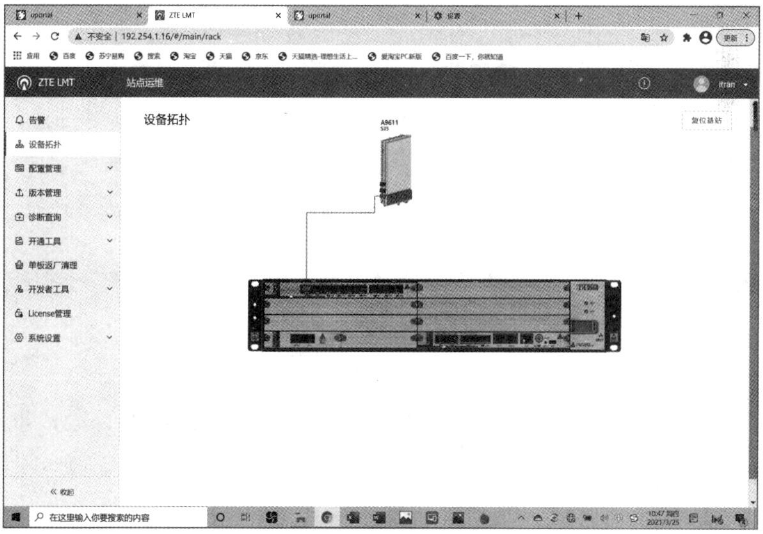

图2-1-20 设备拓扑图

3）配置管理

配置管理包括传输管理和导入/导出功能，可以配置各种传输参数，并且导入/导出基站的配置数据，如图2-1-21和图2-1-22所示。

图2-1-21　传输管理

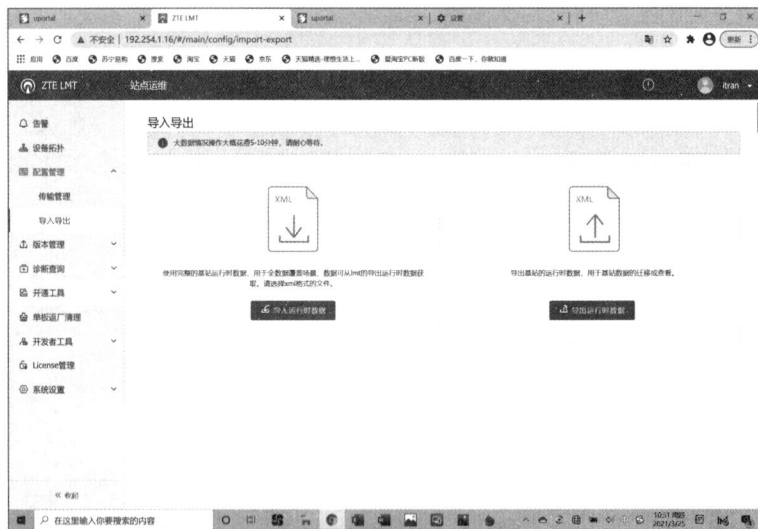

图2-1-22　导入/导出

4）版本管理

版本管理可以查询基站运行的当前版本，可以进行基站版本升级，也可以进行版本回退，如图2-1-23和图2-1-24所示。

5）诊断查询

诊断查询可以诊断查询基站的各种硬件状态和小区状态，是处理基站故障时常用的功能，如图2-1-25和图2-1-26所示。

6）开通工具

开通工具为基站开通时提供了各种测试工具，包括数据升级工具、开站自检、路

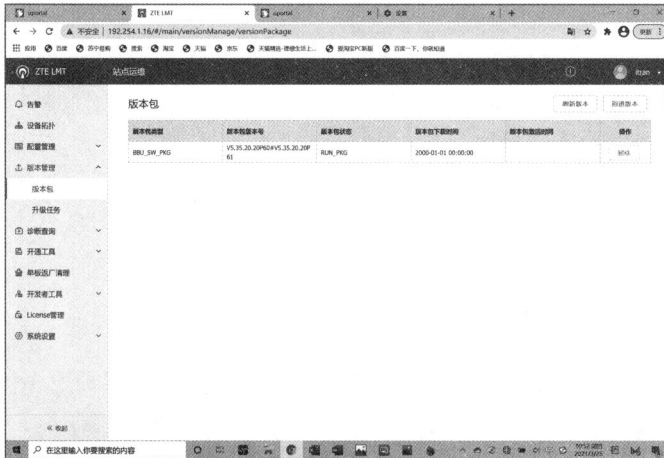

图2-1-23　版本管理

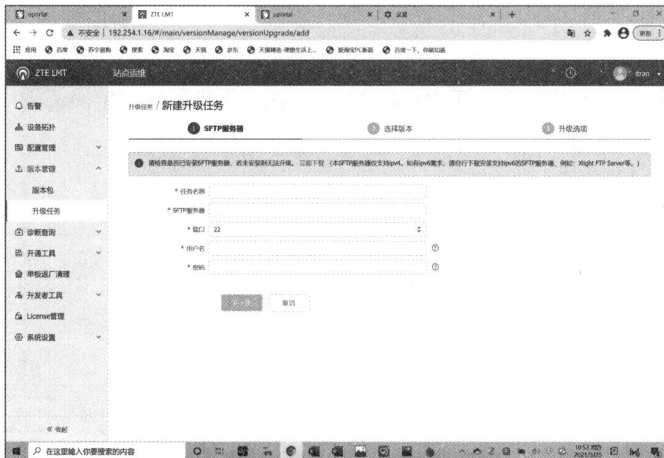

图2-1-24　版本升级

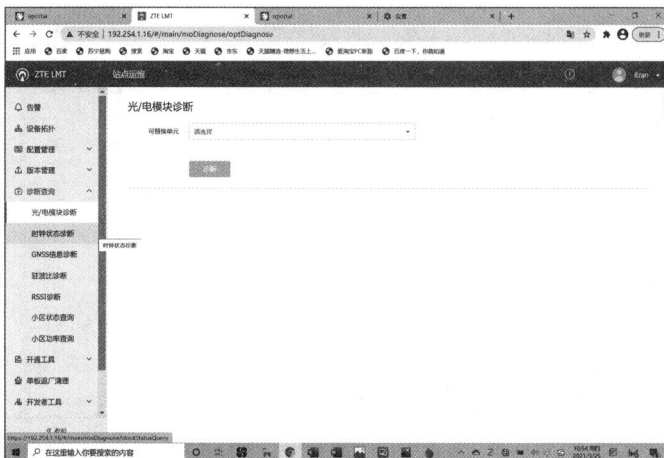

图2-1-25　光/电模块诊断

图 2-1-26   小区状态查询

由跟踪工具、Ping 包检测等，如图 2-1-27 和图 2-1-28 所示。

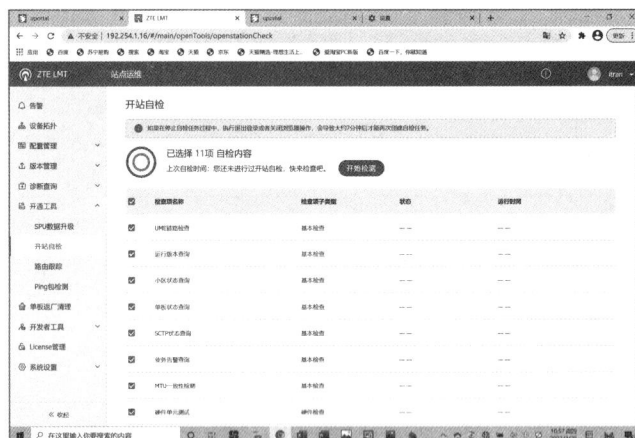

图 2-1-27   开站自检

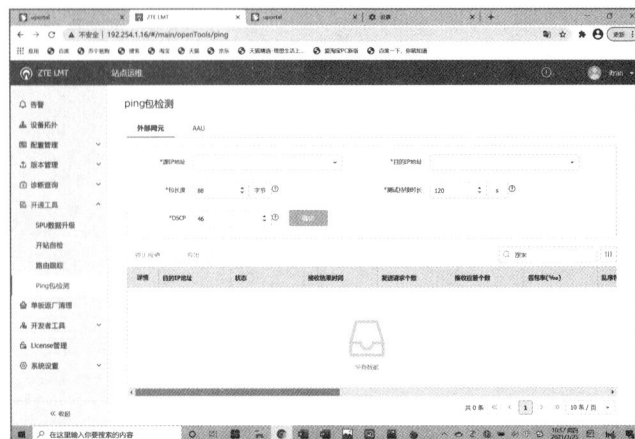

图 2-1-28   Ping 包检测

7　基站临时 IP 开通流程

开通基站有多种方式，经常使用的有3种：PnP（即插即用）开通、镜像烧录开通和临时IP地址开通。

1）PnP开通

PnP最初应用在计算机设备中，计算机自动侦测周边设备和板卡并自动安装设备驱动程序，做到插上就能用，无须人工干预。后来引入到通信领域，意思是不需要上站进行本地操作，只需在UME上制作站点数据，并创建PnP开站任务，传输开启DHCP Relay（动态主机配置协议中继）后，自动触发PnP任务完成站点开通。

2）镜像烧录开通

镜像烧录开通是指将预先制作好的配置数据和目标版本文件通过镜像烧录工具烧录到基站，从而完成基站数据的配置和版本的更新，达到基站开通的目的。这种开通方式是最基本的，基站无法网管、基站WebLMT无法登录时，可以采用这种开站方式。

3）临时IP地址开通

临时IP地址开通是在UME上制作站点数据，并创建和执行开站任务。该方式需要使用WebLMT工具配置基站的临时IP地址。这种方式最适合初学基站开通的人员。

本书采用临时IP地址开通基站的方式，其开通流程如图2-1-29所示。

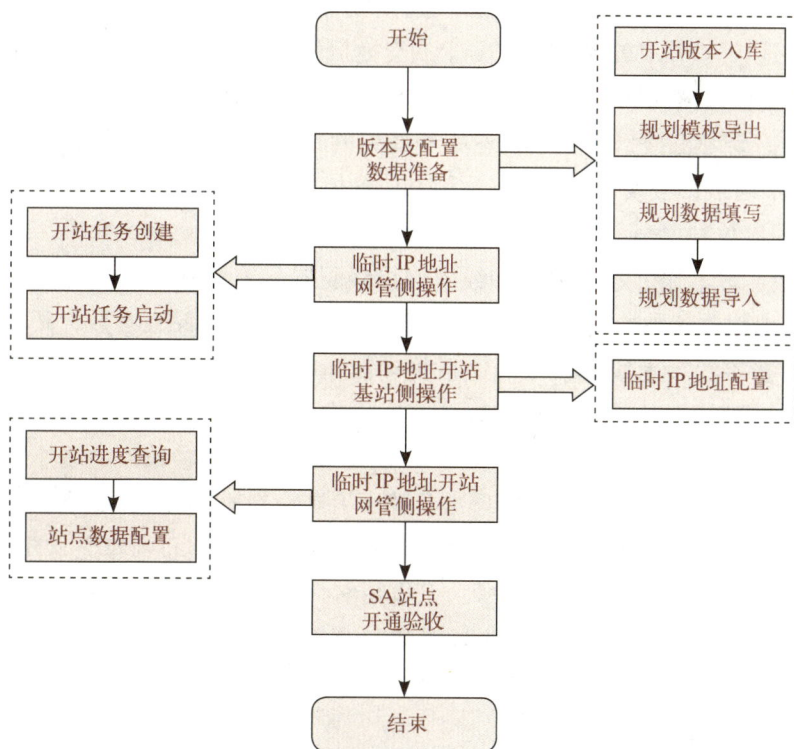

图 2-1-29　临时 IP 地址开通基站流程

2.1.2 任务实施：典型三扇区基站开通

1 任务分析

在基站开通之前，首先分析开站任务，一般从4个方面分析：一是硬件配置需求；二是各级设备互连需求；三是软件参数需求；四是业务需求。

1）硬件配置需求

此任务已经清楚表明，基站的BBU使用ZXRAN V9200，AAU使用ZXRAN A9611 S35。对于BBU，需要考虑的是BBU配置的单板类型和单板数量，如配置的基带板是VBPd01还是VBPdc5，是配置1个还是2个。对于AAU，三扇区配置是移动蜂窝通信中最普遍的站型，这种站型一般都是1个BBU带3个AAU，1个AAU对应1个小区，每个小区水平覆盖120°，3个小区完成360°水平覆盖，基本满足覆盖需求。对于容量，随着业务的增长，可以考虑进行载波扩容，增加第二个载波小区；或者进行AAU扩容，通过增加AAU来增加小区。

2）设备互连需求

从BBU来看，它南向（下行）连接AAU，北向（上行）连接核心网，因此要分析BBU上的什么接口使用什么介质连接到哪里。分析开站任务，BBU上基带板的光口使用光纤拉远连接到AAU的光口，BBU上的交换板使用光口连接到SPN，使用GNSS接口接到GPS馈线。从AAU来看，它北向连接BBU，南向通过空中接口连接UE。

同时，需要考虑接口的类型、速率和线缆的物理介质、传输距离、支持的速率。这些数据都有可能影响设备之间的连通性和传输效率。

3）软件参数需求

5G基站正常工作，除了硬件和线缆的正确配置和连接外，还需要在基站软件和核心网软件中配置各种参数，这些参数一般包括系统参数、站点参数、硬件参数、传输参数、对接参数、无线参数等。①系统参数指的是基站的运营商参数、时钟参数UME IP地址等对UME管理下所有基站都生效的全局参数；②站点参数定义基站的ID（识别标识）、基站名称、物理位置、IP地址等站点信息参数；③硬件参数指的是BBU、AAU硬件参数及其互连的物理层参数；④传输参数指的是基站和核心网互连的物理层、链路层和网络层参数；⑤对接参数指的是基站和核心网建立SCTP连接的参数；⑥无线参数指的是基站的小区号、无线频率、带宽等无线参数。所有这些参数是数据规划的内容，在基站开通之前由运营商和设备商共同规划设计并提交给基站工程师使用。

4）业务需求

业务需求指的是基站开通后支持的业务功能和业务性能，一般运营商对此都会有统一的要求。对于业务功能，如支持语音电话、网页浏览、在线视频、在线购物、QQ、微信、高清视频等；对于业务性能，会要求某种业务的速率、时延、连接数目等指标不要低于某个门限值，例如，在线视频不能低于10Mb/s，下载速率不能低于50Mb/s，语音电话不能有杂音、不能有明显延迟等。

2　任务数据

基站系统由底层到高层可以分为硬件、操作系统、数据库、软件和配置参数，如图2-1-30所示。基站设备出厂后，会有默认的软件版本，但是配置参数一般是空的。基站开通需要给基站重新安装指定的软件版本并配置好基站正常工作需要的参数。

根据任务分析，结合开站需求，画出如下的基站逻辑图，并根据规划参数将一些重要参数在图上标识出来，如图2-1-31所示。

图2-1-30　基站的组成

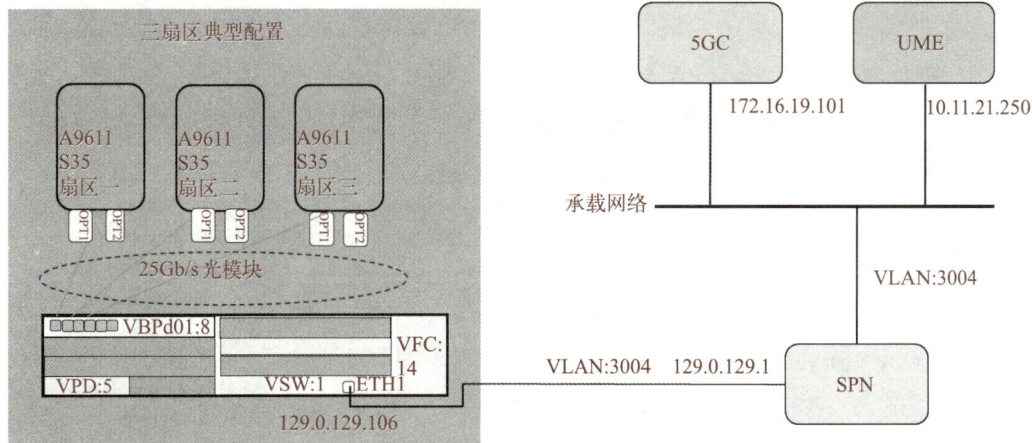

图2-1-31　基站逻辑图

1）系统参数

系统参数定义基站的全局参数，如表2-1-1所示。

表2-1-1　基站的系统参数

系统参数	说明	规划值
PLMN（公共陆地移动网）	格式为MCC（移动国家码）-MNC（移动网络码）	运营商是电信，因此该值为460-11
OMC（操作维护中心）服务器地址	OMC服务器IP地址	UME地址为10.11.21.250

续表

系统参数	说明	规划值
OMC 前缀长度	OMC 服务器 IP 子网掩码位数，如 255.255.255.0 就是 24	24
SNTP（简单网络时间协议）服务器 IP 地址	基站通过 NTP（网络时间协议）协议从该服务器获取时间	使用 UME 的 NTP Server，因此是 10.11.21.250

2）站点参数

站点参数定义基站的站点信息参数，如表 2-1-2 所示。

表 2-1-2　基站的站点参数

站点参数	说明	规划值
子网 ID	基站的逻辑归属网络，根据统一规划确定	30010
网元标识	规划的网元 ID，一般等于 gNBID（5G 基站 ID）	10001
基站名称	基站的名称，一般以 BBU+AAU 地理位置命名	×××市 B 站点基站 1
无线制式类型	NR SA 站点使用 5G	5G
网元 IP 地址	填写基站的 OAM（操作维护管理）-IP 地址	基站地址为 129.0.129.106，管理、业务使用相同 IP 地址

3）硬件参数

硬件参数指的是 BBU、AAU 硬件参数及其互连的物理层参数，如表 2-1-3 所示。

表 2-1-3　硬件参数

硬件参数	说明	规划值
BBU 硬件和槽位	BBU 配置的硬件单板和槽位	SLOT1：VSWc2 SLOT5：VPDc1 SLOT8：VBPd01 SLOT14：VFC1
基带板连接 AAU 的序号	基带板光口连接 AAU 的顺序	光口 1：AAU1 光口 2：AAU2 光口 3：AAU3
主控板端口	连接核心网的接口	ETH1
RU 设备标识	RU 的序号	51、52、53
RU 连接 BBU 方式和光口	RU 光口连接基带板光口序号	OPT1 单光口上连

4）传输参数

传输参数指的是基站和核心网互连物理层、链路层和网络层的参数，如表 2-1-4 所示。

表2-1-4 传输参数

传输参数	说明	规划值
传输介质	连接核心网的物理传输介质	光纤
端口速率	BBU ETH1速率	25Gb
IP地址	基站业务IP地址，管理面/业务面合一或者不合一	管理面/业务面合一，129.0.129.106
IP前缀长度	基站IP地址的掩码长度	24
IP网关地址	基站的网关，交换机或传输接口	129.0.129.1
IP层使用的VLAN（虚拟局域网）标识	基站和核心网数据传送的封装VLAN，用于识别承载网上传送的数据类型	3004

5）对接参数

对接参数指的是基站和核心网建立SCTP连接的参数，SCTP连接又称为偶联，如表2-1-5所示。

表2-1-5 对接参数

对接参数	说明	规划值
SCTP本端端口号	偶联的本端端口号，本端指基站	38412
本端地址	SCTP偶联的本端IP地址，本端指基站	管理面/业务面合一，129.0.129.106
SCTP远端端口号	偶联的远端端口号，远端指核心网AMF	38412
远端地址	SCTP偶联的远端IP地址，远端指核心网AMF的信令面地址，可能由多个IP地址组成POOL	172.16.19.101

6）无线参数

无线参数指的是基站的小区号、无线频率、带宽等无线参数，如表2-1-6所示。

表2-1-6 无线参数

无线参数	说明	规划值
gNB标识	在PLMN中gNB的唯一标识	10001
小区标识	小区的标识	1、2、3
切片区分sd	按TAC（跟踪区域码）粒度配置切片组	460-11:1118481
物理小区识别码	规划的PCI（物理小区标识）	100、101、102
跟踪区码	标识PLMN内的具体区域，统一规划数据	20818
小区属性	sub6G对应低频，mmWave对应高频	sub6G
双工方式	一般是TDD	TDD
上行频段	每个载波配置一个上行频段	电信N值：78

续表

无线参数	说明	规划值
上行中心频点	使用频段的中心频段	3550.2MHz
下行频段	每个载波配置一个下行频段	电信N值：78
下行中心频点	使用频段的中心频段	3550.2MHz
载波带宽	一般是100MHz	100MHz
帧结构周期类型	单周期、双周期	双周期
小区RE参考功率	小区RE的参考功率是指在某个符号内承载参考信号的所有RE上接收到的信号功率的平均值，也就是子载波功率	15dBm

3 任务实施步骤

在保证BBU、AAU硬件全部安装完成，槽位所插单板和规划数据类型与型号无误，线缆连接正确，并且设备成功上电之后，参考2.1.1小节中的"7.基站临时IP开通流程"，基站开通可以分为8个步骤：版本上传、模板导出、模板编辑、模板导入、前台操作、建立和执行开站任务、基站License加载和开站确认。

1）版本上传

基站出厂时都被写入了出厂的版本，但是出厂的版本一般比较陈旧，与工程开通的版本不一致，因此开通基站时不管出厂版本如何，都需要写入工程现场要求的版本号。因此，第一步需要将要开通的版本上传到UME服务器。

（1）登录UME。

参考2.1.1中的"2.UME网管登录"登录到无线网管UME。进入UME界面后，单击"网络开通升级SPU"进入"网络开通升级"界面，选择"版本管理"→"版本仓库"，即可显示当前已经入库的基站版本。

（2）上传版本。

如果没有显示任何基站版本或者没有基站的目标版本号，则需要进行版本入库操作。单击"版本仓库"下面的"上传"按钮，如图2-1-32所示。

在弹出的"打开"对话框中的"文件名"下拉列表中，选中基站版本文件。注意，基站版本是×××.tar格式，不要进行解压，直接选中。单击"打开"按钮后，版本文件开始上传到UME服务器中，如图2-1-33所示。

上传过程中会显示上传进度，如图2-1-34所示。

上传需要一定的时间，时间的长度取决于网络情况，请耐心等待。当进度显示100%时，为确保版本没有被损坏，UME服务器会进行版本校验。校验完成后，会显示上传版本完成，如图2-1-35所示。

微课：UME操作1

图2-1-32 上传版本

图2-1-33 选中基站版本

图2-1-34 上传版本过程

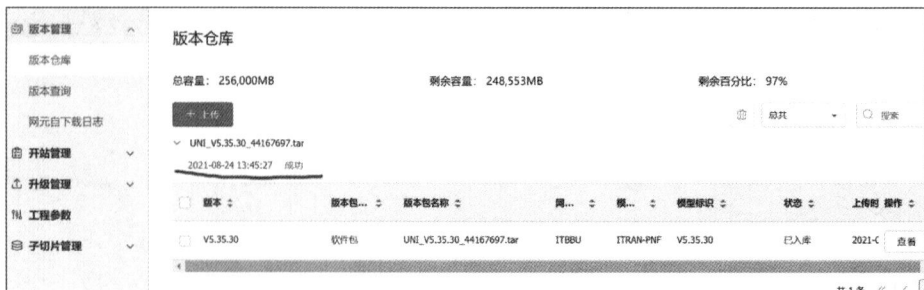

图 2-1-35   上传版本完成

至此，UME服务器中已经保存了基站的目标版本文件，基站开通需要的软件已经准备完成。

2）模板导出

基站开通需要的另一个文件是基站的配置数据文件，也就是开站模板。开站模板中包括基站开通的一些重要参数。开站模板来源于基站的版本文件，因此下一步的目标就是准备好基站的配置数据模板。

（1）导出模板。

选择"网络开通升级 SPU"→"开站管理"→"数据制作"，在"数据制作"界面单击"导出模板"按钮，如图 2-1-36 所示，弹出"导出模板"界面。

图 2-1-36   "数据制作"界面

在"导出模板"界面，进行如下选择，如图 2-1-37 所示。

① 模板类型：选择"规划模板"。

② 网元类型：选择 ITBBU。ITBBU 指的是基于软件定义架构和网络功能虚拟化的 5G BBU。

图2-1-37 导出基站模板参数选择

③ 站型：选择V9200。5G BBU 是ZXRAN V9200。

④ 模板名称：itbbu_gulnv_planning_template，默认即可。它来自基站版本文件，基站版本不同，它的数据不同。

⑤ 无线制式：只选择5G，其他不选。

⑥ 特殊场景：不要选择。

⑦ 软件包名称：选择你要开站的基站的版本号，开站模板和基站版本相关，如果选择错误，会导致基站开站失败。

⑧ 模型标识：不需要选择，选择了上一个版本后，它就确定了。

⑨ 选择网元：不需要选择。

选择完成后，单击"导出"按钮，开始导出开站模板，导出需要一定的时间，请耐心等待，如果出错，会有错误提示，如图2-1-38所示。

（2）保存导出的模板文件。

模板导出完成后，导出的文件会在界面的左下角显示，如图2-1-39所示。单击☑下拉按钮，选择"在文件夹中显示"选项，即可打开文件所在文件夹并显示导出的文件itbbu_gulnv_planning_template，如图2-1-40所示。

至此导出了基站的模板文件。模板文件中包含基站开通的一些基本数据，但还需要在这个基础上对规划好的开站数据进行填写或者修改，生成基站配置数据文件。

3）模板编辑

打开文件itbbu_gulnv_planning_template或者修改文件名后的文件，文件中有TemplateInfo、Modify、Index、global、site、BBU、RU、cable、Ip、Sctp、cell5g、equipmentInfo共12个表（注意，软件版本不同，这个文件格式会略有不同）。其中，

图 2-1-38　基站模板导出

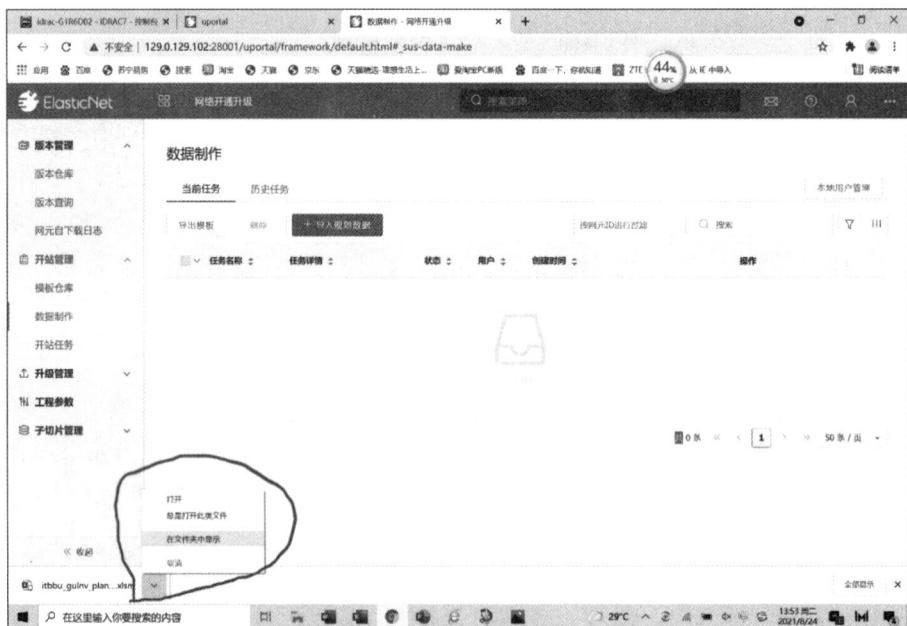

图 2-1-39　模板文件导出

TemplateInfo描述了模板的版本号、类型、规则等；Modify记录了文件的更新记录；Index描述了各个表的索引关系；equipmentInfo列举了本模板可以支持的所有设备。这4个文件不需要编辑，请不要修改。

　　文件中需要编辑的是global、site、BBU、RU、cable、Ip、Sctp、cell5g共8个表。global是全局参数表，保存基站的运营商、网络等参数；site是站点参数表，保存基站名称、ID等物理或逻辑参数；BBU是基站单元表，保存BBU的硬件配置数据；RU是射频

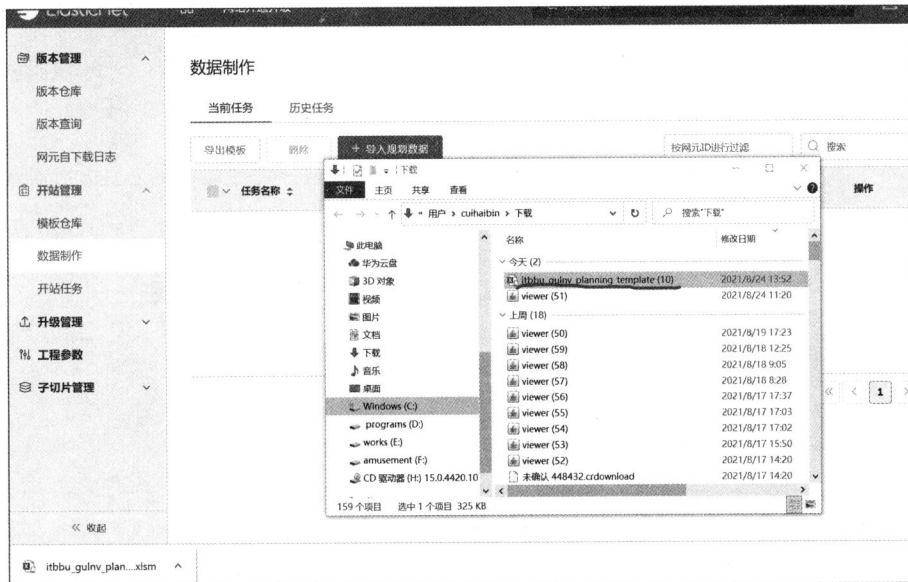

图2-1-40 模板文件所在目录

单元表，保存RU的硬件配置数据；cable是线缆连接表，保存BBU和 RU之间的连接关系；Ip是传输参数表，保存基站IP、VLAN等数据；Sctp是偶联参数表，保存基站和核心网之间的偶联配置参数；cell5g 是5G小区配置表，保存基站的所有小区的无线配置参数。

微课：模板编辑1

编辑之前，首先单击Excel文件上部的"启用编辑"才可以修改表中的内容，另外，如果文件提示需要打开宏，一定要开启宏，否则表中的一些选择项是空白状态，无法进行操作，如图2-1-41所示。

在进行表的编辑时，如果参数已经在2.2.1小节中的开站数据中给出，需要按照开站数据表进行填写，如果某些参数没有给出，则保持默认不要修改。

（1）global表。global是全局表，保存的是基站的系统参数，同一个UME的基站只需要配置一条数据。主要填写的内容如下。

① PLMN：PLMN值，格式为MCC-MNC，这里填写460-11。

② OMC服务器地址：OMC服务器IP地址，也就是UME服务器的南向接口地址，这里填写10.11.21.250。

③ OMC前缀长度：OMC服务器IP子网掩码位数，如255.255.255.0，就是24。

④ SNTP服务器IP地址：基站通过NTP服务器获取时间，这个时间不是业务时钟，而是管理时钟。如果网内有独立部署的NTP服务器，则需要填写该服务器的IP地址，如果没有就需要在UME服务器上启用NTP服务充当NTP服务器，填写UME服务器的地址。如果没有NTP服务器，就填写UME服务器的地址10.11.21.250。

其他参数保持不变，填写完成的global表如表2-1-7所示（由于显示所限，原模板

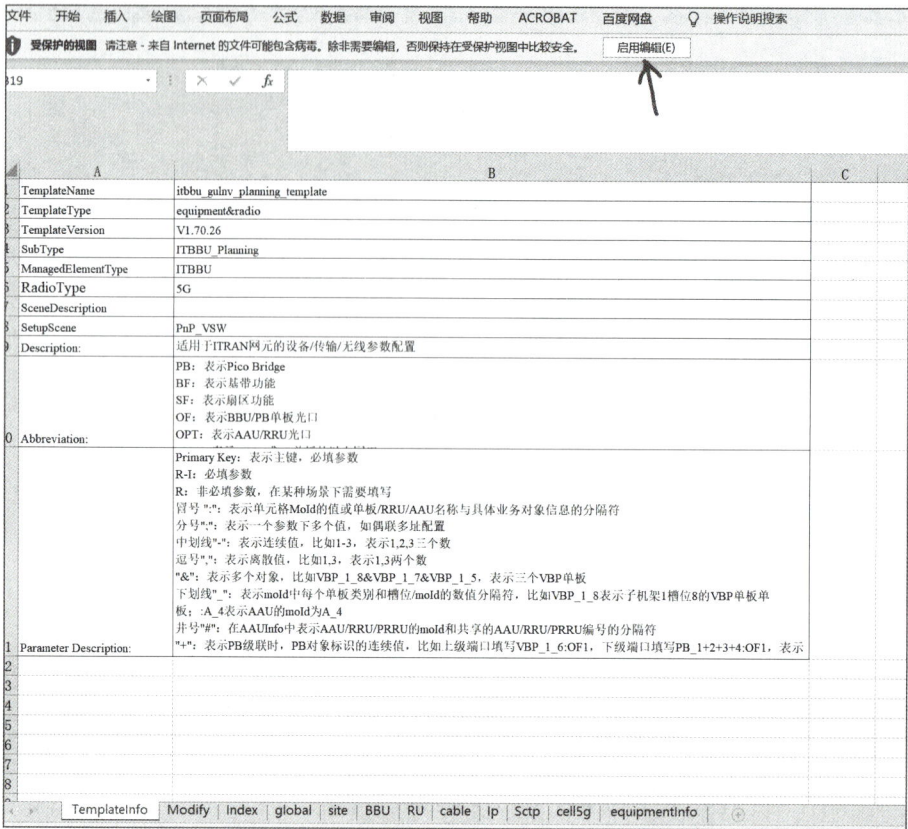

图2-1-41　启用编辑

只保留具体内容，详细内容请参考模板文件）。

表2-1-7　填写完成的global表

Plmn	serverIp	IpPrefixLength	sntpServerIpAddr	sntpServerStdIpAddr
PLMN	OMC服务器地址	OMC前缀长度	SNTP服务器IP地址	SNTP备用服务器IP地址
460-11	10.11.21.250	24	10.11.21.250	
timeZone	isSuppSummTime	SummTimeStart	summTimeEnd	summerTimeoffset
时区	支持夏令时的格式	夏令时的启动时间	夏令时的结束时间	夏令时偏移
40	0			4

（2）site表。site是站点表，保存的是基站的物理和逻辑信息数据，每个基站填写一条记录。主要填写内容如下。

① 子网ID：规划的子网ID，一个子网管理若干基站，一般与区域相关，这里填写30010。

② 网元ID：规划的网元ID，是基站的唯一标识，网内不能重复，这里填写10001。

③ 基站名称：这里填写×××市B站点基站1。

④ 无线制式类型：填写当前的无线制式，这里填写5G。

⑤ 网元IP地址：填写基站的OAM-IP地址，即基站用来和UME建立连接的IP地址，这里填写129.0.129.106。

⑥ 本地用户名：推荐用系统默认创建的账户itran，对应密码为Itran_2430!@#，不要改动。

其他参数保持不变，填写完成的site表如表2-1-8所示（由于显示所限，原模板只保留具体内容，详细内容请参考模板文件）。

表2-1-8　填写完成的site表

subNetwork	meId	userLabel	basicTemplate	equipmentTemplate	mimType
子网ID	网元ID	基站名称	基础模板名称	设备模板	网元模型类型
30010	10001	×××市B站点基站1	basic_loopback_template	V9200_Custom_template	ITRAN-PNF

mimVersion	radioType	ipAddress	userName	meLocation	masterNodeId	eid
网元模型标识	无线制式类型	网元IP地址	本地用户名	网元位置信息	承建方信息	机框EID
V5.35.30	5G	129.0.129.102	itran	example		

（3）BBU表。BBU是基站单元表，保存的是基站BBU的单板和槽位配置信息。主要填写的内容如下。

① 单板标识：标识单板配置类型和槽位信息，格式为单板类型_机框号_槽位号，这里填写VBP_1_8。

② 设备名称：表示单板的名称，按照设备面板的丝印名称填写（即单板的具体硬件型号），如VBPd01。

③ 硬件场景和设备功能模式：一般只有基带板需要填写，填写时在equipmentInfo表中找到具体单板型号，直接将硬件场景和设备功能模式复制过来即可。一般地，对于基带板硬件场景选择"8192:5G"，设备功能模式选择"16810016:VBP: 5G eMBB低频模式3NR（100M）"。其他的单板，如VSW、VPD、VFC不用填写，如果需要填写，则硬件场景选择"0:平台"，设备功能模式选择"0:通用"。

④ 基带功能：表示基带板配置的槽位，格式为BF_槽位号，如BF_8指的是8槽位的单板提供基带功能。

⑤ 主控板端口配置：指的是连接核心网的接口和速率，一般eth1、eth2使用光纤，eth5使用网线。如果不确定端口的速率，可以填写255，表示速率自适应。本任务中使用的光纤连接核心网，因此要填写"ETH1:25G"。

其他参数保持不变，填写完成的BBU表如表2-1-9所示（由于显示所限，原模板只保留具体内容，详细内容请参考模板文件）。

表 2-1-9　填写完成的 BBU 表

meId	moId	Name	hwWorkScence	functionMode	
网元ID	单板标识	设备名称	硬件场景	设备功能模式	
10010	VBP_1_8	VBPd01	8192:5G	16810016:VBP: 5G eMBB 低频模式 3NR（100M）	
10010	VPD_1_5	VPDc1			
10010	VFC_1_14	VFC1			
1001	VSW_1_1	VSWc2	0:平台	0:通用	

bpPoolFunction	VswPortInfo	interconnectionPortInfo	refCabinet
基带功能	主控板端口配置	基带板互连口配置	关联的机柜
BF_8			
	ETH1:25G		

（4）RU表。RU是AAU或RRU的单元表，保存的是基站的AAU或RRU信息，每一个RU一行记录。主要填写的内容如下。

① 网元ID：规划的网元ID。

② RU设备标识：RU的顺序从51开始，即51为第一个RU，52为第二个RU，……以此类推。

微课：模板编辑 2

③ 设备名称：表示RU的名称，按照设备面板的丝印名称填写，这里填写A9611_S35。

④ 扇区功能：标识扇区与RU的关系。例如，SF_1代表这个RU是扇区1。

⑤ 发送通道号：扇区功能对应RU设备的通道号，如果不填，默认使用全通，因为A9611_S35是64TR，所以填写1-64。

⑥ 扇区频段和功率：格式是"频段：配置功率"，这里的配置功率指的是RU的硬件标称功率，电信5G频段是N78，A9611 S35的功率为200W，所以填写"78:200"。

其他参数保持不变，填写完成的RU表如表2-1-10所示（由于显示所限，原模板只保留具体内容，详细内容请参考模板文件）。

表 2-1-10　填写完成的 RU 表

meId	moId	name	hwWorkScence	functionMode	sectorFunction
网元ID	RU设备标识	设备名称	硬件场景	设备功能模式	扇区功能
10010	51	A9611_S35	8192:5G	2147483649:5G	SF_1
10010	52	A9611_S35	8192:5G	2147483649:5G	SF_2
10010	53	A9611_S35	8192:5G	2147483649:5G	SF_3

续表

RxChannelNo	TxChannelNo	sectorFreqPower	sharedSwitch	sharedUniqueId	networkingType
接收通道号	发送通道号	扇区频段和功率	设备共享开关	共享标识	组网类型
1-32	1-64	78:200.0			
1-32	1-64	78:200.0			
1-32	1-64	78:200.0			

spectrumSharingSwitch	diversityMode	building	floorNumber	refCabinet
频谱共享开关	分集接收模式	建筑名称	楼层编号	关联的机柜

（5）cable表。cable是BBU和RU的连接表，保存的是BBU和RU之间的连接方式。主要的填写内容包括：

① 网元ID：规划的网元ID。

② 拓扑结构中的上级设备：填写BBU表中的基带设备标识，这里填写VBP_1_8。

③ 拓扑结构中的上级端口：填写BBU表中的基带设备的光口。例如，VBP设备为OF1，指的是基带板的第一对光口。

④ 拓扑结构中的下级设备：一般指RU，如51。

⑤ 拓扑结构中的下级端口：一般指RU的光口，如OPT1。

⑥ 上、下级端口速率：按照实际端口速率填写，5G网络目前一般填写25Gb/s。

其他参数保持不变，填写完成的cable表如表2-1-11所示（由于显示所限，原模板只保留具体内容，详细内容请参考模板文件）。

表2-1-11　填写完成的cable表

meId	upRiDevice	upRiPort	downRiDevice	downRiPort
网元ID	拓扑结构中的上级设备	拓扑结构中的上级端口	拓扑结构中的下级设备	拓扑结构中的下级端口
10010	VBP_1_8	OF1	51	OPT1
10010	VBP_1_8	OF2	52	OPT1
10010	VBP_1_8	OF3	53	OPT1

upBitRateOnIrLine	downBitRateOnIrLine	upProtocolType	downProtocolType
上级端口速率/（Gb/s）	下级端口速率	上级端口物理层协议类型	下级端口物理层协议类型
25			
25			
25			

（6）IP表。IP是传输表，保存的是基站的传输参数。主要的填写内容如下。

① 基站IP地址：填写规划好的基站IP地址，这里填写129.0.129.106。

② IP地址前缀长度：例如，IP地址掩码为255.255.255.0，则前缀长度为24。

③ IP网关地址：填写基站对接设备的接口地址，一般是SPN或交换机的接口地址，这里填写129.0.129.1。

④ VLAN：基站使用的VLAN ID，这里填写3004。

⑤ 业务承载IP的接口类型：用于指示业务承载IP的接口类型。支持的制式包括5G、LTE、NB-IoT等，每个业务承载IP支持启动多种接口类型，用分号分隔。在SA 5G制式下，如果配置1个IP，则NG接口、Xn接口、F1接口共同使用这1个IP，即1;2;16。

其他参数保持不变，填写完成的IP表如表2-1-12所示（由于显示所限，原模板只保留具体内容，详细内容请参考模板文件）。

表2-1-12　填写完成的IP表

meId	ipAddress	prefixLength	gatewayIp	vid
网元ID	基站IP地址	IP地址前缀长度	IP地址网关	VLAN
10001	129.0.129.106	24	129.0.129.1	3004

loopbackId	vrfId	serviceMapRadioType	serviceInterfaceType	plmn
IP层使用的环回接口标识	Vrf号	业务承载IP的制式	业务承载IP的接口类型	业务承载IP的运营商配置
		5G	1;2;16	460-11

（7）SCTP表。SCTP是偶联表，保存的是基站和核心网的SCTP对接参数。主要的填写内容如下。

① 偶联号：SCTP的标识，同一站点内不能重复。

② SCTP本端端口号：1～65535的数字，要与核心网配置一致，这里填写38412。

③ 本端地址：SCTP偶联的本端IP地址，指基站的偶联地址，这里填写129.0.129.106。

④ SCTP远端端口号：1～65535的数字，要与基站配置一致，这里填写38412。

⑤ 远端地址：一般指核心网AMF的信令面地址，这里填写172.16.19.101。

⑥ 无线制式：5G填写NR。

其他参数保持不变，填写完成的SCTP表如表2-1-13所示（由于显示所限，原模板只保留具体内容，详细内容请参考模板文件）。

表2-1-13　填写完成的SCTP表

meId	sctpNo	localPort	localIp
网元ID	偶联号	SCTP本端端口号	本端地址
10001	1	38412	129.0.129.106

续表

remotePort	remoteIp	radioMode	assoType
SCTP远端端口号	远端地址	无线制式	SCTP偶联类型
38412	172.16.19.101	8192	1

（8）cell5g表。cell5g是基站小区表，保存的是基站的小区配置信息，此部分填写内容较多，主要的填写内容如下。

① 网元ID：规划的网元ID。

② 5G无线模板名称：SA站型下拉选择对应的无线模板。

③ gNB标识：在PLMN中gNB的唯一标识应与网元ID保持一致。

④ 小区标识：需按规划填写，这里填写1、2、3。

⑤ 物理小区标识：规划的PCI，范围为0～1007，这里填写100、101、102。注意，一个基站下的3个小区的PCI是3个连续的整数，能够保证PCI mod 3余数不同，避免模3干扰。

⑥ 跟踪区码：填写规划的TA码，这里填写1。

⑦ 小区属性：小区属性，0表示低频，1表示高频，2表示sub1G，3表示Qcell。目前都是低频建站。

⑧ 上、下行频段：根据实际规划填写，中国电信是N78。

⑨ 下行发射天线数：0:0天线，1:2天线，2:4天线，3:8天线，4:16天线，5:32天线，6:64天线，A9611_S35是64TX，因此选择6。

⑩ 基带功能标识：与BBU表中的基带功能BF_8一致，表示基带板在BBU的8槽位。

⑪ 扇区功能标识：与RU表中的扇区功能SF_1、SF_2、SF_3一致，指扇区1、2和3。

⑫ 载波最大可配置功率：单位为0.1dBm，是小区可以配置的最大发射功率，这里的最大发射功率是AAU/RRU硬件支持的最大发射功率，与规划模板"RU"SHEET里的"扇区频段与功率"字段的功率值保持一致。需要进行功率W和dBm之间的换算（换算公式：dBm=10lgW，W单位为mW）。

⑬ 小区RE参考功率：单位为0.1dBm，这里填写150。这个功率不是小区实际发射功率，它是小区同步信号的发射功率，决定了小区的覆盖范围。要增大小区覆盖范围就增大该值，要减少小区覆盖范围就减小该值。填写时，该值需满足"小区RE参考功率≤载波最大可配置功率-100×lg(最大可配置RB数 × 每RB子载波数)，即小区RE参考功率≤载波最大可配置功率-100×lg(273×12)"，ZXSDR A9611 S35的功率是200W，代入公式，计算得到小区RE参考功率≤178，这里按照规划填写150。

⑭ 载波带宽：3GPP规定的低频下载波最大带宽是100MHz。

其他参数保持不变，填写完成的cell5g表如表2-1-14所示（由于显示所限，原模板只保留具体内容，详细内容请参考模板文件）。

表2-1-14 填写完成的cell5g表

meId	radioTemplate 5G	gNBId	gNBIdLength	pLMNId	sharePLMNIdList
网元ID	5G无线模板名称	gNB标识	gNBId长度的位数	gNB承建方运营商配置	gNB共享方运营商配置
10001	radio_5gnr3.0_cell_cudu_nsa_sa_template	10001	24	460-11	
10001	radio_5gnr3.0_cell_cudu_nsa_sa_template	10001	24	460-11	
10001	radio_5gnr3.0_cell_cudu_nsa_sa_template	10001	24	460-11	

cellLocalId	userLabel	cityLabel	cellPLMNIdList	sliceDiff
小区标识	小区用户标识	小区城市标识	小区运营商配置	切片区分
1	cell5g1	JN	460-11	
2	cell5g2	JN	460-11	
3	cell5g3	JN	460-11	

sd	nrPhysicalCellDUId	masterOperatorId	pci	tac
切片区分	物理小区标识	承建方运营商标识	物理小区标识	跟踪区码
460-11:1118481	1		100	1
460-11:1118481	2		101	1
460-11:1118481	3		102	1

cellAtt	duplexMode	coverageType	qcellFlag	NRCarrierId
小区属性	双工方式	小区类型	qcell标识	NR载波ID
sub6G	TDD	Macro	0	1
sub6G	TDD	Macro	0	2
sub6G	TDD	Macro	0	3

frequencyBandListUL	frequencyUL	frequencyBandListDL	frequencyDL	nrCellScene
上行频段	上行中心频点	下行频段	下行中心频点	小区场景
N78	3550.2	N78	3550.2	Normal
N78	3550.2	N78	3550.2	Normal
N78	3550.2	N78	3550.2	Normal

dlAntNum	ulAntNum	bpPoolFunctionId	sectorFunctionId	configuredMaxTxPower
下行发射天线数	上行接收天线数	基带功能标识	扇区功能标识	载波最大可配置功率
6		BF_8	SF_1	530
6		BF_8	SF_2	530
6		BF_8	SF_3	530

续表

antType8T	cpriCompressionMode	rfAppMode	powerPerRERef
8T场景下的天线摆放类型	Cpri压缩模式	射频单元应用模式	小区RE参考功率
			100
			100
			100

nrbandwidth	dlULTransmissionPeriodicity1	frameType2Present	spectrumShareScene
载波带宽/MHz	帧结构第一个周期的时间	帧结构周期类型	频谱共享场景
100	ms2p5	1	
100	ms2p5	1	
100	ms2p5	1	

bwpCfgType	bwpULCfg	bwpDLCfg	bwpParamSuiteCfg	prachRootSequenceIndex	prachRootSequenceValue	longitude
BWP配置类型	上行BWP配置	下行BWP配置	多BWP参数套配置	PRACH逻辑根序列索引类型	PRACH逻辑根序列索引	经度
				1839	0	
				1839	0	
				1839	0	

latitude	azimuth	integProtAlgPriority	encrypAlgPriority	RrcVersion	NgVersion
纬度	方向角	完保优先级	加密优先级	基站RRC版本号	基站NG版本号

4）模板导入

（1）选择导入文件并导入。

选择"网络开通升级SPU"→"开站管理"→"数据制作"，在"数据制作"界面单击"导入规划数据"按钮，在弹出的"打开"对话框中选择上一步填写完成的规划模板，单击"打开"按钮，就建立了模板导入的任务，并且任务建立后自动执行，如图2-1-42和图2-1-43所示。

（2）查看导入过程。

为了查看数据导入的过程，待导入任务名称变成"蓝色"后，单击任务名称进入"任务监控"界面，可以看到数据导入的过程，如图2-1-44所示导入任务已经完成了30%，正在生成设备数据。

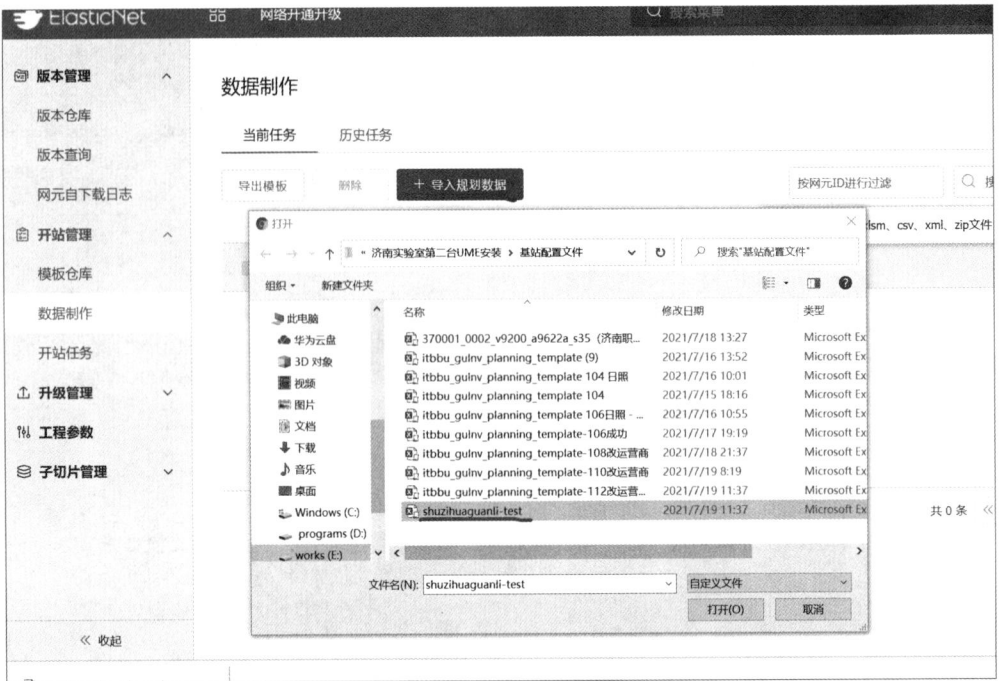

图 2-1-42   选择导入模板

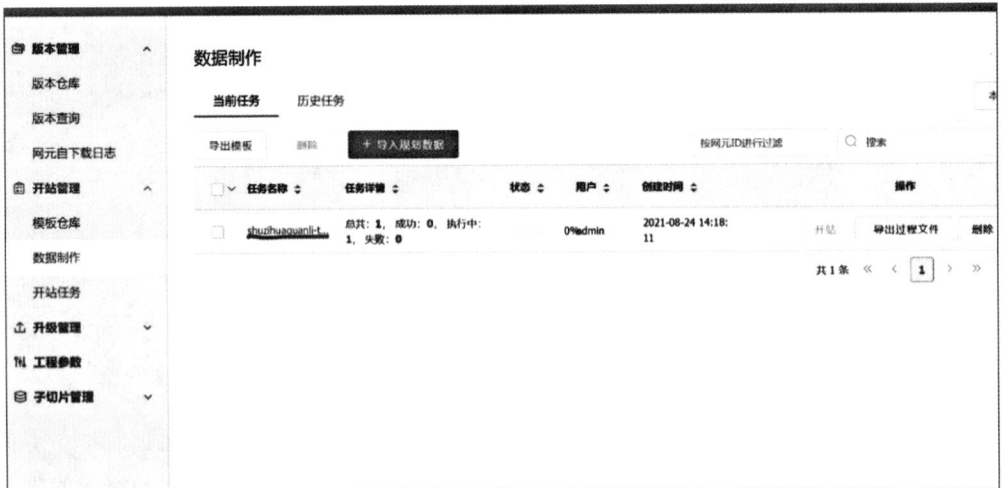

图 2-1-43   模板开始导入

耐心等待,如果参数规划模板填写完全正确,数据导入成功后网管会给出提示,如图 2-1-45 所示。

(3)导入错误处理。

如果参数规划模板填写有误,网管会提示数据导入失败,并提示导入失败的大致原因,如图 2-1-46 所示。

图 2-1-44　模板导入过程

图 2-1-45　模板导入成功

图 2-1-46　导入失败

如果想准确地定位错误原因，可以单击"导出日志"，选择"过程文件"导出日志log文件，导出的log系统直接打开文件所在的目录，如图2-1-47所示。

单击带"error"的文件，打开后就可以看到错误提示，如图2-1-48所示，提示"数据合法性校验"错误，说明基站模板文件中有数据配置不合法，看后面的"errordetail"指功率配置有错误，根据这个提示再去修改基站配置模板，重新建立导入任务，直至导入成功没有错误提示为止。注意，在重新导入之前，最好删除之前未成功导入的任务。

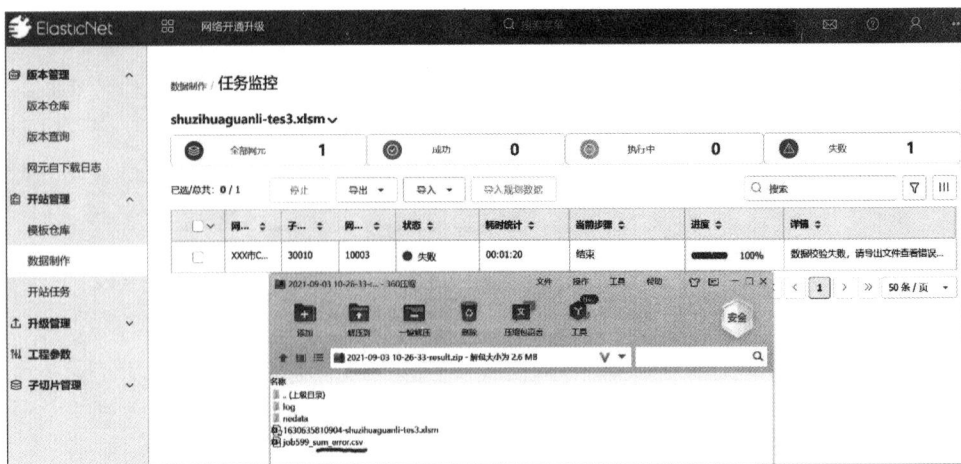

图2-1-47　导出/导入日志

图2-1-48　错误原因

5）前台操作

前台是通信中常用的概念，它是和服务器相对来说的，一般来说前台指的是具体的通信设备，这里指的是5G基站。基站开站模板导入UME后，下一步需要使用WebLMT工具登录到基站，在基站上配置规划好的基站IP地址、VLAN、网关等参数，用来在基站和UME服务器之间建立初始的链路连接。

微课：UME操作2

（1）登录LMT。

参见2.1.1小节的相关内容，选择"初始开站"，如图2-1-49所示。

（2）输入开站参数。

单击"初始开站"按钮，不用输入用户名和密码，自动进入。选择"临时IP配置"，进入配置界面。注意，基站版本不同界面的布局有所不同，但是功能相同，如图2-1-50所示。

需要配置的主要参数如下。

① 网元ID：规划的基站网元ID，这里填写10001。

② 网元IP地址：基站IP地址，这里填写129.0.129.106。

③ 网元IP地址前缀长度：基站IP地址的掩码长度，这里填写24。

④ 网关IP：与基站连接的传输或交换机的端口IP地址，这里填写129.0.129.1。

⑤ VLAN ID：基站的VLAN ID，这里填写3004。

图2-1-49　选择"初始开站"

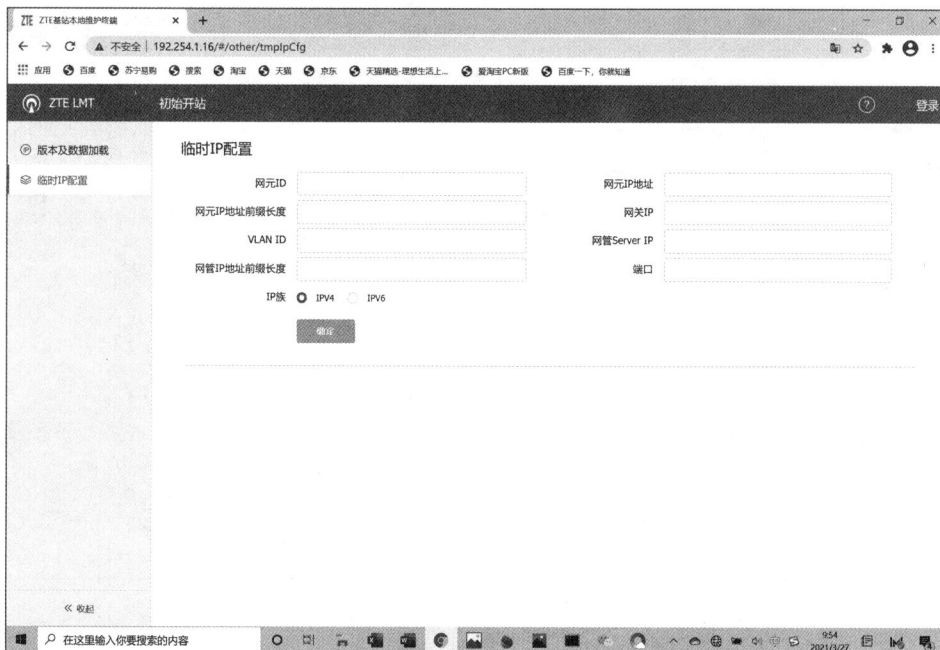

图2-1-50　临时IP地址配置

⑥ 网管Server IP：与基站连接的UME服务器地址，如10.11.21.250。

⑦ 网管IP地址前缀长度：例如，10.11.21.250的前缀长度是24。

⑧ 端口：UME的网管端口，一般为8239。

⑨ IP簇：这里选择IPv4，如果基站开通使用的是IPv6，则选择IPv6。

填写好的数据如图2-1-51所示。

图 2-1-51　填写好的临时 IP 地址

（3）临时数据下发。

检查无误后，单击"确定"按钮，配置开始下发。几秒钟后，提示"成功，需要转至 UME 侧进行后续操作"，如图 2-1-52 所示。至此，开站的前台操作完毕。

图 2-1-52　数据下发成功

6）建立和执行开站任务

基站模板导入成功，前台初始数据配置完成，下一步就是在 UME 上建立开站任务。任务包含版本下载、版本预激活、版本激活、基站复位等一系列操作。这一系列操作完全由 UME 自动执行，不需要人工干预，这是 SON 功能的主要应用之一。

（1）新建开站任务。

登录 UME，参见 2.1.1 小节相关内容，选择"网络开通升级 SPU"→"开站管理"→"开始任务"。在"开始任务"界面，单击"新建开站任务"按钮，如图 2-1-53

所示。

在弹出的"新建任务"界面，按照图2-1-54所示输入内容，建立开站任务。

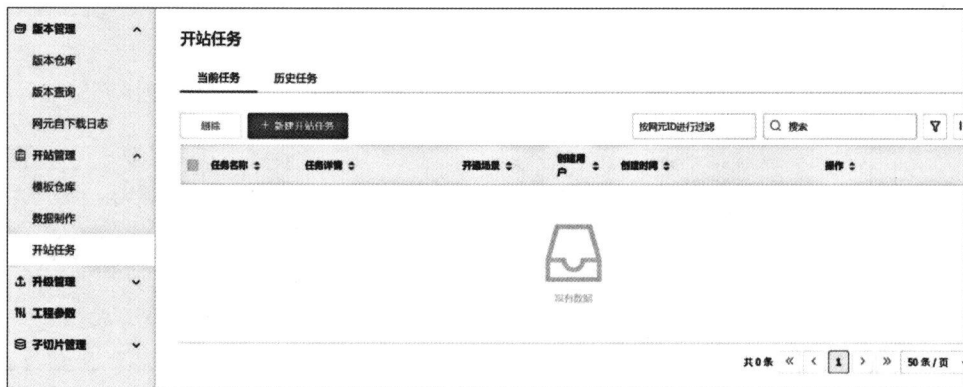

图 2-1-53 新建开站任务

图 2-1-54 输入新建开站任务选项

需要填写的信息如下。

① 任务名称：自动生成，为了与其他任务区别，建议自己定义一个名字，如"数字化管理测试1"。

② 网元类型：选择ITBBU。

③ 开通场景：选择ITBBU基站PNP开通。

④ 数据源：选择按数据制作任务。

⑤ 数据制作任务名称：选择导入的目标规划数据，如"shuzihuaguanli-test.xlsm"，就是前面步骤导入的参数规划模板。

⑥ 软件版本：选择目标5G产品tar包。

单击"确定"按钮后，名字为"数字化管理测试1"的开站任务建立成功，如图2-1-55所示。

图2-1-55　开站任务建立成功

（2）执行开站任务。

待开站任务名称变成"蓝色"后，单击开站任务名称，进入开站"任务监控"界面，选中刚刚导入的基站名称，单击"启动"按钮，如图2-1-56所示。在弹出的"确定（启动）"对话框中输入验证码，单击"确定"按钮开始执行，如图2-1-57所示。

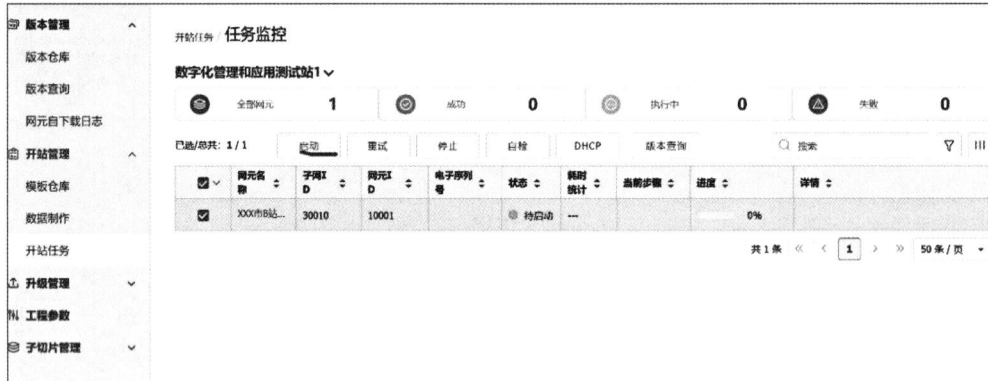

图2-1-56　启动任务

开站任务开始执行，任务显示栏"当前步骤"和"进度"一栏会提示正在进行的操作和显示当前的进度，一般会经历"下载版本包"→"分发版本"→"激活复位"→"开站自检"4个阶段，如图2-1-58～图2-1-61所示。下载版本包是从UME服务器将基站版本下载到基站交换板的硬盘上；分发版本是指将版本从交换板下载到基站的其他单板和AAU上；激活复位是指将基站中当前使用的版本修改为备用状态，将刚分发的新版本修改为运行状态，之后基站复位并以新的版本运行；开站自检是指UME服务器检查开站参数是否满足自约束条件、参数文件和开站版本是否匹配、版本文件有无损坏等。当进度达到"100%"并且详情显示"开站自检完成"，说明基站开通已顺利完成。

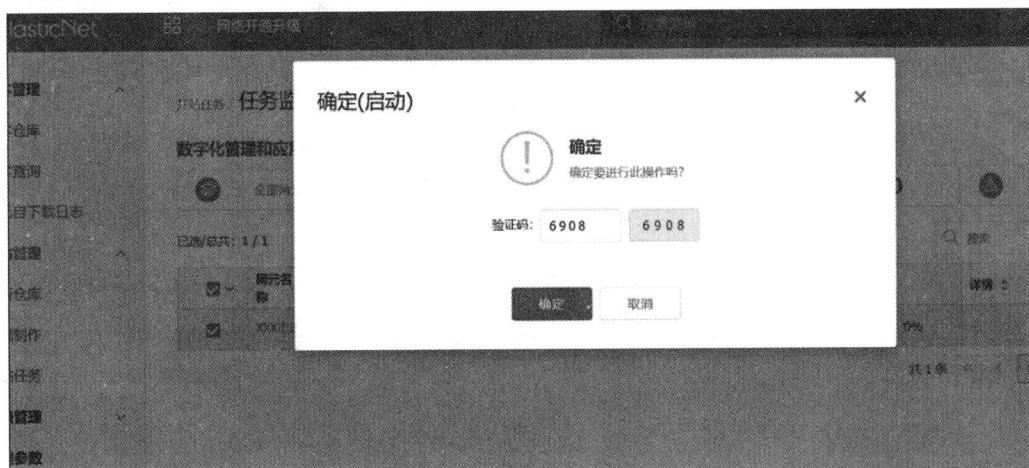

图2-1-57 输入确认码

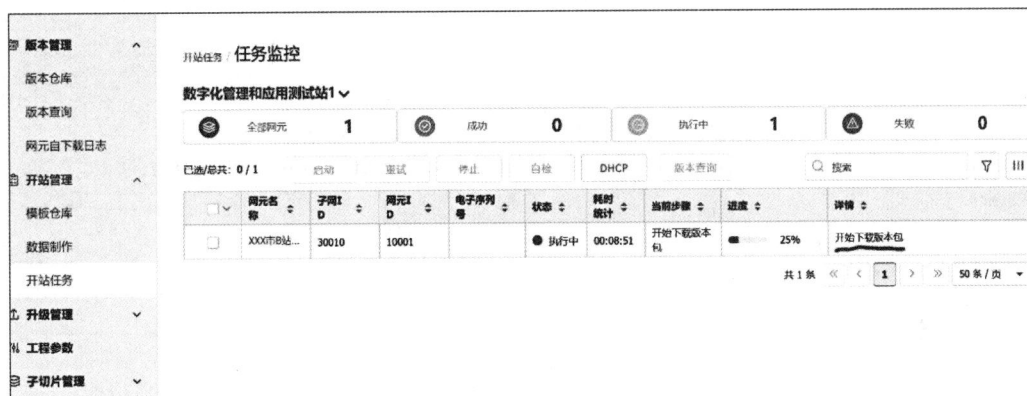

图2-1-58 下载版本包

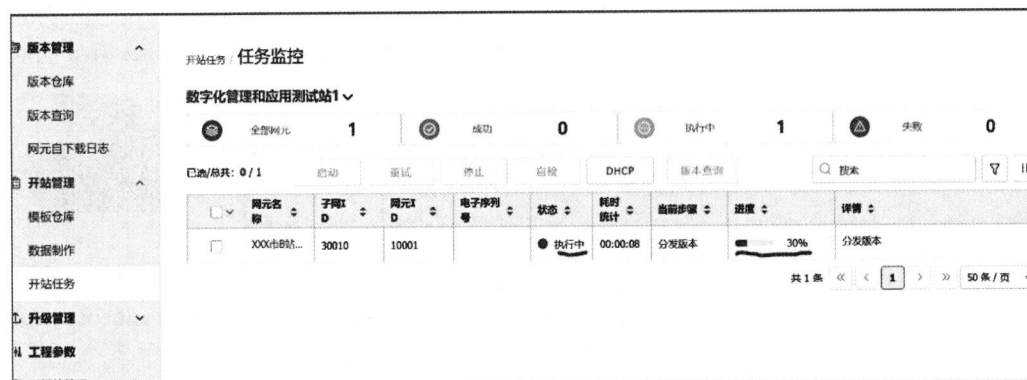

图2-1-59 分发版本

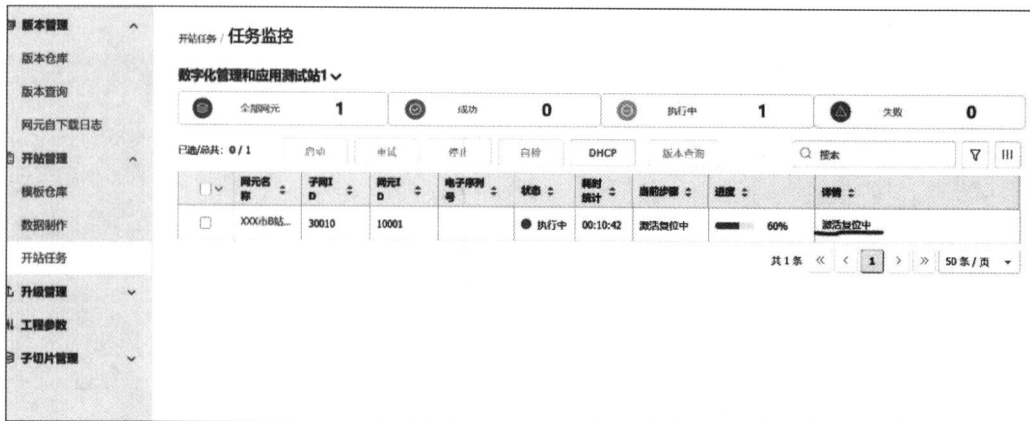

图2-1-60　激活复位

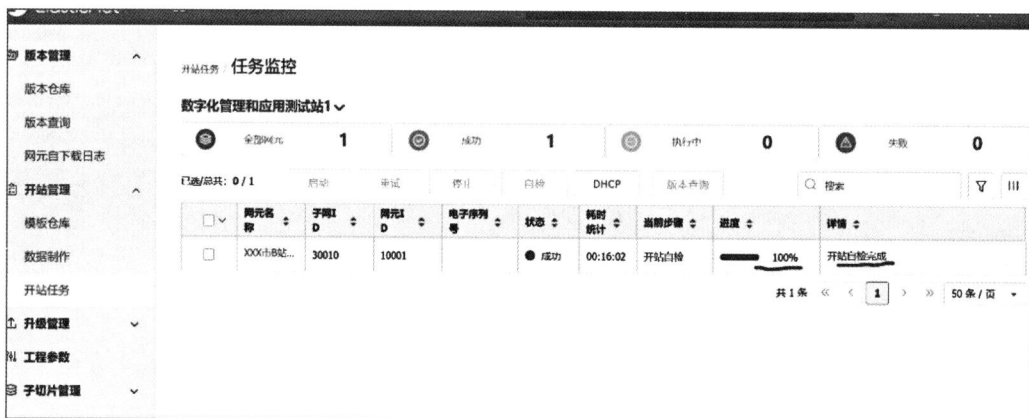

图2-1-61　开站自检

7）基站License加载

基站开通之后，需要给基站加载License，基站才能正常工作。License是一个授权文件，它规定了基站可以使用的功能类型、每种功能的授权数量以及License有效的时间等。

（1）进入License管理界面。

登录UME，选择"License管理"→"无线站点License"→"查询License"→"选择网元"，选中刚才开通的基站，如图2-1-62所示。

微课：UME操作3

（2）查询基站当前License。

单击"查询"按钮，查询结果显示基站没有License，因此需要加载License，如图2-1-63所示。

（3）加载License。

单击"加载License"→"选择网元"，如图2-1-64所示。

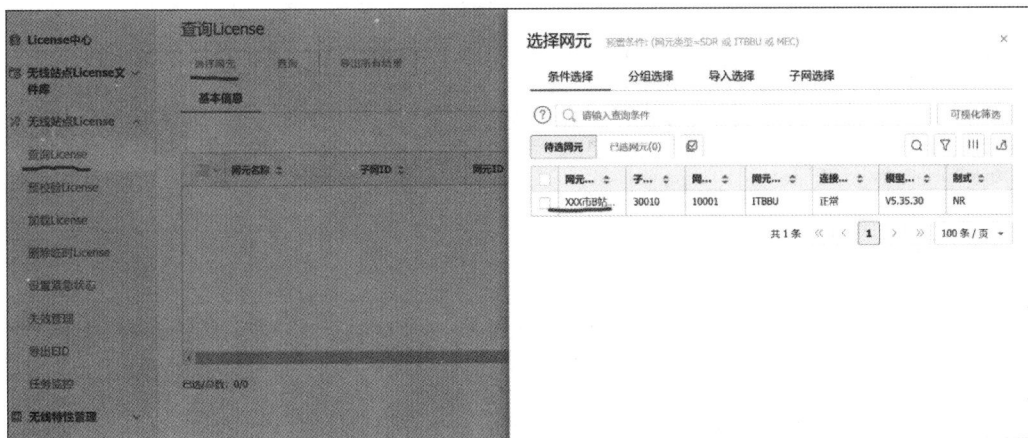

图2-1-62　进入License管理

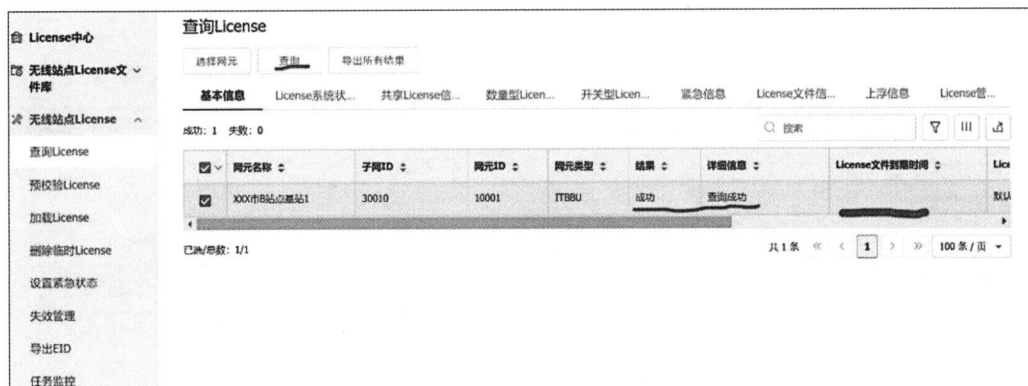

图2-1-63　查询License

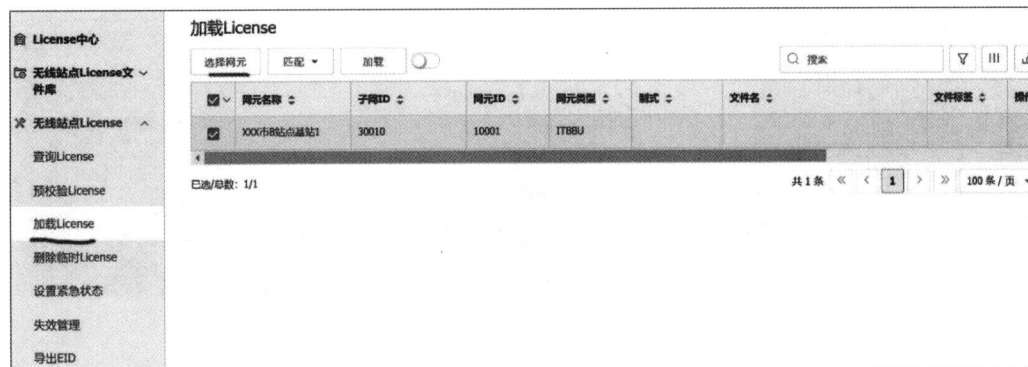

图2-1-64　选择要加载License的基站

加载之前首先要检查基站是否匹配当前的License，单击"匹配"按钮，如图2-1-65所示。

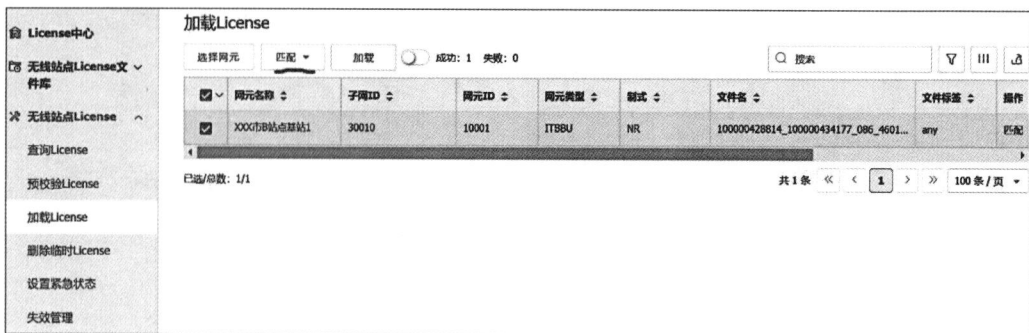

图2-1-65　基站License匹配

基站License匹配成功，单击"加载"按钮，基站加载License，如图2-1-66所示。

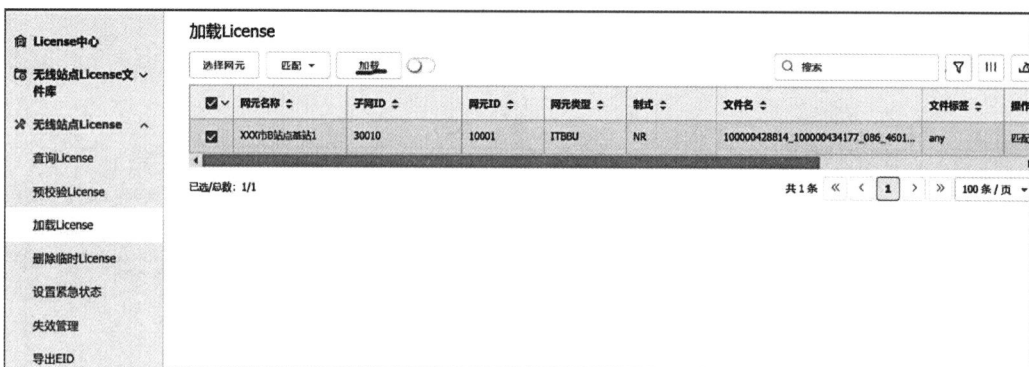

图2-1-66　加载License

在弹出的"确认"对话框中输入验证码，单击"确定"按钮，如图2-1-67所示。

图2-1-67　加载License确认

License加载完成，如图2-1-68所示。

（4）License加载确认。

再次进行License查询，可以看到License加载成功，显示基站的各种授权信息，如图2-1-69所示。

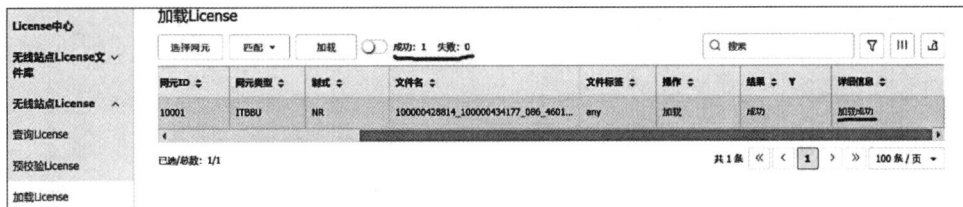

图2-1-68 License加载完成

图2-1-69 License查询确认

8）开站确认

基站开通后，需要对基站的告警和状态进行确认，以判断基站是否正常开通，一般从前台和后台两个方面进行确认，前台指的是基站，后台指的是UME服务器。

微课：UME操作4

（1）前台确认。

① 小区状态确认。参考2.1.1小节的相关内容登录WebLMT，进入"站点运维"。单击"诊断检查"→"小区状态查询"。在"小区状态查询"界面选择"5G小区"，查看小区状态是否正常。5G基站的一个AAU对应两个小区，分别是NR DU（用户面小区）和NR CU（控制面小区）。图2-1-70所示说明小区状态为正常状态。

如果小区状态为不正常状态，则界面如图2-1-71所示。

② 基站告警查询。选择"告警"，"告警"界面显示当前基站的所有告警，如图2-1-72所示。

在这些告警中，主要关注告警级别为"主要"和"严重"的告警，这些告警会导致基站不能正常工作，在图2-1-72中没有此类的告警。

图2-1-73中出现很多告警：告警"GNSS天馈链路故障"，发生的原因是5G基站没有接GPS；告警"系统时钟不可用"是"GNSS天馈链路故障"告警引起的关联告警；告警"基站DU退服"说明基站DU小区退出服务，无法接入用户业务；告警"配置数据超出License限制"说明基站没有License或者License的部分功能受到限制，需要加

载或更新支持这些功能的License文件。

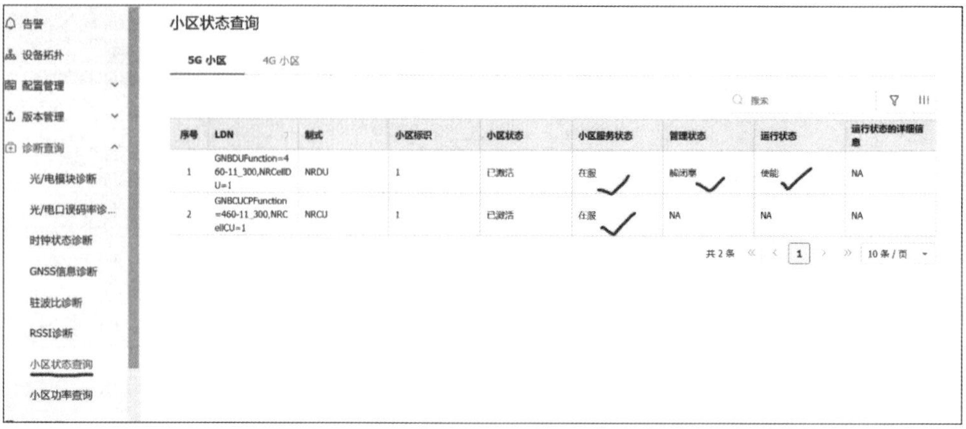

图2-1-70   小区状态正常

图2-1-71   小区状态不正常

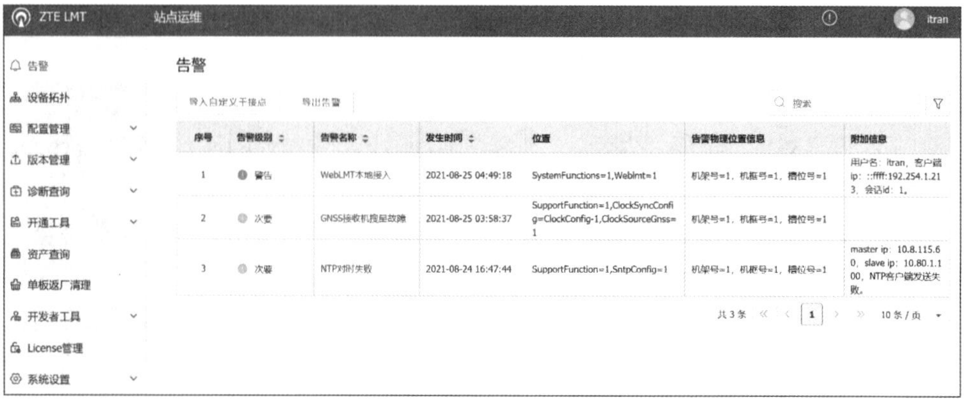

图2-1-72   基站告警

图2-1-73 基站严重告警

（2）后台确认。

①告警查询。参考2.1.1小节的相关内容，登录UME网，进入"告警管理"窗口，在"告警监控"界面中查看基站当前告警，确认站点无异常告警，如图2-1-74所示。

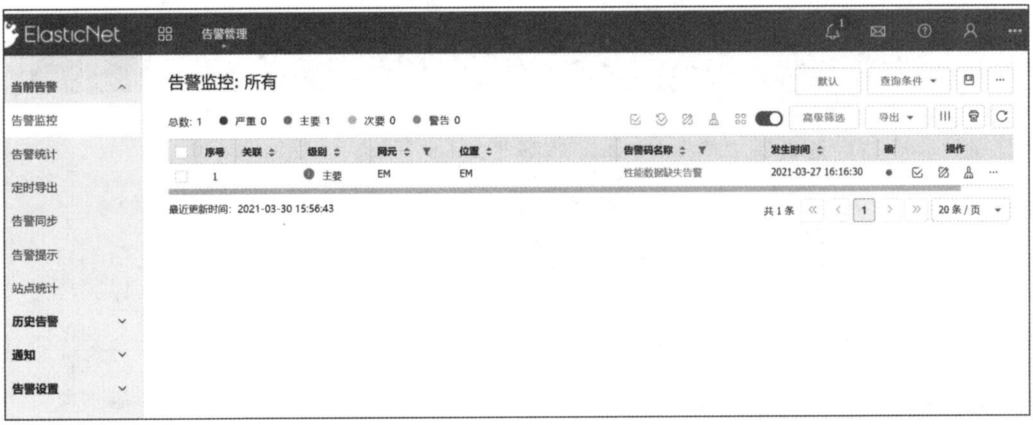

图2-1-74 UME基站告警查询

②小区状态查询。在UME上查询小区状态比较复杂，首先在UME网管的"无线配置管理"窗口，选择"通用配置"。在"通用配置"界面过滤选择NR，选择"MO编辑器"，如图2-1-75所示。

单击"MO编辑器"，进入"MO编辑器"界面，单击"选择网元"。在"选择网元"界面首先勾选要查询的小区所属的基站，如图2-1-76所示。

然后在"MO编辑器"的配置项窗口中选择"gNB DU功能配置"，如图2-1-77所示。

双击"DU小区配置"后，小区的各种查询结果显示在右侧界面上，如图2-1-78所示。

图 2-1-75　小区状态查询

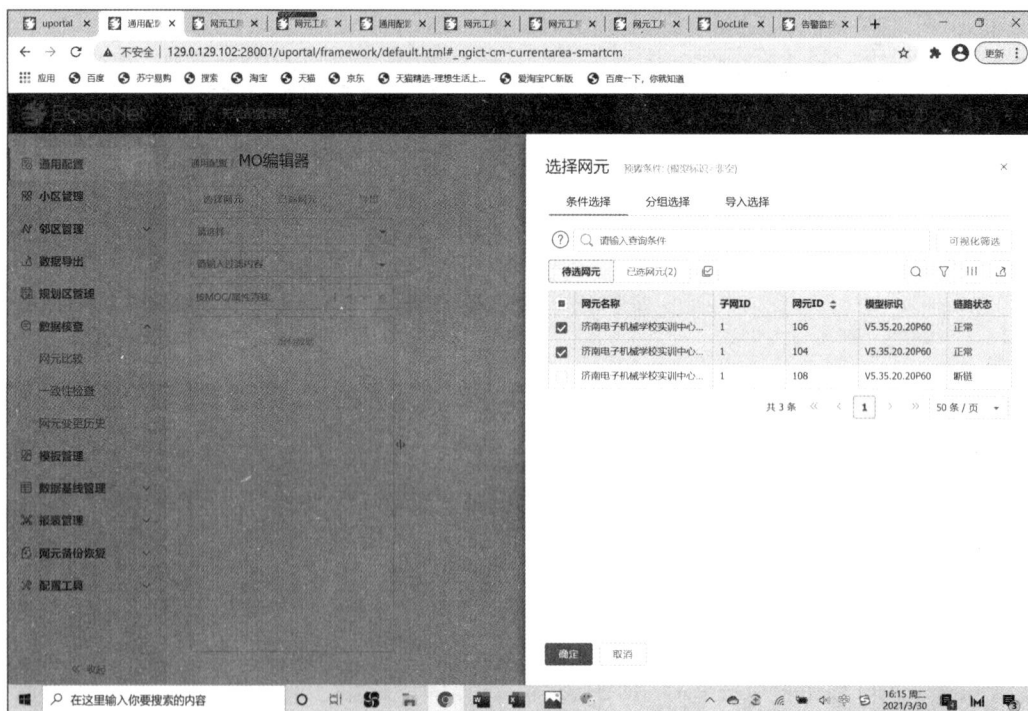

图 2-1-76　基站选择

　　向后拖动查询结果窗口的进度条，显示出小区的状态字段。正常小区的状态为："小区状态：已激活，小区服务状态：服务"。图 2-1-79 所示的查询结果是小区状态为已激活，但是小区服务状态为小区退服状态，引发的原因有可能是基站与核心网没有

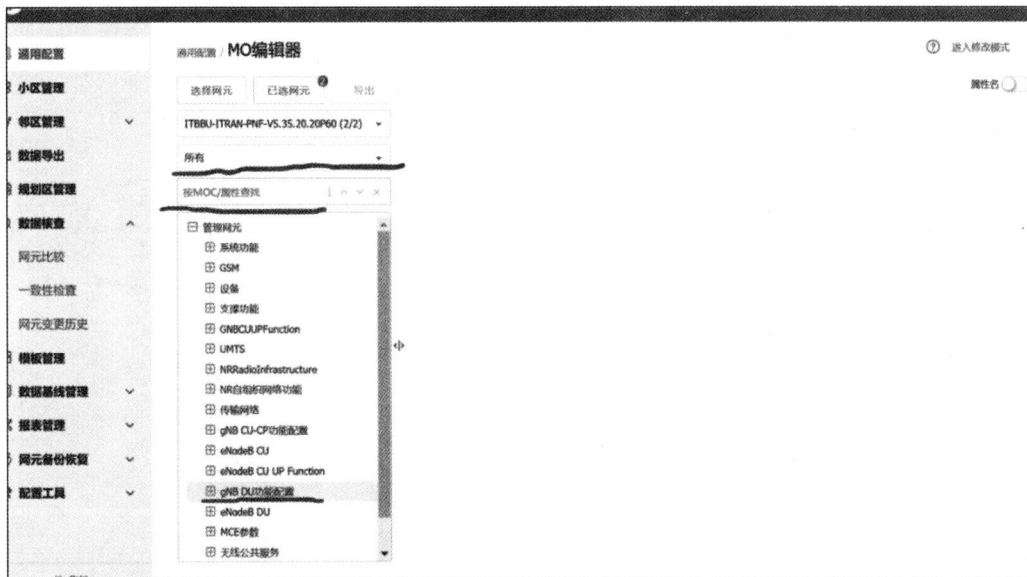

图2-1-77 选择gNB DU功能配置

图2-1-78 显示查询结果

对接成功或小区被人为退出服务状态。

NR CU 的状态查询与 NR DU 查询类似，如图2-1-80所示，请学员们自己尝试查询，在此不再赘述。

经过以上8个步骤完成了基站开通的流程，并且经过前后台确认状态无误后，一个基站成功开通。

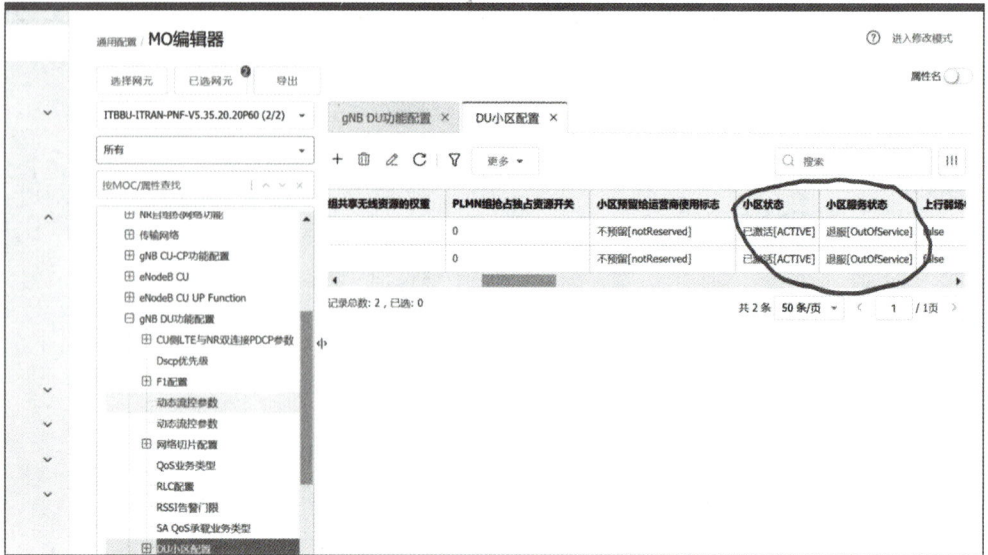

图 2-1-79　查询 NR DU 状态

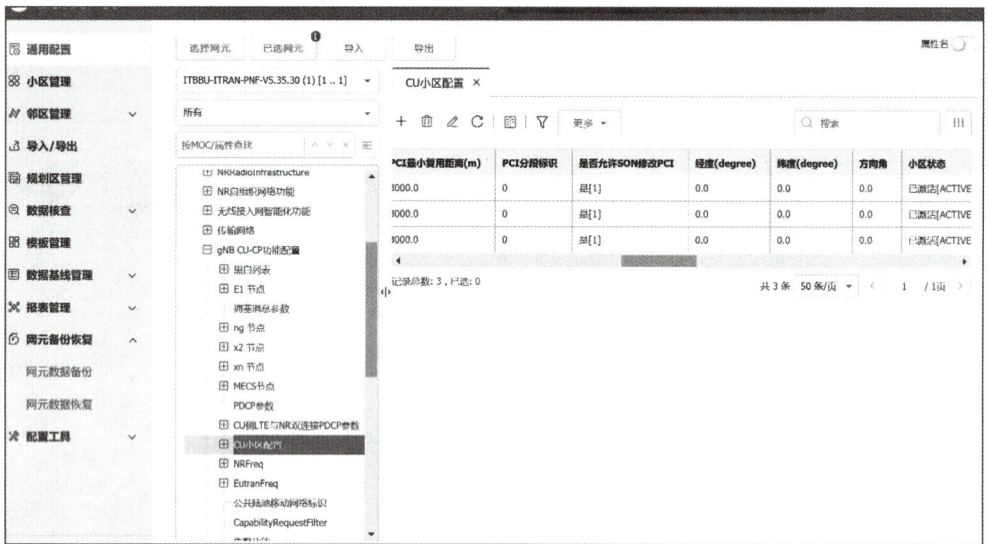

图 2-1-80　查询 NR CU 状态

4　任务确认

开站任务完成后，需要提供任务结果、输出物及其他数据以确认是否已经完成任务以及任务完成是否与任务要求相符，任务需要确认以下两个方面。

1）网管上的基站和基站状态

在网管 UME 上能够找到开通的基站，并且经过开站确认，无严重告警和主要告警，小区状态正常，并提供基站告警、小区状态的截图。

2）基站的配置数据

从网管上导出开通基站的数据，作为备查或者参考，导出基站配置数据的步骤如下。

登录UME，单击"基站开通升级"→"开站管理"→"数据制作"。在弹出的"数据制作"界面单击"导出模板"按钮，出现"导出模板"界面，选项填写与2.1.2中"任务实施步骤"的"模板导出"步骤一致，区别在于选择要导出的基站，单击"基站选择"，选择要开通的基站"×××市B站基站1（10001）"，然后单击"确定"按钮，如图2-1-81所示。

导出基站的选择结果，如图2-1-82所示。

单击"导出"按钮，数据开始导出，导出的数据在界面的左下角，可以直接打开，也可以直接保存，如图2-1-83所示。

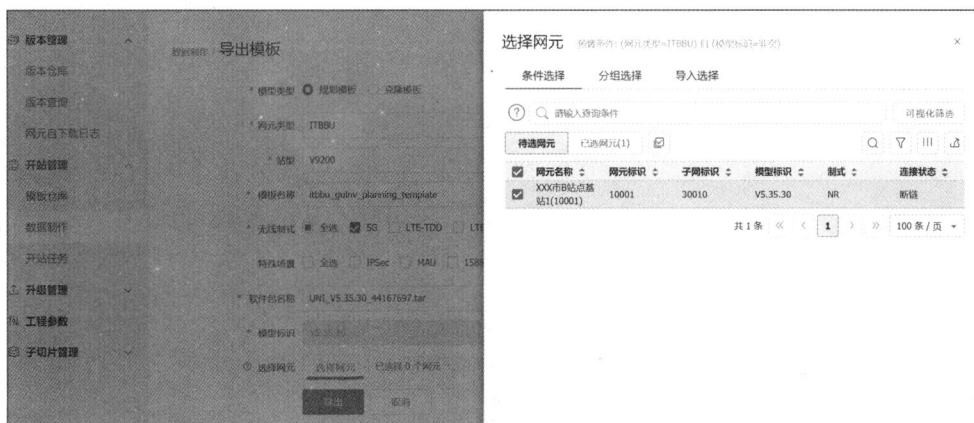

图2-1-81　导出基站开通参数的参数选择

图2-1-82　导出基站的选择结果

图 2-1-83 导出文件

5 任 务 评 估

任务完成之后，老师按照表2-1-15来评估任务的完成情况并打分，学生填写自评。

表2-1-15 任务评估表

任务名称：三扇区基站开通实战训练	任务负责人： 任务组成员：	日期
评估项目	评价标准	得分情况
基站硬件配置和线缆连接（20分）	单板插板正确、线缆连接正确得20分；单板插板错误、线缆连接错误每一处扣分4分，扣完为止	
UME、WebLMT操作（8分）	UME、WebLMT操作熟练得8分；操作生疏或者不会操作适度扣分，扣完为止	
基站开通过程（32分）	能够完成8个步骤的开站操作，完成一步得4分，满分32分	
开站结果（30分）	基站开通，数据完全正确，基站正常无告警，得30分；数据错误每处扣2分，有严重告警和主要告警每处扣4分；基站没有开通，在网管上没有基站数据得0分	
任务完成时间（10分）	1h内完成得10分，每超出5min扣1分，扣完为止	
评价人	评价说明	总分
学生		
老师		

6　任务总结

通过本任务的学习，应掌握如下知识和技能。

（1）本任务主要是根据任务需求配置5G基站。学会配置5G基站，首先要学会使用配置基站的工具和软件。UME和WebLMT就是开通基站的必备工具。熟悉它们的功能并掌握使用方法是基站开通的基础。

（2）完成一个基站的开通需要8个步骤，要熟练掌握开通基站的每一个步骤。

（3）在开通基站的8个步骤中，难度最大的是编辑开站模板。如果想真正掌握开通基站的技能，不仅要学会编辑模板的方法，还要了解一些重要参数的含义，如PLMN、IP地址划分、偶联的定义、PCI、dBm和功率之间的换算关系等。

（4）在编辑开站模板中，必须掌握模板约定的一些规则，掌握单板、槽位、参数的一些表示方式。

（5）本次开站使用的硬件BBU是V9200、AAU是A9611 S35，如果使用其他硬件，一些参数会不同。例如，A9611 S35的功率是200W，如果使用其他AAU，则功率就有可能是其他数值，这一点需要注意。

（6）在任务实施后，进行总结，对实施过程中遇到的难点进行记录。

读 书 笔 记

任务 2.2

基 站 入 网

教学目标

1. 知识教学目标

（1）掌握基站入网的内容和流程。

（2）了解数字化管理和应用岗位在基站入网工作中的职责。

2. 技能培养目标

（1）能够编写基站入网申请等相关文档。

（2）能够进行基站入网操作，完成基站开通入网。

任务描述

电信公司要在某市某区域新开通4个5G基站，如表2-2-1所示。由于5G业务量猛增，急需将这批基站入网。运营商和设备厂商协商好，要在3天内完成入网。此任务分配给基站工程师张大强和网优工程师王小强，二人必须在要求时间内完成任务。

表2-2-1 开通基站记录

基站ID	基站名称	告警	工程状态
10001	×××市B站点基站1	有1条严重告警	新建
10002	×××市C站点基站1	无严重和主要告警	新建
10003	×××市C站点基站2	无严重和主要告警	新建
10004	×××市D站点基站1	有1条次要告警	新建

实施环境

（1）5G实训室，5G基站4套。

（2）PC1台。

（3）运营商信息管理系统，可以用入网流程图和建立的每一步对应的文件夹来模拟。

2.2.1　知识准备：基站入网相关知识

1　基站入网概述

基站开通之后，因为没有经过业务验证，所以基站的小区一般会人工闭塞，此时不会接入用户业务。要接入用户业务，必须在基站解开小区，完成单站验证确保基本业务无异常。在这个过程中，用户也有可能接入正在验证的小区，因此要求这个过程尽可能缩短时间，验证完成之后，设备厂商向运营商申请基站正式投入运营，这个过程叫作基站入网。基站入网之后，基站可以在设备厂商网管（如UME）和运营商的信息管理平台、资源管理平台上进行管理和维护。设备厂商网管的北向接口和运营商的信息管理平台、资源管理平台相连，可以向它们实时上报告警和定时上报性能数据。同时，新开通基站的小区纳入计费管理，进行正常计费。基站入网标志着通信工程中一个重大目标的实现：基站开通和单站验证完成。

另外，基站在经过工程优化、专项优化后，经过一段时间的运行达到了一定的可靠性要求、性能要求和管理要求，基站的工程期结束，基站的管理和维护职责转交给运营商的维护部门，进入了基站运维期，这个过程叫作运营入网。运营入网标志着通信工程中另外一个重大目标的实现：基站优化完成。

入网操作需要运营商、设备厂商、外包厂商、施工方等各方面共同参与、各司其职来完成。入网的发起者是主设备厂商，由运营商审批之后，一般由外包商进行操作。主设备厂商或者外包商收集整理各种工程资料，进行基站业务测试和验证，并按照运营商的要求进行网管和信息化系统操作及文档输出。运营商建设部门和运维部门则审核入网申请，检查确认基站的入网操作结果，并进行相关数据的调整。

2　基站入网流程

基站入网流程如图2-2-1所示。

每一步流程涉及的部门和具体职责说明如表2-2-2所示。

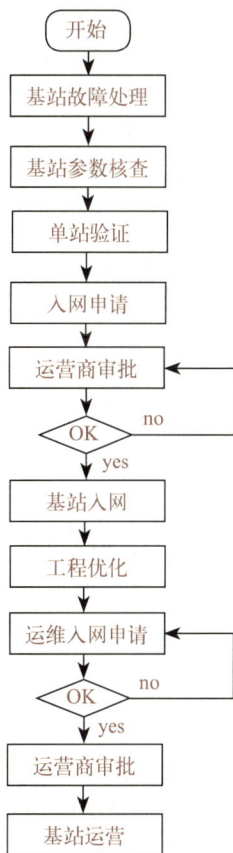

图2-2-1　基站入网流程

表2-2-2　流程具体说明

流程环节	责任部门	配合部门	职责
基站故障处理	设备厂商/外包商/施工方	运营商建设部门	1. 基站工程师处理基站的严重和主要告警，施工方配合完成基站硬件的调整； 2. 运营商建设部门配合上站，提供电源、传输等配套资源的调度
基站参数核查	设备厂商/外包	运营商建设部门	1. 基站和网优工程师进行基站参数核查； 2. 运营商建设部门配合提供规划数据
单站验证	设备厂商/外包商/施工方	运营商建设部门	1. 网优工程师进行基站的单站验证； 2. 施工方配合网优工程师完成基站硬件调整
基站入网申请	设备厂商/外包商		1. 基站工程师收集基站资料； 2. 基站工程师提交入网申请
运营商审批	运营商建设部门		运营商审核入网申请
基站入网	设备厂商/外包商	运营商建设部门/运营商运维部门	1. 运营商核心网计费数据配置； 2. 运营商信息系统更新、资源管理系统更新
工程优化	设备厂商/外包商	运营商建设部门	1. 网优工程师进行基站的工程优化； 2. 运营商建设部门配合设备厂家和外包商完成工程优化
运维入网申请	设备厂商/外包商/运营商建设部门	运营商维护	1. 基站工程师收集基站告警和性能数据统计数据； 2. 基站工程师提交基站运维入网申请
运营入网审批	运营商运维部门		1. 审核基站告警和基站性能数据； 2. 审批申请
基站运营	设备厂商/外包商/施工方	运营商维护部门	1. 基站工程师进行基站运营过程中的基站告警处理； 2. 网优工程师负责统计分析基站运营的性能数据； 3. 运营商维护部门配置基站工程师和网优工程师进行基站维护和优化工作

2.2.2　任务实施：基站入网

1　任务分析

微课：入网操作

　　基站入网的工作量主要体现在基站故障处理、基站单站验证、入网资料收集整理、入网申请发起、性能数据统计分析、文档输出等。在数字化网络管理和应用的岗位群中，包括基站安装、工程督导、勘察设计、基站开通、基站维护、网络优化、核心网开通维护等岗位。针对基站入网环节，要明确施工方、主设备厂商、外包商各方面的主要工作内容。

在《标准》（中级）中，基站工程师和网优工程师的主要工作内容如下。

基站工程师：完成基站的故障处理，配合网优工程师检查核对基站的开通数据，编制基站入网申请，进行基站入网监控。

网优工程师：核对基站的配置数据，完成单站验证，进行话务统计分析等。

2 任务实施步骤

1）基站故障处理

本次入网基站4个，其中1个基站有严重告警，1个基站有次要告警。在入网之前，基站工程师首先要尽快处理好有严重告警的基站的故障。告警处理在任务3.3中会有阐述，在此先略过。

基站开通之后，基站的状态默认为"工程状态"→"新建"，这种状态使基站的告警和性能数据不上报，以防止处于设备开通期间的告警对正常的告警产生干扰，防止开通期间较差的指标影响网络性能的KPI（关键绩效指标），以免对运营商的考核造成不良影响。

为了在故障处理过程中，使基站告警和性能数据可以正常上报，方便工程师查看故障处理的效果，分析性能数据衡量网络优化的效果，需要按照下面的方法对基站状态进行修改。

进入UME，选择"无线网元管理"→"节点管理"→"编辑网元"，在"编辑网元"界面可以看到基站的"工程状态"为"新建"，如图2-2-2所示，此时告警和性能数据均不上报。

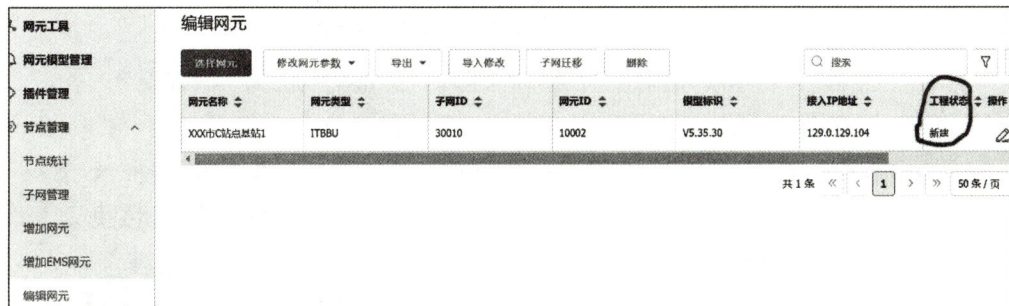

图2-2-2　基站工程状态

基站入网之后，要求告警和性能数据都正常上报，方便进行基站测试、验证和优化。单击"选择网元"按钮，选择基站，确定后单机"操作"下面"笔"形状的按钮，在弹出的"修改网元"对话框中，将基站的"工程状态"修改为"普通"，单击"确定"按钮，如图2-2-3所示。

图 2-2-3　基站工程状态修改

回到"编辑网元"界面，可以看到基站的"工程状态"修改为"普通"，如图 2-2-4 所示，这样基站的告警和性能数据可以正常上报了。

图 2-2-4　基站工程状态修改为"普通"

按照上面的操作将本次入网的 4 个基站的工程状态全部修改为"普通"。

2）基站参数核查

基站参数核查的目的是比较基站开通参数与基站的规划参数是否一致，如果不一致要立刻查明原因。如果是开通参数有误，请立即根据规划参数修改；如果规划参数不符合现场情况，要进行标识并报规划工程师确认后再逆向修改规划参数表。

参数核查包括两个方面：一是对基站的网管配置参数和规划参数进行核对，二是对基站的部分测试数据和规划参数进行核对。

（1）对基站的网管配置参数和规划数据进行核对。

基站的开通参数来源：登录 UME，单击"网络开通升级"→"开站管理"→"数据制作"→"导出模板"，选中要核对的基站后，导出的 itbbu_gulnv_planning_template 文件就是基站的主要参数文件，如图 2-2-5 和图 2-2-6 所示。

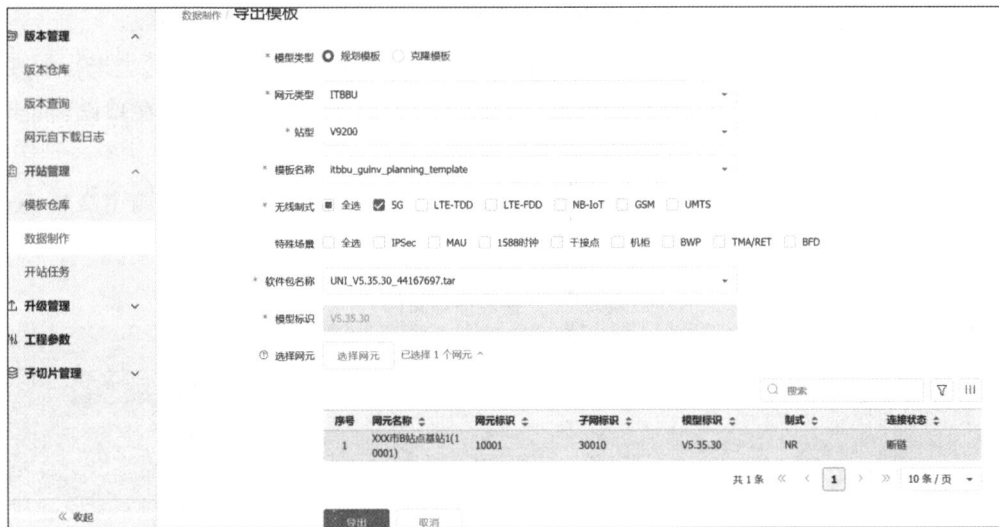

图 2-2-5 导出基站开站参数过程（一）

图 2-2-6 导出基站开站参数过程（二）

　　打开 itbbu_gulnv_planning_template 文件，选择其中的重要数据（如基站 ID、PCI、频率、带宽、帧结构）和基站的规划参数文件进行核对，确保参数和规划参数一致。

（2）对基站的部分 RF 数据和规划参数进行核对。

基站的一些规划数据，如经纬度、方位角、下倾角等数据无法在网管上进行配置，但是这些数据关系到基站的覆盖和容量，因此在核对时不能忽略，可以在单站验证时对这些数据进行现场测试并和规划数据进行核对。

核对以上两方面的数据时，如果不一致，要标示出来并说明原因，输出文档格式如表 2-2-3 所示。

表 2-2-3　参数核对文件

基站名称	×××市 B 站点基站 1				
基站 ID					
检查人	张大强				
检查时间	2021.8.23				
序号	检查参数	规划参数	配置参数/测试参数	一致性	动作
1	基站 ID	10001	10001	一致	
2	基站管理地址	120.0.129.106	120.0.129.106	一致	
3	小区 1 PCI	100	105	不一致	修改基站参数
4	小区 1 参考功率	40dBm	10dBm	不一致	更正规划文件
5	天线 1 方位角	0℃	0℃	一致	

3）单站验证

网优工程师在基站工程师的配合下，完成新开基站的单站验证，具体内容参见项目 4。

4）编制基站入网申请单

基站单站验证完成后，基站工程师编制如表 2-2-4 所示的入网申请单，提交给运营商主管部门发起入网申请。申请单主要包括本次入网的基站和入网时间，提供基站 ID 和名称以进行识别。

表 2-2-4　基站入网申请单

名称	×××市基站入网申请单
申请时间	2021.8.23
所属 UME	×××市 UME-2
基站列表	插入基站详表，包括基站 ID 和基站名称
入网时间	2021.8.25
申请人	张大强
联系方式	×××-×××-×××

5）基站入网

运营商建设部门同意基站入网后，运营商的信息管理系统开始同步基站信息，从网管的北向接口实时接受告警，定时接受性能数据，运营商的计费部门在计费系统中新增小区信息，开始对小区下的业务进行计费，基站入网完成。

6）基站工程优化

基站入网后，设备厂商的网优工程师在外包商和施工方的配合下完成基站的工程优化，工程优化的具体内容参见《标准》（高级）。

7）基站运营入网

基站工程优化完成后，由运营商建设部门发起，申请基站运营入网，运营商运维部门同意后，基站的管理和维护职责转交运维部门，基站正式进入基站运维阶段。在这个阶段中，基站工程师要继续监控和处理基站的告警，网优工程师要继续对基站进行运维优化，直至基站完成通信工程的最后一环——基站终验为止。

3　任务确认

由于基站告警监控、单站验证尚未学习，所以以基站数据核查结果文件、基站入网申请和UME网管上基站的工作状态截图作为本任务是否完成的依据。

4　任务评估

任务完成之后，老师按照表2-2-5来评估任务的完成情况并打分，学生填写自评。

表2-2-5　任务评估表

任务名称：基站入网实战训练	任务负责人： 任务组成员：		日期
评估项目	评价标准		得分情况
入网流程（50分）	整个入网操作按照流程进行操作，流程准确，操作规范，得50分；流程每缺失一步或不符合规范扣8分，扣完为止		
文档输出（30分）	入网文档输出完备、正确，符合规范，缺失一个文档扣10分；文档不符合规范每处扣2分，扣完为止		
任务完成时间（20分）	30min内完成得分20分；每超出5min扣2分，扣完为止		
评价人	评价说明		总分
学生			
老师			

5　任务总结

通过本任务的学习，应掌握如下知识和技能。

（1）掌握基站入网的内容，入网在不同工程阶段有不同含义。基站入网一般指的是基站经过单站验证后开始接入用户业务的阶段，这个阶段完成后，基站正式在UME网管、运营商信息管理系统和资源管理系统上进行管理，也开始对基站下面的业务进行计费。

（2）基站入网涉及较多环节，每个环节都有明确的任务要求。作为基站工程师，主要是完成基站数据核查、基站状态修改和告警监控与处理；作为网优工程师，主要完成基站的单站验证和优化。

（3）基站入网对文档有严格要求，必须根据工程规范要求整理基站入网文档，包括基站参数核查文档、基站入网申请文档、基站单站验证文档（本任务不要求）等。

思考与练习

一、问答题与简答题

1．基站开通有哪几种方式？如果使用基站临时IP地址开通，一般经过几个步骤？

2．组成一个最简单的基站，BBU需要配置什么单板，槽位怎么分配？

3．基站和核心网进行SCTP对接时需要哪些参数？

4．基站开通后，一般要从哪几个方面进行确认操作？如何进行操作？

5．简述基站入网中基站上管的流程。

6．在基站上管的流程中，基站工程师的主要职责是什么？网络优化工程师的主要职责是什么？

二、实战题

1．新开通一个基站，在编辑基站模板时，需要修改模板的哪几个表（sheet）？

（1）如果基站BBU的面板如图2-1所示，请编辑基站模板的BBU表。

SLOT8 假面板		SLOT4 假面板	SLOT14 VFC1
SLOT7 假面板		SLOT3 VBPd0	
SLOT6 假面板		SLOT2 假面板	
SLOT5 VPDe1	SLOT13 假面板	SLOT1 VSWd1	

图2-1　BBU面板

（2）如果这个基站包括4个AAU，AAU的型号是A9631A S35，最大输出功率为

320W，天线为64T64R，请编辑基站模板的RU表。

（3）如果4个AAU分别连接BBU基带板的3～6号光口，请编辑基站模板的cable表。

2. 有2个5G基站A和B，基站入网之后一直不上报告警和性能数据，请查明原因并使基站的告警和性能数据正常上报。

读 书 笔 记

读 书 笔 记

项目 3

基 站 维 护

本项目以学会中兴通讯 5G 基站常规维护项目为目标，设计了"基站硬件维护""基站参数修改""告警管理"3个任务。"基站硬件维护"要求读者会识别和测试硬件状态，会更换硬件；"基站参数修改"要求读者会修改基站的常规参数；"告警管理"要求读者会查询告警、会分析简单告警并确定告警的处理办法。完成本项目后，读者可以掌握基站维护的基本知识和技能，掌握在基站建设工程中进行基站维护的方法和流程，能够独立完成基站维护等相关工作，达到基站运维工程师的基本岗位能力。

任务 3.1
基站硬件维护

【教学目标】

1. 知识教学目标

（1）熟悉5G基站设备维护的内容。

（2）掌握5G设备部件更换的流程和方法。

（3）掌握5G基站维护日志的输出内容要求。

2. 技能培养目标

（1）能够根据设备指示灯判断设备故障点。

（2）会使用维护工具按照流程要求进行5G设备部件更换。

【任务描述】

电信公司在某市的值班网管电话通知现场维护工程师，某基站的BBU设备单板VBPc5故障，需要到现场进行排查。维护人员达到机房后，发现VBPc5单板硬件损坏，需要更换新的VBPc5单板，而且经过现场巡检发现，AAU设备地线受损，需要更换AAU设备地线。任务要求现场维护工程师在保证安全的情况下完成BBU设备单板及AAU设备地线更换。

【实施环境】

（1）5G实训室。

（2）连接到5G无线网管网络的电脑若干台。

（3）5G基站设备若干套，VBPc5单板一块，设备备件、尾纤、接地线缆若干。

3.1.1 知识准备：基站硬件维护知识与技能

1 BBU 维护内容

BBU设备维护的重点内容包括检查设备外表、设备连接点、线缆连接、单板运行、工作环境温湿度、接地、外部供电情况等。

1）检查设备外表

（1）检查要求：BBU外表光洁、无破损、无异物附着，机柜左右通风口300mm内无遮挡，保证散热、通风。

（2）检查步骤：

① 检查BBU外表，确保设备外表光洁，没有破损。

② 检查BBU外表，确保设备外表无氧化、无异物附着，进出风口无遮挡。

2）检查设备连接点

（1）检查要求：检查设备各安装点，确保设备安装牢固。

（2）检查步骤：

① 检查DCPD10B安装点螺钉是否紧固，如图3-1-1所示。

② 检查导风插箱安装点螺钉是否紧固，如图3-1-2所示。

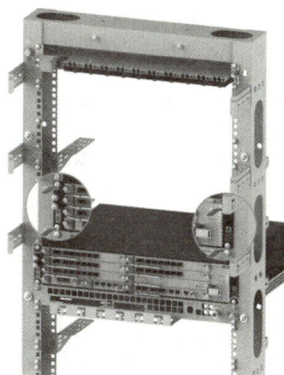

③ 检查ZXRAN V9200设备安装点螺钉是否紧固，如图3-1-3所示。

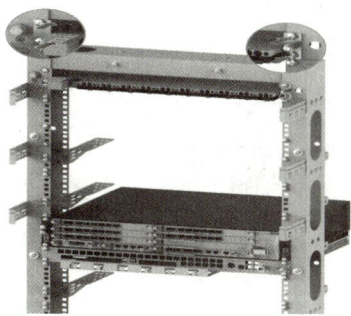

图3-1-1　DCPD10B安装点检查　　图3-1-2　导风插箱安装点检查　　图3-1-3　ZXRAN V9200设备安装点检查

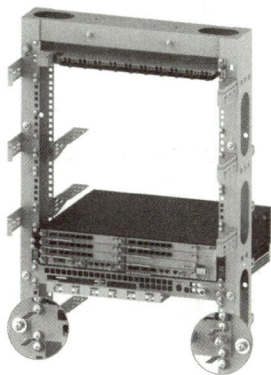

3）检查线缆连接

（1）检查要求：检查电源线缆、光纤、接地线缆和GPS射频线缆防护管连接，确保防护管无破损且连接紧固，如图3-1-4所示。

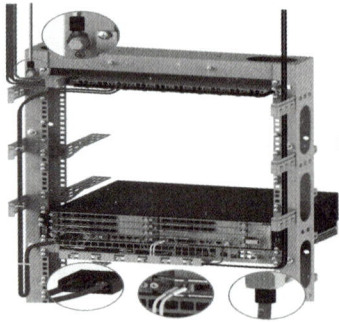

图 3-1-4 线缆连接检查

（2）检查步骤：

① 检查 GPS 射频线缆、光纤、接地线缆和电源线缆连接是否紧固，确保连接处无氧化或锈蚀。

② 检查所有线缆外观，确保线缆无破损、无断裂。

4）检查单板运行

检查要求：对照单板指示灯说明，查看指示灯是否正常，如表 3-1-1 ～表 3-1-4 所示。

表 3-1-1   VSWcx 单板正常工作指示灯说明

指示灯	颜色	含义	说明
RUN	绿色	运行指示灯	慢闪：单板运行正常
ALM	红色	告警灯	灭：无硬件故障
REF	绿色	时钟锁定指示灯	慢闪（0.3s 亮，0.3s 灭），天馈系统工作正常
ETH1 ～ ETH4	绿/红色	绿色：高层链路状态指示灯	亮：链路正常
ETH5	绿色	左：链路状态指示灯	亮：端口底层链路正常
DBG/LMT	绿色	左：链路状态指示灯	亮：端口底层链路正常

表 3-1-2   VBP 单板正常工作指示灯说明

指示灯	颜色	含义	说明
RUN	绿色	运行指示灯	慢闪：单板运行正常
ALM	红色	告警灯	灭：无硬件故障
EOF	绿/红色	绿色：高层链路状态指示灯	亮：链路正常
OF1 ～ OF9	绿/红色	绿色：高层链路状态指示灯	慢闪：链路正常

表 3-1-3   VGCcx 单板、VEMcx 单板、VFC1 单板正常工作指示灯说明

指示灯	颜色	含义	说明
RUN	绿色	运行指示灯	慢闪：单板运行正常
ALM	红色	告警灯	灭：无硬件故障

表 3-1-4   VPDc1 单板正常工作指示灯说明

指示灯	颜色	含义	说明
PWR	绿色	-48V 电源模块状态指示灯	亮：电源正常工作
ALM	红色	-48V 电源模块告警灯	灭：无故障

5）检查工作环境温湿度

（1）检查要求：ZXRAN V9200 部署在机房，可正常工作在 -20 ～ 55℃的温度和

5%～95%的湿度环境下。

（2）检查步骤：

① 用温度计测量环境温度，确保温度在设备运行要求范围内。

② 用湿度计测量环境湿度，确保湿度在设备运行要求范围内。

6）检查接地

良好的设备接地可以提供干扰信号的泄放路径。例如，把静电、雷击浪涌、高频噪声等干扰信号连接到大地，使其得以泄放，从而达到保护设备不被损坏或降低设备损伤的目的。保护环境与操作的安全。当设备危险电压与设备金属外壳意外搭接或漏电时，把外壳与大地相连接，从而使设备外壳电位等同于大地而避免对操作者产生电击的危险，保证设备之间电信号正常传输。当电信号互连时，需要提供参考基准电压，地线充当基准电压。

检查要求：检查接地点连接，确保连接牢固可靠，无氧化腐蚀，如图3-1-5所示。

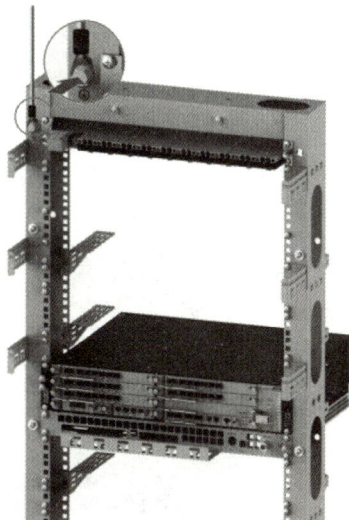

图3-1-5　接地点连接检查

7）检查外部供电情况

（1）检查要求：检查外部供电主要是量取设备供电电压，以便判断是否满足设备运行要求，ZXRAN V9200设备支持直流供电，额定电压为DC-48V。

（2）检查步骤：

① 将万用表调到直流电压挡。

② 量取供电单元的-48V和-48V RTN，如表3-1-5所示。

表3-1-5　电压值测量范围

电压值	说明
在DC-57～-40V范围内	设备供电正常
不在DC-57～-40V范围内	断电，检查供电设备

2　AAU维护内容

AAU设备维护的重点内容包括：设备安装牢固可靠，设备连接线缆未磨损、切割和破损，设备连接线缆密封良好，维护窗的盖板螺钉紧固等。

1）检查设备外表

（1）检查要求：设备外表光洁、无破损、无异物附着是保证散热、通风和设备正常工作的基本要求。

（2）检查步骤：

① 检查设备外表，确保设备外表光洁，散热齿无破损。

② 检查设备外表，确保设备外表无氧化、无异物附着。

2）检查设备连接点

（1）检查要求：检查各安装点，确保设备安装牢固。

（2）检查步骤：

① 检查设备抱杆件固定点所有螺钉是否紧固，如图3-1-6所示。

② 检查刻度盘螺栓是否紧固，如图3-1-7所示。

图3-1-6　AAU抱杆固定检查

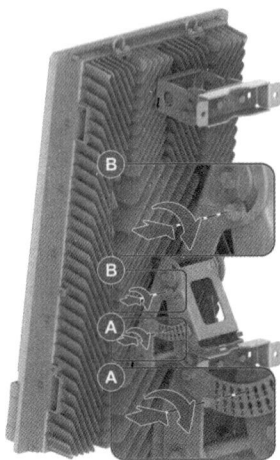

图3-1-7　AAU刻度盘螺栓紧固检查

3）设备连接线缆

（1）检查要求：检查线缆是否有破损或松脱。

（2）检查步骤：

① 检查电源线缆连接，确保电源线缆无破损且连接紧固。

② 检查接地线缆连接是否紧固，确保连接处无氧化或锈蚀。

③ 检查光纤，确保光纤连接紧固。

④ 检查所有线缆外观，确保线缆无破损、无断裂。

4）检查温湿度

（1）检查要求：AAU如果部署在室外，外部环境直接影响设备的正常工作。AAU可正常工作在-40 ～ 55℃的温度和4% ～ 100%的湿度环境下。

（2）检查步骤：

① 用温度计测量环境温度，确保温度在设备运行要求范围内。

② 用湿度计测量环境湿度，确保湿度在设备运行要求范围内。

5）检查接地

（1）检查要求：确保设备的接地地阻值小于5Ω，对于年雷暴日小于20天的地区，接地地阻可小于10Ω。

（2）检查步骤：

① 检查设备侧接地点连接，确保连接牢固可靠，无氧化腐蚀。

② 检查保护地排一侧连接，确保连接牢固可靠，无氧化腐蚀。

6）检查外部供电

（1）检查要求：ZXRAN A9631A 设备支持直流和交流供电。

直流：额定电压为 -48V，电压范围为 -57 ～ -37V。

交流：额定电压分别为 100V 和 220V，电压范围为 100 ～ 240V。

（2）检查直流供电步骤：

① 将万用表调到直流电压挡。

② 量取供电单元的 -48V 和 -48V RTN，如表3-1-6所示。

表3-1-6　直流供电测量

电压值	说明
在DC-57 ～ -37V 范围内	设备供电正常
不在DC-57 ～ -37V 范围内	断电，检查供电设备

（3）检查交流供电步骤：

① 将万用表调到交流电压挡。

② 量取供电单元的 L 和 N 端子，如表3-1-7所示。

表3-1-7　交流供电测量

电压值	说明
在AC100 ～ 240V 范围内	设备供电正常
不在AC100 ～ 240V 范围内	断电，检查供电设备

7）检查设备指示灯

检查要求：指示灯用于指示设备运行时的状态，检查指示灯是判断设备工作状态的直接手段。AAU指示灯正常运行状态如表3-1-8所示。

表3-1-8　AAU指示灯正常运行状态

指示灯	正常运行状态
RUN	闪烁（0.3s亮，0.3s灭）
ALM	灭
OPT1	闪烁（0.3s亮，0.3s灭）
OPT2/3	闪烁（0.3s亮，0.3s灭）
RGPS	闪烁（0.3s亮，0.3s灭）

3 部件更换工具

设备部件维护更换的常用工具包括活动扳手、内六角扳手、地阻仪、万用表、压线钳、剥线钳、斜口钳、防静电腕带、防静电手套、十字和一字螺钉旋具（俗称螺丝刀）、标签、防静电盒/防静电袋等。

活动扳手：如图 3-1-8 所示，其开口宽度可在一定范围内调节，是用来紧固和起松不同规格螺母和螺栓的一种工具。

内六角扳手：也叫艾伦扳手，如图 3-1-9 所示。其英文名称有"Allen key（或 Allen wrench）"和"Hex key"（或 Hex wrench）。名称中的"wrench"表示"扭"的动作，它体现了内六角扳手和其他常见工具（如螺丝刀）之间最重要的差别，它通过扭矩对螺钉施加作用力，大大降低了使用者的用力强度。

地阻仪：如图 3-1-10 所示，一种手持式的接地测量仪。地阻仪用于接地电阻的测量，并在此基础上评价接地质量。仪表配有电压钳和电流钳两个钳口。电压钳在被测回路中激励出一个感应电势 E，并在被测回路产生电流 I，仪表通过电流钳可以测得 I 值。通过对 E、I 的测量，由欧姆定律 $R=E/I$，即可求得 R 的值。

图 3-1-8　活动扳手　　　　图 3-1-9　内六角扳手　　　　图 3-1-10　地阻仪

万用表：又称为复用表，如图 3-1-11 所示。万用表按显示方式分为指针万用表和数字万用表。它是一种多功能、多量程的测量仪表。一般万用表可测量直流电流、直流电压、交流电流、交流电压、电阻和音频电平等；有的万用表还可以测量电容量、电感量及半导体的一些参数（如 β 值）等。

压线钳：如图 3-1-12 所示，用于连接双绞线与 RJ-45 头（水晶头）。

剥线钳：如图 3-1-13 所示，主要用于剥去双绞线的外皮。

图 3-1-11　万用表　　　　图 3-1-12　压线钳　　　　图 3-1-13　剥线钳

斜口钳：如图3-1-14所示，主要用于剪切导线和元器件多余的引线，还常用来代替一般剪刀剪切绝缘套管、尼龙扎线卡等。

防静电腕带：如图3-1-15所示，由柔软而富有弹性的材料配以导电丝混编而成，其导电性能好。原理为通过腕带及接地线将人体身上的静电排放至大地，故使用时腕带必须确实与皮肤接触，接地线亦需直接接地，并确保接地线畅通无阻才能发挥最大作用。

防静电手套：如图3-1-16所示，采用特种防静电涤纶布制作而成，基材由涤纶和导电纤维组成，手套具有极好的弹性和防静电性能，避免人体产生的静电对产品造成破坏。

全长约3米

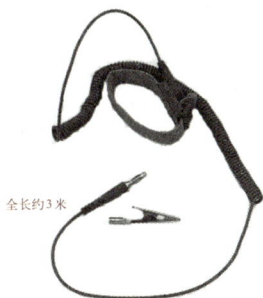

| 图3-1-14　斜口钳 | 图3-1-15　防静电腕带 | 图3-1-16　防静电手套 |

螺丝刀：如图3-1-17所示，用来拧转螺钉以迫使其就位的工具，通常有一个薄楔形头，可插入螺钉头的槽缝或凹口内，分为十字和一字两种。

防静电盒/防静电袋：如图3-1-18和图3-1-19所示，是采用防静电物质制作的元件盒/包装袋。它具有自身"不起"静电和能屏蔽外界静电的特性，常用于包装对静电敏感且易被静电损坏的敏感器件。

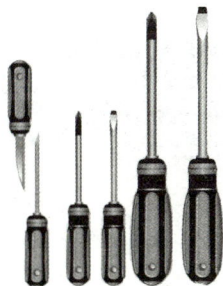

| 图3-1-17　螺丝刀 | 图3-1-18　防静电盒 | 图3-1-19　防静电袋 |

4 部件更换流程和规范

1）部件更换场景

部件更换通常在以下场景使用。

（1）设备维护：部件更换是维护人员进行设备维护的常用手段。维护人员可以通过告警或其他设备维护信息确定硬件故障的范围。若单板或机框部件因故障已经退出服务，则可以直接进行相应的更换操作。

（2）硬件升级：当部件增加新功能时，需要对硬件进行升级等。

（3）设备扩容：当对设备扩容时，可能需要对某些部件进行更换或拔插操作。

2）部件更换流程

为确保设备的运行安全，使部件更换操作对系统业务的影响程度降到最低，维护人员在执行部件更换操作时，必须严格遵守规定的基本操作流程，如图3-1-20所示。

3）部件更换规范

部件更换的正确操作如下。

（1）更换单板过程中，双手持板，禁止单手持板，如图3-1-21所示。

（2）安装单板过程中，一只手拿把手侧，另一只手扶单板边缘以正确定位，禁止单手持板，且避免从侧面对单板施加外力，如图3-1-22所示。

（3）安装单板过程中，双手保持水平，使单板与机框插槽在同一平面，禁止倾斜插拔，禁止向上或向下推压单板，防止单板弯曲变形，如图3-1-23所示。

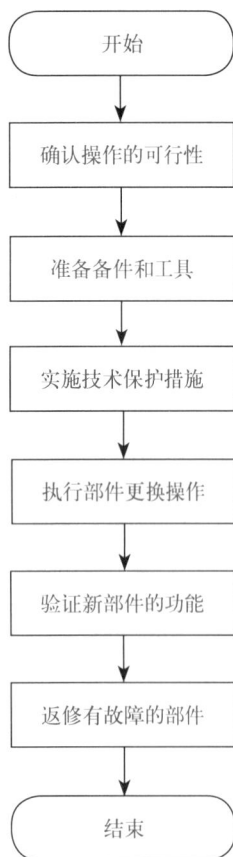

图3-1-21　双手持板

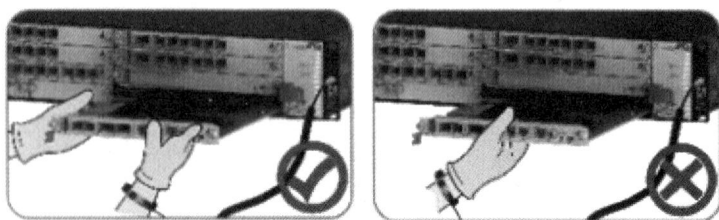

图3-1-22　单板插入

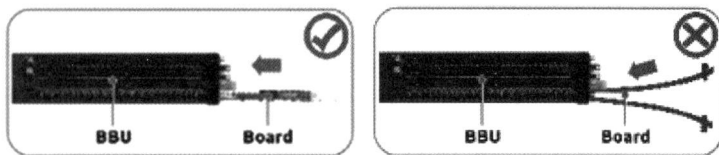

图 3-1-20　部件更换流程

图3-1-23　单板就位

5 部件更换方法

1）更换V9200设备及相关配件

更换V9200设备的流程如图3-1-24所示。

① 断开DCPD10B电源插箱上为ZXRAN V9200供电的电源开关，如图3-1-25所示。

② 拆除ZXRAN V9200端所有线缆，如图3-1-26所示。

微课：BBU维护

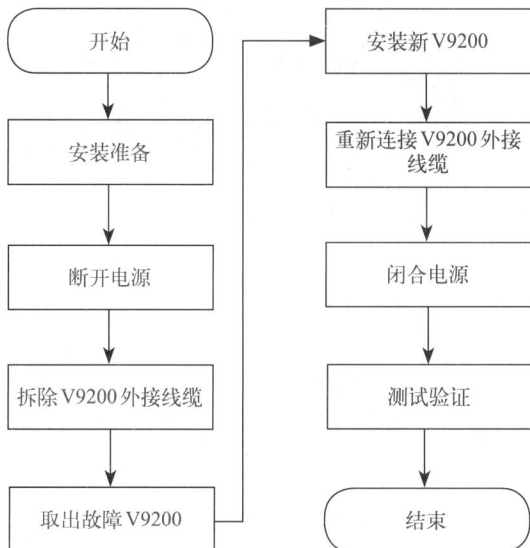

图3-1-24　V9200设备更换流程

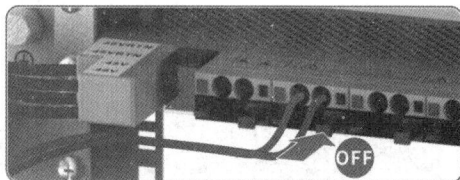

图3-1-25　断开电源开关

图3-1-26　拆除线缆

③ 松开故障ZXRAN V9200插箱上的固定螺钉，将插箱轻轻拉出，如图3-1-27所示。

④ 将新ZXRAN V9200插箱插入机柜/安装单元中，旋紧固定螺钉，如图3-1-28所示。

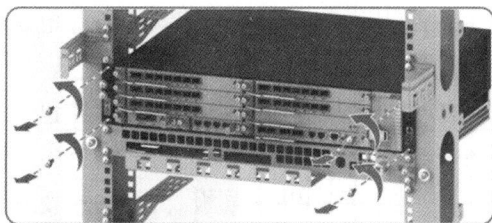

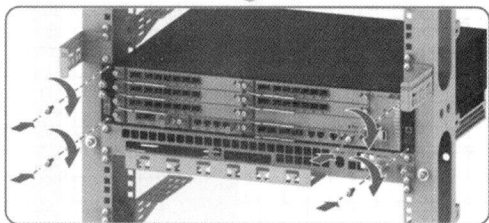

图3-1-27　拉出插箱

图3-1-28　插入机柜

⑤ 按照线缆标签记录位置，重新安装ZXRAN V9200插箱上的所有线缆，如图3-1-29所示。

⑥ 检查电源线连接，确认所有线缆全部安装正确，闭合ZXRAN V9200供电电源开关，如图3-1-30所示。

⑦ 将替换下来的ZXRAN V9200插箱放入防静电袋中，并粘贴标签，注明型号及故障信息，存放在纸箱中，纸箱外粘贴相应标签，以方便以后辨认处理，如图3-1-31所示。

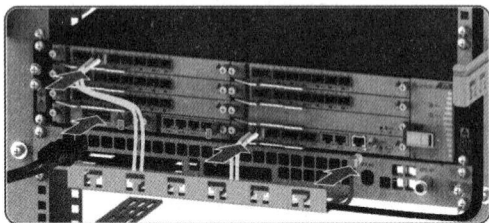

图3-1-30　闭合供电电源开关

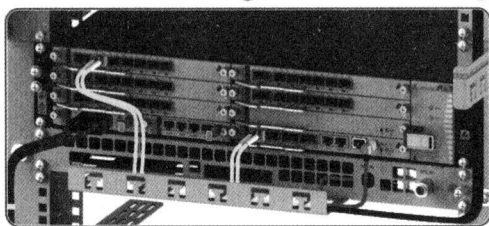

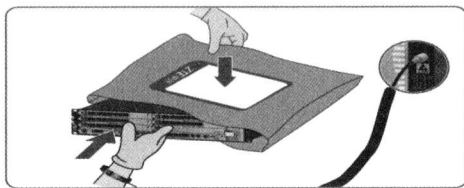

图3-1-29　插上线缆

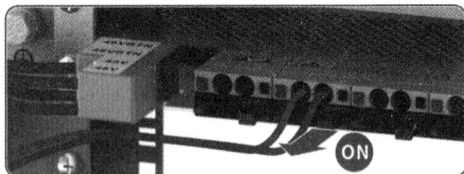

图3-1-31　将旧插箱放入防静电袋

2）更换单板

ZXRAN V9200可更换的单板包括VFC1（风扇板）、VBPdx（基带板）、VGCcx（通用计算板）、VSWcx（交换板）、VEMc1（虚拟化环境监控板）、VPDc1（电源板）。

ZXRAN V9200单板的更换流程，如图3-1-32所示。

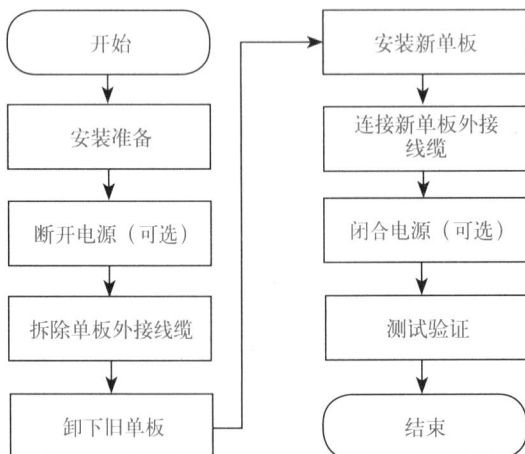

图3-1-32　单板更换流程

安装准备确认：①已佩戴防静电腕带或防静电手套；②已检查新单板，确保新单板与故障单板型号一致；③已准备好更换工具。

（1）更换VFC1单板。VFC1需要在限定时间内完成更换动作，否则由于没有风扇散热，其他单板可能发生过温甚至掉电保护。

① 握住VFC1单板的把手，均匀用力向外拉出VFC1单板，如图3-1-33所示。

② 对准插箱上、下导轨插入新VFC1单板，听到锁扣发出响声，说明

VFC1单板已经安装到位，如图3-1-34所示。

③测试新单板能否正常工作，若RUN指示灯慢闪，则更换成功，如图3-1-35所示。

④将更换下来的单板放入防静电袋中，并粘贴标签，注明型号及故障信息，存放在纸箱中，纸箱外粘贴相应标签，以方便以后辨认处理，图3-1-36所示。

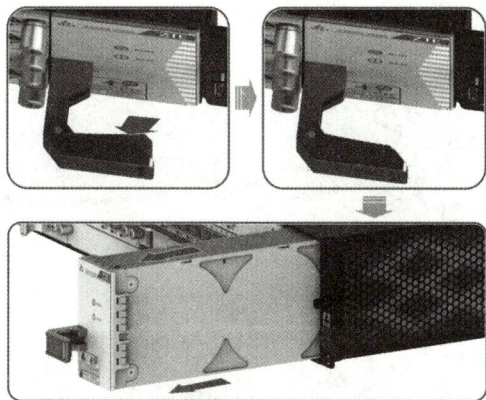

图3-1-33　拉出VFC1单板

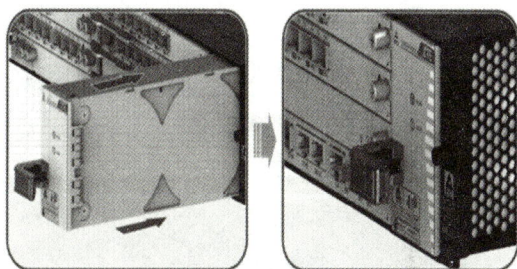

图3-1-34　插入新VFC1单板

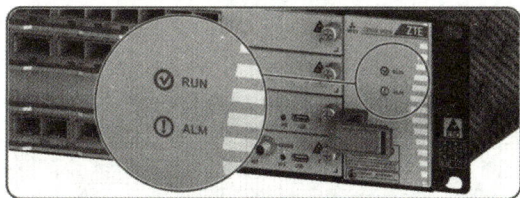

图3-1-35　查看单板是否正常工作

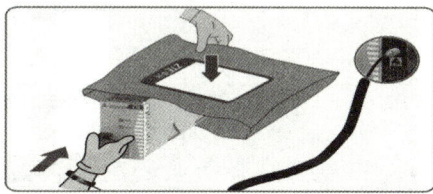

图3-1-36　将旧单板放入防静电袋

（2）更换横插单板。横插单板包括VBP（基带板）、VGCc1（通用计算板）、VSWc2（交换板）、VEMc1（虚拟化环境监控板）。

注意

　　更换独立工作的单板将导致该单板支持的业务中断，在更换单板的过程中，如果需要拔插光纤，注意保护光纤接头，避免弄脏。插入单板时，注意沿槽位插紧，若单板未插紧将可能导致设备运行时产生电气干扰，或对单板造成损害。在拔插光纤的过程中，注意标识收发线缆，避免再次插入时插反收发线缆。

　　具体更换过程作为实施任务呈现。

（3）更换VPDc1单板。

注意

　　更换VPDc1单板将导致业务中断。

①断开DCPD10B上为VPDc1供电的配套电源开关，如图3-1-37所示。

② 拆卸VPDc1电源线，先把电源插头的拉环往外拉，同时拔出电源插头（不能用蛮力插拔，以免损害电源连接器），如图3-1-38所示。

③ 拧松两边螺钉，拔出VPDc1单板，如图3-1-39所示。

④ 插入新VPDc1单板，并拧紧两边螺钉，如图3-1-40所示。

⑤ 重新安装VPDc1电源线缆，如图3-1-41所示。

⑥ 闭合新VPDc1单板供电电源开关，如图3-1-42所示。

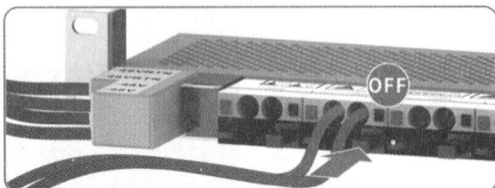

图 3-1-37　断开电源开关

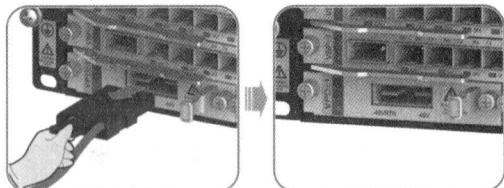

图 3-1-38　拆卸VPDc1电源线

图 3-1-39　拔出VPDc1单板

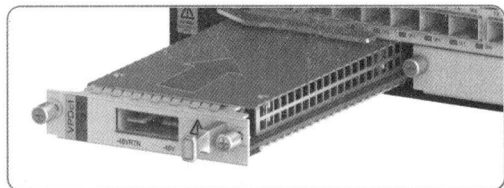

图 3-1-40　插入新VPDc1单板

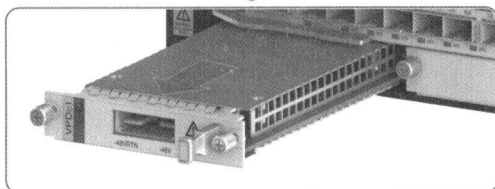

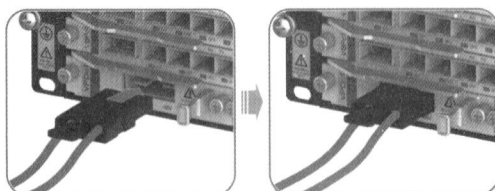

图 3-1-41　重新安装VPDc1电源线缆

图 3-1-42　闭合新VPDc1单板供电电源开关

⑦ 查看指示灯，检查新单板能否正常供电，若指示灯常亮，并且ZXRAN V9200插箱上所有单板以及风扇模块都正常工作，则更换成功。

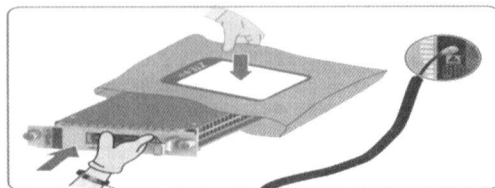

⑧ 将更换下来的单板装入防静电袋中，并放入吸塑单板盒，粘贴标签，注明单板型号、槽位、版本，分类存放在纸箱中，纸箱外粘贴相应标签，以方便以后辨认处理，如图3-1-43所示。

图 3-1-43　将旧单板装入防静电袋

3）更换光模块

注意

　　更换光模块将导致该模块支持的业务中断，在更换光模块的过程中，如果需要拔插光纤，注意保护光纤接头，避免弄脏。

① 拔掉光模块上的光纤，在光纤接头处盖上保护帽，如图3-1-44所示。

② 将光模块蓝色手柄拉下，解除锁定，并拔出故障光模块，如图3-1-45所示。

图3-1-44　拔掉光模块上的光纤

图3-1-45　拔出故障光模块

③ 插入新光模块，并将光模块蓝色手柄拉上，锁定模块，如图3-1-46所示。

④ 重新连接与光模块相连的光纤，如图3-1-47所示。

图3-1-46　插入新光模块

图3-1-47　重新连接光纤

⑤ 将更换下来的光模块放入防静电袋中，并粘贴标签，注明型号及故障信息，存放在纸箱中，纸箱外粘贴相应标签，以方便以后辨认处理，如图3-1-48所示。

4）更换线缆

ZXRAN V9200可更换的线缆有电源线缆、接地线缆、光纤、GPS跳线、以太网网线、时钟线缆、干接点、RS-485线缆等。更换线缆流程如图3-1-49所示。

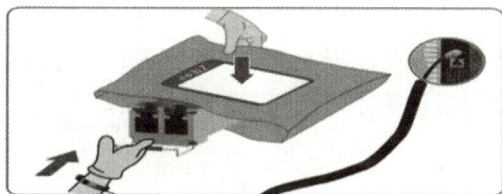

图3-1-48　将旧光模块放入防静电袋

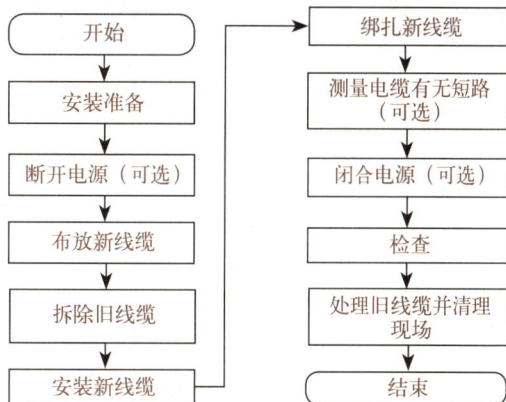

图3-1-49　更换线缆流程

（1）更换电源线缆。

① 断开DCPD10B上为ZXRAN V9200供电的电源开关，如图3-1-50所示。

② 拆除受损电源线缆，如图3-1-51所示。

图3-1-50   断开电源开关

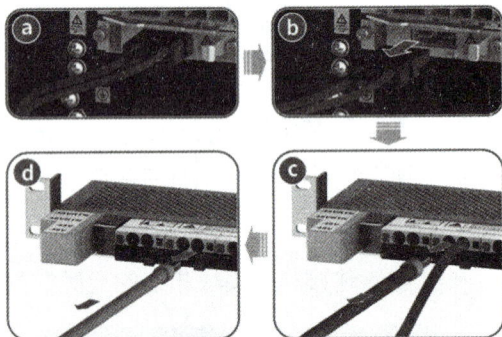

图3-1-51   拆除受损电源线缆

③ 安装新的电源线缆，如图3-1-52所示。

④ 闭合DCPD10B电源插箱上为ZXRAN V9200供电的电源开关，并确认ZXRAN V9200供电正常，如图3-1-53所示。

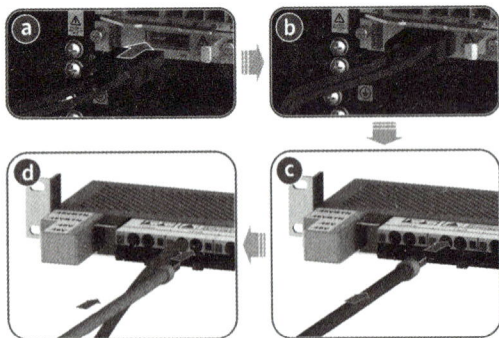

图3-1-52   安装新的电源线缆

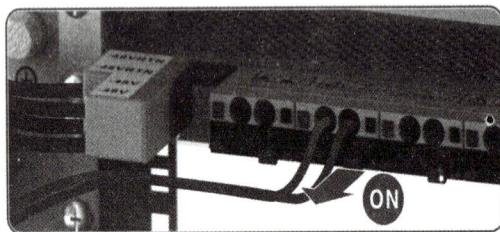

图3-1-53   闭合电源开关

⑤ 粘贴标签并绑扎线缆，如图3-1-54所示。

⑥ 将更换下来的电源线缆放入防静电袋中，并粘贴标签，注明型号及故障信息，存放在纸箱中，纸箱外粘贴相应标签，以方便以后辨认处理，如图3-1-55所示。

（2）更换接地线缆。

① 拆除受损接地线缆，如图3-1-56所示。

② 连接新接地线缆，如图3-1-57所示。

图3-1-54　粘贴标签并绑扎线缆

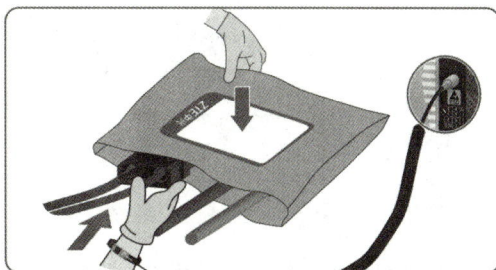

图3-1-55　将旧电源线缆放入防静电袋

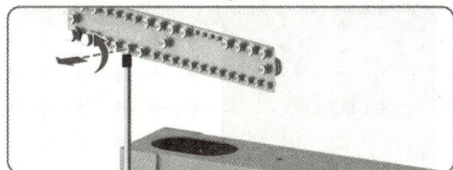

图3-1-56　拆除受损接地线缆

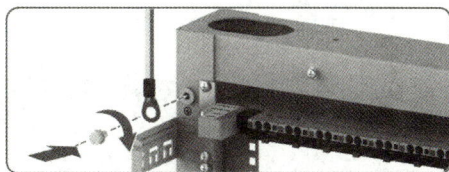

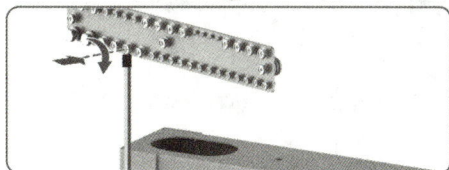

图3-1-57　连接新接地线缆

③ 粘贴标签并绑扎线缆，如图3-1-58所示，检查接地线连接位置是否正确，检查接地线接头是否紧固。

④ 将更换下来的接地线缆放入防静电袋中，并粘贴标签，注明型号及故障信息，存放在纸箱中，纸箱外粘贴相应标签，以方便以后辨认处理，如图3-1-59所示。

（3）更换光纤。

注意

在操作过程中，不要损坏光纤的保护层；保护光纤接头，避免弄脏；在拆除受损光纤和绑扎新光纤时，不可用力强拉；新光纤转折处必须弯成弧形；更换光纤会造成该光纤所承载的业务全部中断。

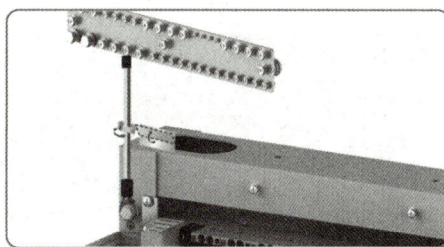

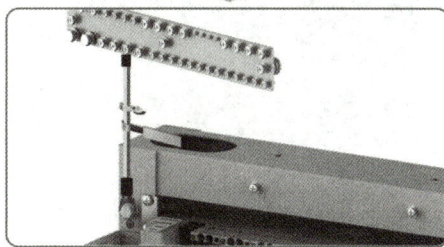

图3-1-58　粘贴标签并绑扎线缆

① 布放新光纤，新光纤的布放位置、走线方式应与所更换的受损光纤一致，如图 3-1-60 所示。

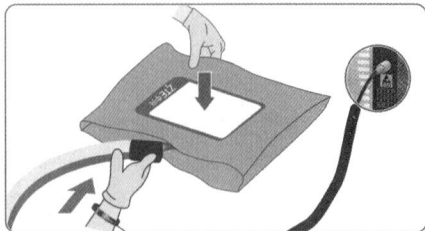

图 3-1-59　将旧接地线缆放入防静电袋

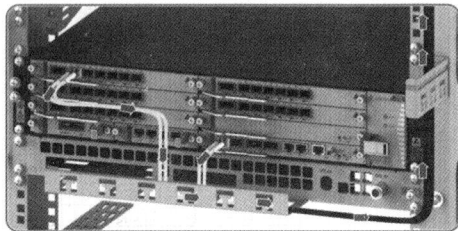

图 3-1-60　布放新光纤

② 拆除受损光纤，如图 3-1-61 所示。

③ 连接新光纤，将新光纤连接器沿轴线对准卡口，轻推插入直至听到"咔"的一声，说明连接器已经安插到位，如图 3-1-62 所示。

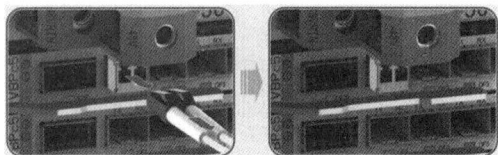

图 3-1-61　拆除受损光纤

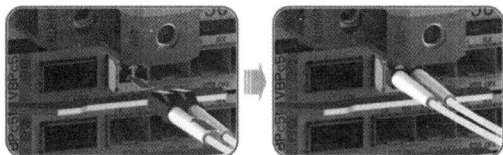

图 3-1-62　连接新光纤

④ 粘贴标签并绑扎线缆，如图 3-1-63 所示，检查光纤连接位置是否正确，检查光纤连接器是否卡紧；检查与该路光纤传输相关的告警是否消失。

⑤ 将更换下来的光纤放入防静电袋中，并粘贴标签，注明型号及故障信息，存放在纸箱中，纸箱外粘贴相应标签，以方便以后辨认处理，如图 3-1-64 所示。

微课：AAU 维护

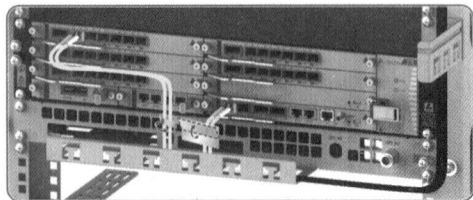

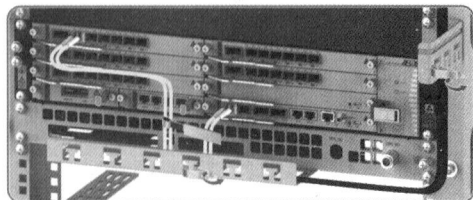

图 3-1-63　粘贴标签并绑扎线缆

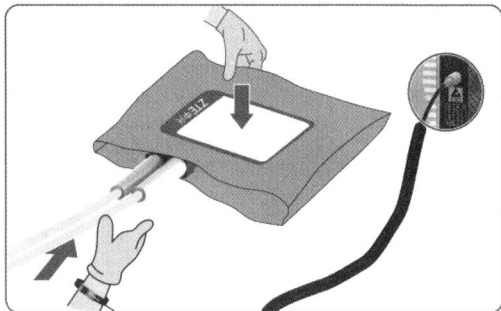

图 3-1-64　将旧光纤放入防静电袋

更换 GPS 线缆与更换光纤类似，在此不再赘述。

5）更换A9611

ZXRAN A9611是5G有源天线单元，与IT-BBU一起构成完整基站。

注意

更换ZXRAN A9611将导致该设备所承载的业务完全中断。

① 通知网管侧管理员即将进行ZXRAN A9631A整机更换，请管理员执行该站点小区的闭塞操作。

② 将故障设备下电。

③ 佩戴防静电腕带，将防静电腕带可靠接地，如无防静电腕带或防静电腕带无合适的接地点，请佩戴防静电手套。

④ 从故障设备上拆下相关线缆，线缆端口用黏性标签一一做好标记。

⑤ 拆卸故障设备和抱杆组件，如图3-1-65～图3-1-67所示。

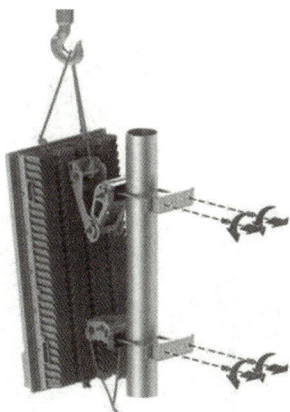

图3-1-65 捆绑吊装绳　　图3-1-66 依次拆下螺母、弹垫、平垫和抱杆紧固件　　图3-1-67 拆下设备上的抱杆安装组件

⑥ 安装新ZXRAN A9611。

⑦ 根据线缆标签标记的信息，重新安装线缆。

⑧ 设备重新上电。

⑨ 通知网管侧管理员执行该站点小区的解闭塞操作。

⑩ 设备上电后观察指示灯状态。

⑪ 处理故障设备：将更换下来的故障设备放入防潮防静电袋中，并粘贴标签，标签注明设备型号及故障信息，将故障设备存放在纸箱中，纸箱外粘贴相应标签，以便维修时辨认处理。

6）更换A9611线缆

A9611可更换的线缆有电源线缆、接地线缆、光纤、MON/LMT线缆、RGPS线缆等。线缆更换流程与ZXRAN V9200线缆更换流程相同，参见图3-1-49。

图3-1-68　拆除AAU电源线

（1）更换A9611保护地线缆。更换AAU保护地线作为任务实施案例。

（2）更换A9611电源线缆。

① 将外部供电电源开关置于关闭状态。

② 记录受损电源线缆两端的接线位置，拆除受损电源线缆，如图3-1-68所示。

③ 拆除电源线缆的另一端。

④ 安装新的电源线缆。

⑤ 将更换下来的受损线缆放入防潮防静电袋中或纸箱中，并粘贴标签，标签注明线缆的型号及故障信息。

（3）更换A9611光纤。

① 将外部供电电源开关置于关闭状态。

② 打开维护窗，记录受损光纤两端的接线位置，做好标记。

③ 拔出OPT1、OPT2或OPT3端口受损的光纤，如图3-1-69所示。

④ 拆除光纤的另一端，并安装新的光纤，如图3-1-70所示。

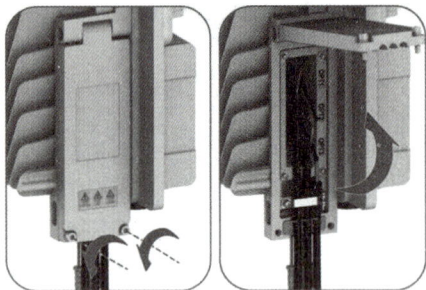

图3-1-69　拔出受损光纤　　　　图3-1-70　安装新的光纤

⑤ 将更换下来的受损光纤放入防潮防静电袋中或纸箱中，并粘贴标签，标签注明线缆的型号及故障信息。

6　维护日志输出

1）故障处理记录

故障处理完成之后，要求输出故障处理报告，如表3-1-9所示。

注意

除了一般的故障维护之外，还需要定期对设备进行维护，一般会以周和月为周期。维护完成后，一定要填写维护日志，记录维护情况。

表3-1-9 故障处理记录表

故障维护派单号	××××××
故障现象	VBPc5单板硬件损坏
处理记录	更换新的VBPc5单板
处理开始时间	
处理完成时间	
处理人签名	
备注	新单板序列号：×××××××× 旧单板序列号：××××××××

2）BBU设备维护

维护人员按照维护项目内容，定期进行设备维护，维护内容与周期如表3-1-10所示。

表3-1-10 BBU维护内容与周期

维护项目	维护周期	使用工具
检查设备外表	每周	无
检查设备连接点	每周	十字头螺丝刀
		活动扳手
		内六角扳手
检查线缆连接	每周	压线钳
		剥线钳
		斜口钳
检查温湿度	每月	温湿度计
检查单板	每周	无
检查接地	每月	地阻仪
检查外部供电	每月	万用表

维护人员根据维护周期，输出周维护记录表和月维护记录表。周维护记录表如表3-1-11所示，月维护记录表如表3-1-12所示。

表3-1-11 周维护记录表

基本信息	维护时间： 年 月 日 时 分		
	站点编号：		经度：
	详细位置：		纬度：
	维护人员：		
维护项目	检查标准		结果记录
检查设备外表	1.设备外表光洁，表面无破损； 2.设备外表无氧化，无异物附着		

续表

维护项目	检查标准	结果记录
检查线缆连接	1.电源线缆、GPS射频线缆、光纤和接地线缆的防护管套接无破损、无松动、无裂纹; 2. GPS射频线缆、光纤和接地线缆接口连接紧固,接口处防水部位无破裂; 3.线缆无破损、无断裂	
检查设备连接点	1. ZXRAN V9200机框、DCPD10B及导风插箱安装点螺钉紧固; 2.设备安装点螺钉紧固; 3.设备周围安装空间内无异物填塞	
检查单板	单板工作是否正常	

表 3-1-12   月维护记录表

基本信息	维护时间:　　年　　月　　日　　时　　分		
	站点编号:		经度:
	详细位置:		纬度:
	维护人员:		
维护项目	检查标准		检查结果
检查温湿度	1.温度: −20 ～ 55℃; 2. 湿度: 5% ～ 95%		
检查接地	1.设备接地点连接牢固可靠,无氧化腐蚀; 2.保护地排一侧连接牢固可靠,无氧化腐蚀		
检查外部供电	外部供电电压范围为DC−57 ～ −40V		

3) AAU设备维护

由于AAU设备安装环境多样,登高有限制,因此AAU设备的维护周期没有固定要求,在具备维护条件的情况下,要求维护人员按照维护项目内容,定期进行设备维护,并按要求填写维护记录表,如表3-1-13所示。

表 3-1-13   AAU设备维护记录表

基本信息	维护时间:　　年　　月　　日　　时　　分		维护人员:
	设备名称:		站点名称:
	站点纬度:		站点经度:
	站点位置:		
维护项目	检查标准		结果记录
检查设备外表	1.设备外表光洁,表面无破损; 2.设备外表无氧化,无异物附着		
检查线缆连接	1.电源线缆和RGPS线缆防护管套接无破损、无松动、无裂纹; 2. RGPS线缆和接地线缆接口连接紧固,接口处防水部位无破裂; 3.线缆无破损、无断裂		

续表

维护项目	检查标准	结果记录
检查设备连接点	1. 设备抱杆件固定点螺钉紧固; 2. 设备刻度盘螺栓紧固	
检查温湿度	1. 温度: $-40 \sim 55$℃; 2. 湿度: $4\% \sim 100\%$	
检查接地	1. 设备接地点连接牢固可靠, 无氧化腐蚀; 2. 保护地排一侧连接牢固可靠, 无氧化腐蚀	
检查外部供电	1. 直流: 外部供电电压在 $-57 \sim -37$V; 2. 交流: 设备支持100V、220V供电, 电压范围为 $100 \sim 240$V	
设备指示灯	重点检查指示灯状态, 了解设备状况	

3.1.2　任务实施: BBU和AAU维护

1 任务分析

　　BBU和AAU维护是基站现场巡检维护与故障处理的主要工作内容之一, 涉及设备硬件、运行状态、运行环境、线缆状态的巡检与维护。BBU和AAU维护是保证设备运行稳定, 确保通信网络运行的重要内容, 是必须掌握的技能。

　　BBU安装在室内, 温度、湿度、用电等环境较好, 因此BBU运行相对稳定, 但是BBU的基带板处理基带数据, 长时间高负荷工作, 而且散热较高, 因此基带板经常损坏, 在实际工程中, 基带板更换频率较高。

　　AAU大部分安装在室外, 环境恶劣, 常遭受风吹日晒、电闪雷鸣等, 因此AAU故障率相对较高。

2 任务要求

　　(1) 现场更换新的VBPc5单板。
　　(2) 现场更换AAU设备接地线。

微课: BBU和AAU
硬件更换

3 任务实施步骤

　　1) 更换VBPc5单板
　　(1) 确定故障的VBPc5单板。在C-RAN组网环境下, 机房里BBU较多, 首先要根据标签确定BBU; 确定好BBU之后, 如果BBU有2块以上VBPc5单板, 一定要注意根据指示灯状态确定出问题的单板, 否则一旦更换错误槽位的单板, 会立即造成单板上的业务中断。

　　(2) 拆除单板上的外部连接线缆, 做好标记, 如图3-1-71所示。

（3）拔出单板上的光模块，如图 3-1-72 所示。

图 3-1-71 拆除外部连接线缆

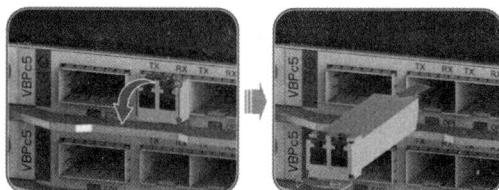

图 3-1-72 拔出光模块

（4）拧松单板两侧的螺钉，并扳开把手，如图 3-1-73 所示。

（5）拔出故障单板，如图 3-1-74 所示。

图 3-1-73 拧松单板两侧的螺钉

图 3-1-74 拔出故障单板

（6）对准插箱左右导轨均匀用力，插入新 VBPc5 单板，如图 3-1-75 所示。

（7）锁定把手，并拧紧单板两侧的螺钉，如图 3-1-76 所示。

图 3-1-75 插入新 VBPc5 单板

图 3-1-76 固定新 VBPc5 单板

（8）插入光模块，如图3-1-77所示。

（9）重新连接VBPc5上的外部线缆，如图3-1-78所示。

图3-1-77　插入光模块　　　　　　　　　图3-1-78　重新接好线缆

（10）查看新的VBPc5单板能否正常工作。如果指示灯由快闪变为慢闪（此过程需要1～2min），则更换成功。

（11）将更换下来的单板放入防静电袋中，并放入吸塑单板盒，粘贴标签，注明单板型号及故障信息，存放在纸箱中，纸箱外粘贴相应标签，以方便以后辨认处理。

（12）填写故障维护记录表，如表3-1-14所示。

表3-1-14　VBPc5单板维护记录表

故障维护派单号	2021-03-005
故障现象	VBPc5单板硬件损坏，导致小区退服
处理记录	更换新的VBPc5单板
处理开始时间	2021.3.14 13:30
处理完成时间	2021.3.14 13:50
处理人签名	张大强　133××××××××
备注	新单板序列号：034100195678 旧单板序列号：034100195231

2）更换AAU接地线

安装地点一般会有多个AAU，在安装之前一定要根据标签确定AAU。

（1）将外部供电电源开关置于关闭状态。

（2）记录保护地线缆两端接线情况，拆除受损的保护地线缆。

（3）拆除保护地线缆接地排端接地端子，如图3-1-79所示。

（4）安装新的保护地线缆，并用万用表测试，确认电流电源正常。

（5）将更换下来的受损线缆放入防潮防静电袋或纸箱中，并粘贴标签，标签注明线缆的型号及故障信息。

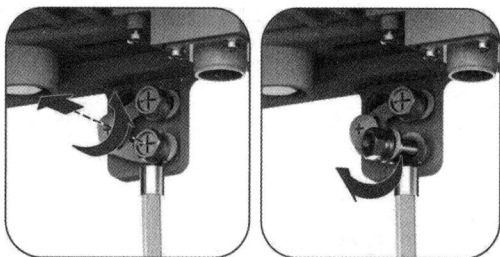

图3-1-79　保护地线缆拆除

（6）填写故障处理记录表，如表3-1-15所示。

表3-1-15　AAU故障维护记录表

故障维护派单号	2021-04-153
故障现象	AAU接地线缆破损
处理记录	更换AAU接地线缆
处理开始时间	2021.4.21 15:30
处理完成时间	2021.4.21 16:10
处理人签名	张大强　133××××××××
备注	

4　任务确认

单板和接地线缆更换完成后，电话沟通基站设备网管值班人员，确认设备单板是否正常上线，业务是否恢复，网管是否有新增告警。如网管确认正常，任务完成，可以离开现场，并将维护记录表和旧单板提交给运营商维护主管部门。

5　任务评估

任务完成之后，老师按照表3-1-16来评估任务的完成情况并打分，学生填写自评。

表3-1-16　任务评估表

任务名称：BBU和AAU维护实战训练	任务负责人： 任务组成员：	日期
评估项目	评价标准	得分情况
BBUVBP单板更换（40分）	更换操作遵循流程，操作熟练，符合规范，得40分；每缺失一步或不符合规范扣5分；单板更换失败不得分	
AAU接地线缆更换（40分）	更换操作遵循流程，操作熟练，符合规范，得40分；每缺失一步或不符合规范扣5分；线缆更换失败不得分	
维护文档（10分）	输出文档内容完备、格式规范得10分；每缺失一条内容或不符合规范，扣2分，扣完为止	
任务完成时间（10分）	30min内完成两项更换得10分；每超时2min扣1分，扣完为止	
评价人	评价说明	总分
学生		
老师		

6　任务总结

通过本任务的学习，应掌握如下知识和技能。

（1）设备更换是运维中的重要内容，因此学生必须熟练掌握BBU机框、单板、线缆更换的流程和方法，特别注意更换过程中的注意事项，如果不注意可能会引发更大的故障。

（2）能够熟练更换BBU机框、单板、AAU、线缆，并会确认更换后基站是否正常，遵循流程按照规范操作，会提高更换工作的成功率。

（3）能够熟练更换AAU、线缆，并会确认更换后基站是否正常，遵循流程按照规范操作，会提高更换工作的成功率。

（4）更换完成后一定要输出维护记录表，并提交运营商的维护部门。

读 书 笔 记

任务 3.2
基站参数修改

教学目标

1. 知识教学目标

（1）了解5G基站参数体系，掌握5G基站一些重要参数的含义。

（2）掌握在UME网管上搜索参数的方法。

（3）掌握修改基站参数的方法和流程。

2. 技能培养目标

（1）会修改基站参数并使修改的参数生效。

（2）会批量修改基站参数并使修改的参数生效。

任务描述

电信公司在某市区新开一个基站A，网优测试发现，它的1小区的PCI与一个邻区的PCI相同，因此需要修改1小区的PCI，将原来的100修改为103。

随着该市区基站数量的增多，电信公司在重新做TAC规划，规划后要求将一批基站的TAC码由1调整为2。

运营商要求工程师在保证系统安全的情况下完成参数修改。

3.2.1　知识准备：基站参数认知

1　基站参数概述

微课：基站参数认知

基站参数的组织有其系统性，一般会根据协议栈按照逻辑关联性进行组织，层次比较清晰。UME上的基站参数，可以使用"MO编辑器"查找和修改。"MO编辑器"的参数组织如图3-2-1所示。

2 基站参数快速寻找

基站的参数很多，如果逐个寻找效率很低。UME网管提供了参数搜索功能，只要在搜索栏输入参数名，即可进行模糊查询。

如图3-2-2所示，在"MO编辑器"中输入要查询的参数SCTP，按Enter键后有两种查找方式：一种是MOC（管理对象，又称网元类型）查找；另一种是属性（与参数相关的所有数据）查找。

一般先按照MOC查找，按照MOC查找的SCTP的结果如图3-2-3所示。

如果按照MOC查找不到，则可以按照属性查找，查找所有与SCTP有关的参数，如图3-2-4所示。

图 3-2-1　MO编辑器参数

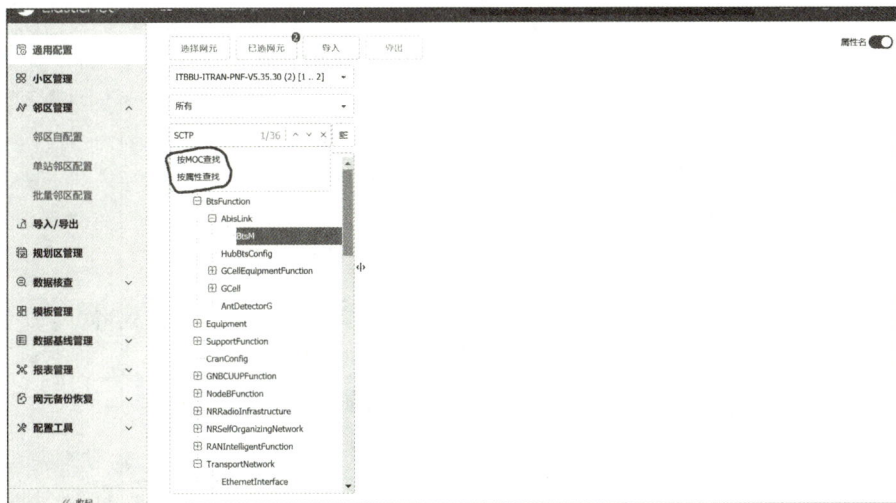

图 3-2-2　MO参数查询

3 创建规划区

在进行数据修改时，需要了解规划区的概念。规划区是基站配置数据的一个完全备份，UME系统会自动将现网区配置数据映射到所有规划区中。修改数据时在规划区进行修改，确认无误后进行激活，才会使配置数据生效，可以有效防止误操作，降低修改数据的风险。在多个规划区中对同一网元进行的操作互不影响，系统以最后一次激活的数据为准。

运维人员通过规划区管理功能创建、打开、查询和修改规划区，在规划区中对配置数据进行修改、变更数据查看、合法性检查和激活等流程，完成对网元数据的配置。

图 3-2-3　按照 MOC 查找 SCTP 的结果

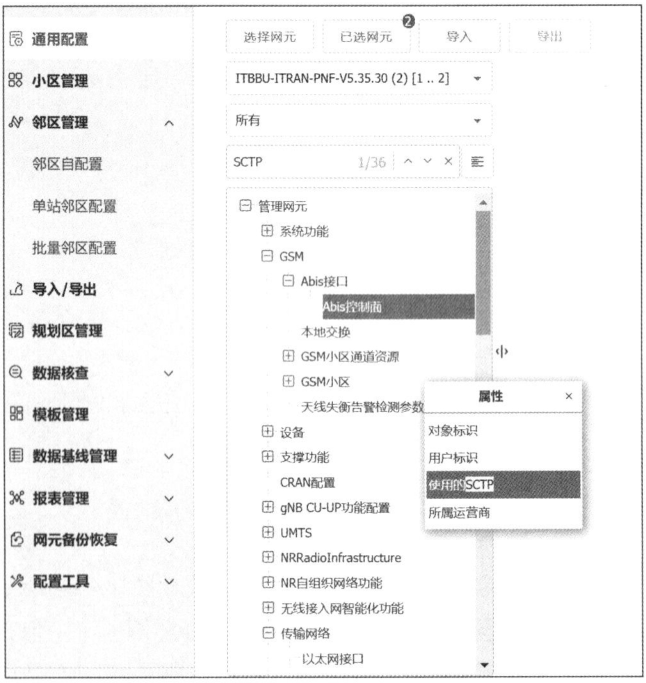

图 3-2-4　按照属性查找

要使修改的数据生效，只需要激活规划区。

可以根据需要创建规划区。登录 UME，选择"无线配置管理"→"规划区管理"，在"规划区管理"界面单击"创建"按钮，如图 3-2-5 所示，弹出"创建"对话框，在

"规划区名称"文本框中输入"数字化管理和应用",单击"确定"按钮,如图3-2-6所示。即可建立一个新的规划区,如图3-2-7所示。

图 3-2-5　创建规划区(一)

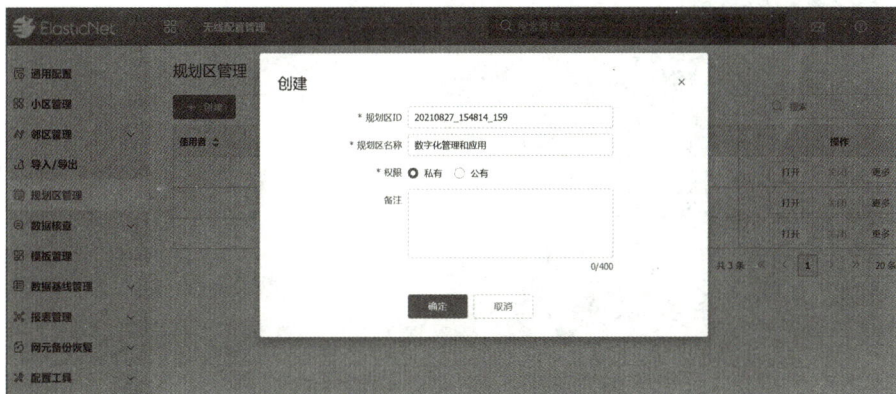

图 3-2-6　创建规划区(二)

图 3-2-7　创建规划区(三)

3.2.2　任务实施:基站参数修改

1 任务分析

修改基站数据是基站运维中经常要做的工作内容之一,业务测试、性能提升、网络优化、基站迁移割接等都需要对基站参数进行修改,因此修改基站参数是必须掌握的技能之一。但是，通信系统安全第一，在进行基站数据修改之前，建议做好修改基站的数据备份，一旦在修改数据后出错，能够及时恢复原始的基站数据。

1）基站备份

登录UME，选择"无线配置管理"→"网元备份恢复"→"网元数据备份"，在弹出的窗口中选择需要备份的基站，单击"确定"按钮，然后输入备份文件的名称，如"数字化管理和应用"，备份位置选择"本地和服务器"，这样备份文件在服务器和客户端同时各保存一份，如图3-2-8所示。

图3-2-8　基站数据备份

单击"备份"按钮之后，开始备份，如图3-2-9所示。

图3-2-9　备份文件

备份完成之后，备份文件以压缩包的方式直接显示在窗口中，并可以定位到导出的备份文件所在的目录，如图3-2-10所示。

图 3-2-10　导出的备份文件

2）基站恢复

如果修改参数后发现基站故障，可以恢复备份数据。登录UME，选择"无线配置管理"→"网元备份恢复"→"网元数据恢复"，在"网元数据恢复"界面中，选择"本地"，打开导出的备份文件的目录，选中备份文件，单击"打开"按钮，如图3-2-11所示。

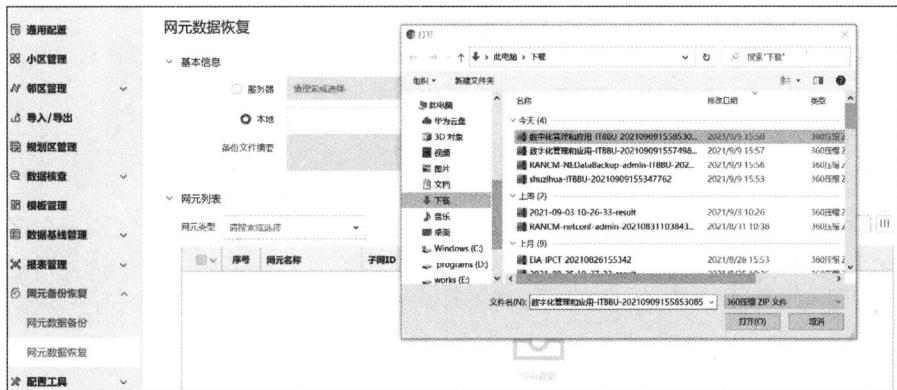

图 3-2-11　选中备份文件

返回到"网元数据恢复"界面，单击"恢复"按钮，即可完成基站数据的恢复，如图3-2-12所示。

图 3-2-12　基站数据恢复

基站参数的修改有两种方式：一种是针对某个基站修改单个参数，即在UME网管上找到要修改的参数直接进行修改；另一种是针对一批基站修改某个或某些参数，这种情况下可以导出基站模板文件后编辑模板文件，然后在UME网管上导入模板文件，这种修改模式方便快捷，适合工程期间大批量基站调整参数使用。

本任务要修改的数据有PCI和TAC两个。

（1）PCI，即物理小区标识，它是一个0～1007的整数。PCI用于无线侧UE区分不同的小区，保证在同一个位置收到的所有信号的小区没有相同的PCI，避免影响下行信号的同步、解调及切换。它在一定的距离范围内复用，如果复用距离不合适，相邻小区有重复的PCI，就会引起对某些UE不可见或切换失败的问题。

（2）TAC，即跟踪区域码。跟踪区是用来进行寻呼和位置更新的区域。跟踪区与网络寻呼性能密切相关，跟踪区规划合理，能够均衡寻呼负荷和TAC位置更新信令流程，有效控制系统信令负荷。

2　任务数据

本任务的数据如下。

（1）将新开基站A的1小区的PCI修改为103。

（2）将一批新开基站的所有小区的TAC由1修改为2。

3　任务实施步骤

微课：基站数据修改

1）PCI参数修改

（1）登录UME网管，选择"无线配置管理"→"通用配置"，打开"通用配置"界面，如图3-2-13所示，单击"MO编辑器"，进入"MO编辑器"界面。

图3-2-13　"通用配置"界面

（2）在"MO编辑器"界面，先单击"选择网元"，选择要修改的基站，这里选中新开的基站"×××市B站点基站1"，单击"确定"按钮，如图3-2-14所示。

图3-2-14 选中基站

（3）返回"MO编辑器"界面（图3-2-15）。在①的位置选择NR，在②的位置输入"物理小区ID"并按Enter键，UME会进行搜索，搜索的结果显示在③的位置，选中"物理小区ID"，结果会出现在界面右侧。选中修改的小区，单击④处的"修改"图标按钮。

图3-2-15 搜寻参数PCI

（4）在弹出的"修改模式"对话框中选择规划区，如图3-2-16所示。规划区的概念在前面已经讲过，可以选择以前定义的规划区，也可以新建一个规划区。这里新建一个名为test1的规划区，单击"确定"按钮。输入验证码确认后，test1规划区建立成功，并且系统直接进入test1规划区。

（5）再次单击"修改"图标按钮，进入修改界面，将小区1的"物理小区ID"修改为103，如图3-2-17所示。

图 3-2-16 选择规划区

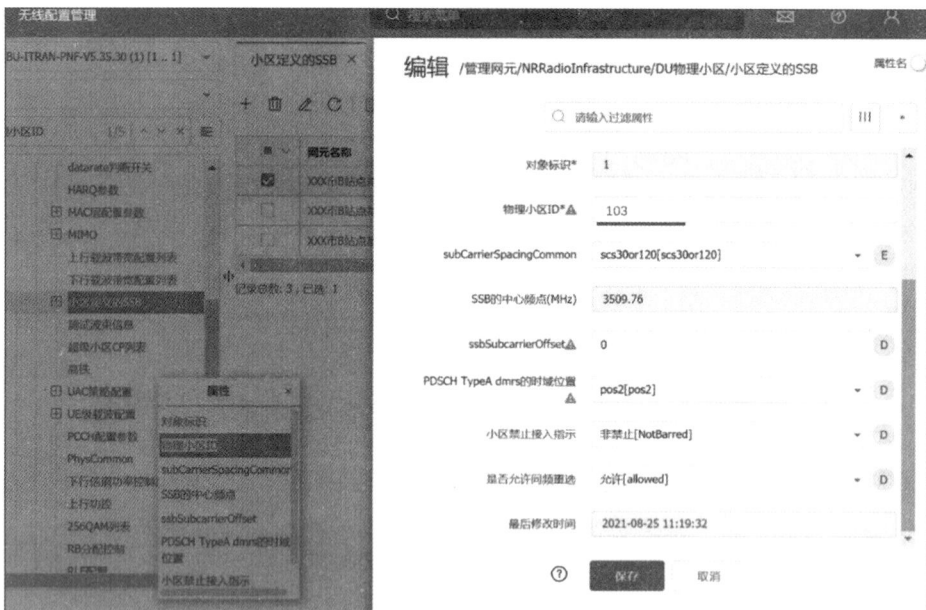

图 3-2-17 修改 PCI

（6）单击"保存"按钮，小区 1 的物理小区 ID 变成了 103，规划区显示为 test1，激活后面的数字为 1，意思是这个规划区中有一个数据发生了改动，如图 3-2-18 所示。

（7）在"MO 编辑器"界面单击"激活"。在弹出的"确认"对话框中输入验证码并单击"确定"按钮，即可激活规划区，如图 3-2-19 所示。

（8）修改的数据开始激活，激活需要一定的时间，请耐心等待。进度条显示到 100%，数据激活完成，修改的数据开始生效，如图 3-2-20 和图 3-2-21 所示。

（9）数据修改完成后，再次进入"MO 编辑器"界面，重新按照（1）～（3）的步骤查询物理小区 ID 参数，看到参数是 103，修改成功，如图 3-2-22 所示。

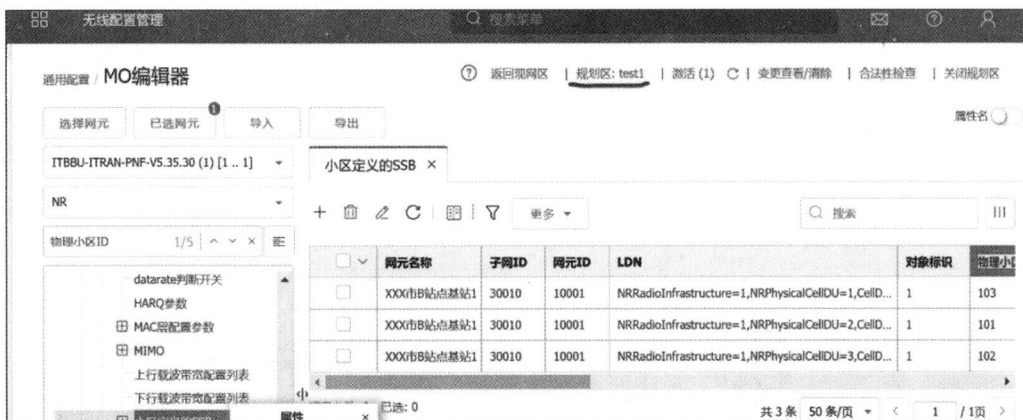

图3-2-18　数据规划区数据改动

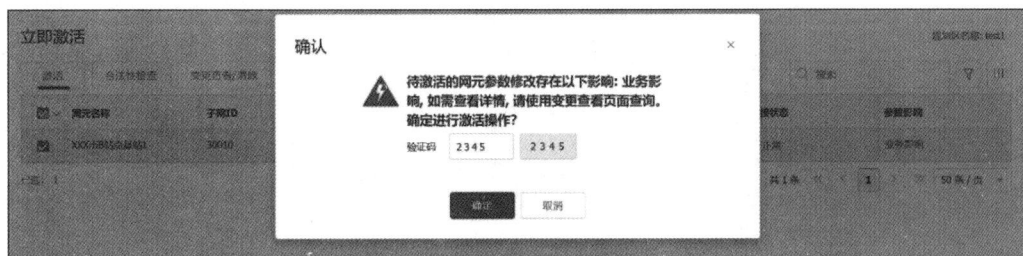

图3-2-19　确认后激活规划区

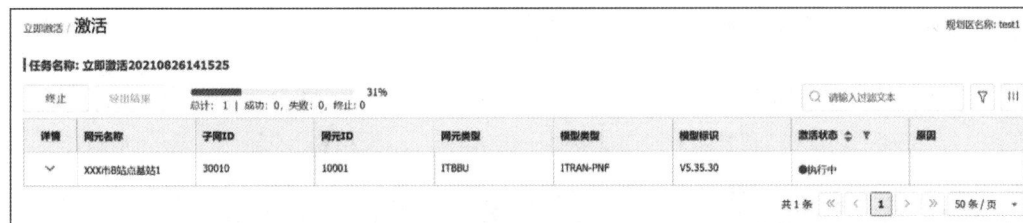

图3-2-20　数据激活中

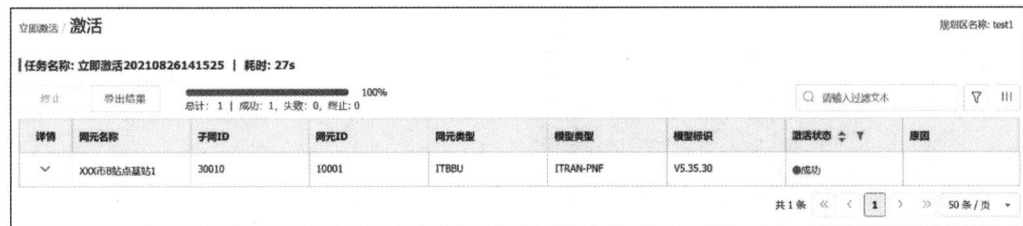

图3-2-21　数据激活成功

2）TAC参数批量修改

（1）进入"无线配置管理"→"导入/导出"界面，单击"调整小区参数"，如图3-2-23所示。

图 3-2-22 参数修改成功

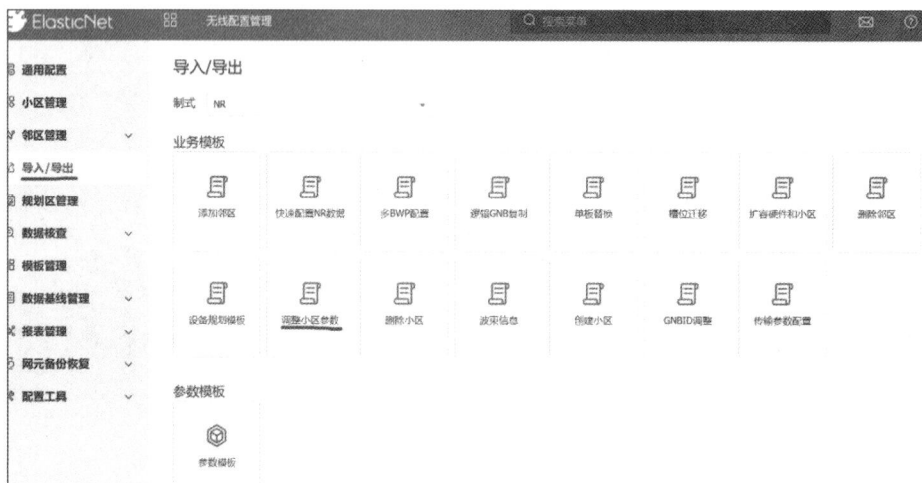

图 3-2-23 "导入/导出"界面

（2）在弹出的"调整小区参数"界面，按照图 3-2-24 进行选择，网元类型选择 ITBBU，模型类型选择 ITRAN-PNF（物理网络功能），模型标识选择当前的版本号，单

图 3-2-24 选择导出参数

击"选择网元",在弹出的界面选择要修改的基站。

（3）单击"导出"按钮，UME开始导出"调整小区参数表"，导出的表文件 setcellpara_20210826145515.xlsx在界面的左下角显示，如图3-2-25和图3-2-26所示。

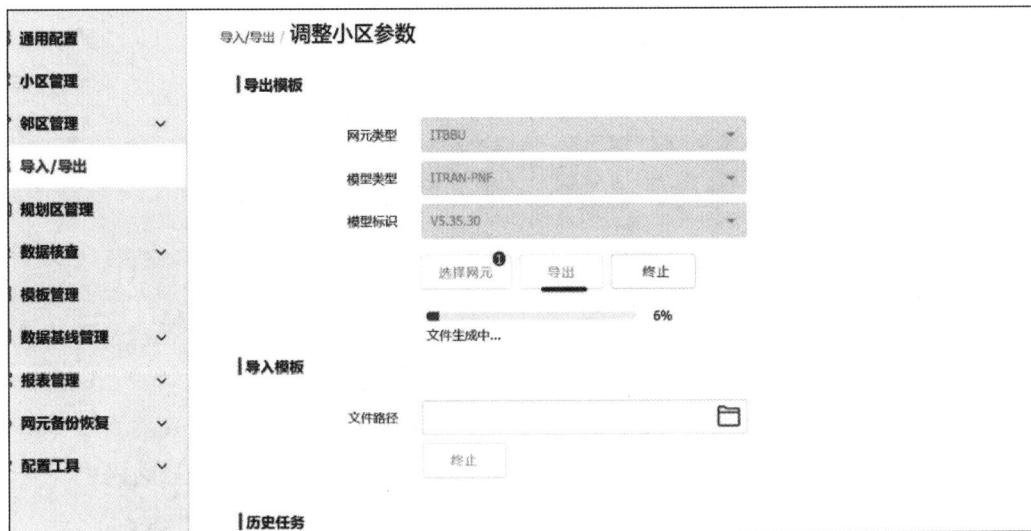

图 3-2-25　导出调整小区参数表

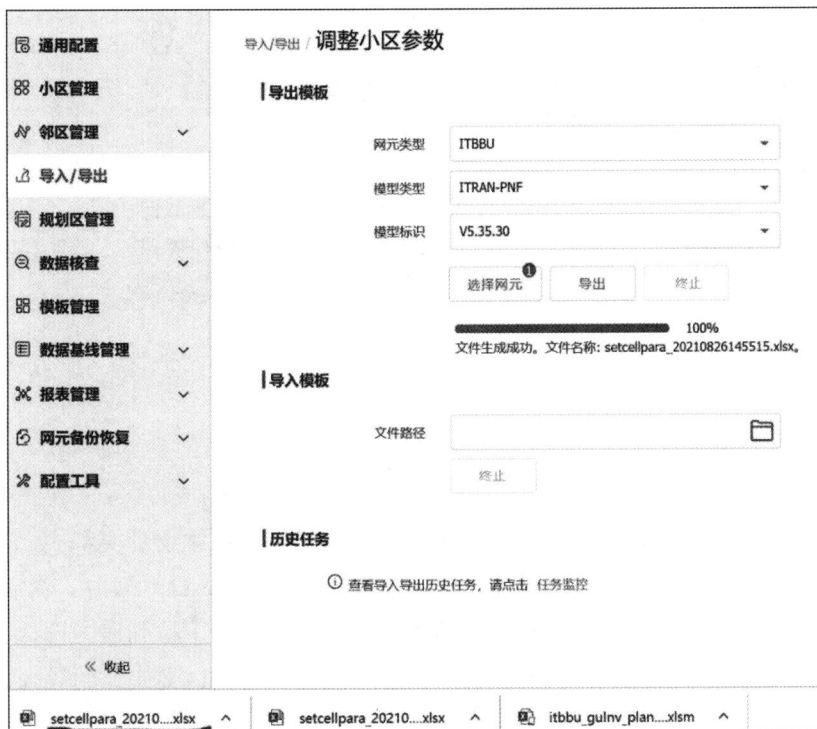

图3-2-26　导出成功

（4）将导出的文件保存到一个目录下面，并用一个容易记住的名称命名，如改成modify-cell。打开这个文件，找到NRCellDU表，有两个地方要修改：第一处，将"跟踪区域码"修改为2；第二处，将"操作指示"置为M，M是MODIFY的第一个字母，意思是修改系统中本行数据里改动的数据。修改完成后保存退出，如表3-2-1所示。

表3-2-1   调整小区参数表修改样例

MODIND	ManagedElementType	SubNetwork	ManagedElement
操作指示	网元类型	子网	网元ID
M	string	string	string
M: 修改； P: 通过； 无操作符: 数据不处理	网元类型	子网ID	网元ID
	Primary Key	Primary Key	Primary Key
M	ITBBU	30010	10001
M	ITBBU	30010	10001
M	ITBBU	30010	10001

cellLocalId	tac	configuredEpsTAC	refNRPhysicalCellDU
小区标识	跟踪区域码	配置的EPS（演进分组系统）跟踪区域码	物理小区DU标志
long:[0..16383]	long:[0..16777215] 默认值: 0	long:[0..65535]	long:[1..180] 示例: 8
小区标识	该参数用于指示PLMN内跟踪区域的标识，用于UE的位置管理	该参数用于指示配置的EPS跟踪区域码，从而支持漫游应用和EN-DC的接入限制。该参数是小区的配置参数，不会广播下去	物理小区DU标志
M	—		M
1	2		1
2	2		2
3	2		3

（5）回到"调整小区参数"界面，在"导入模板"处单击文件夹标志，弹出"修改模式"对话框，在"使用现有规划区"下拉列表中选择test2，单击"确定"按钮，如图3-2-27所示。在弹出的"打开"对话框中的"文件名"下拉列表中选择已经修改好的文件modify-cell，如图3-2-28所示。单击"打开"按钮，文件开始导入，结果如图3-2-29所示。

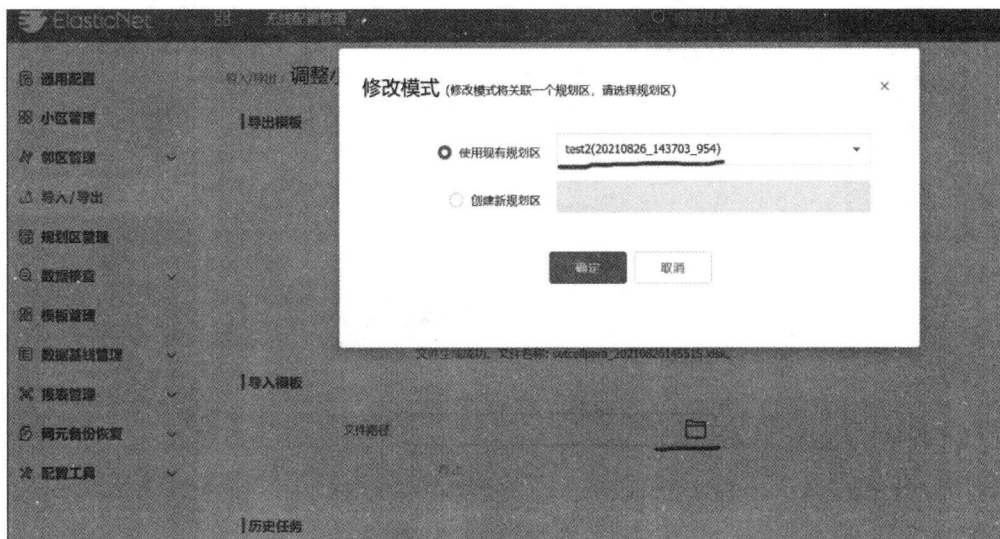

图 3-2-27　导入模板选择规划区

图 3-2-28　选择导入文件

（6）无论导入成功或者失败，导入的结果都可以查看，单击"导出结果"可以导出导入操作的日志文件。导出的文件打开后如果"结果"一列显示success，代表导入成功，"操作指示"一列显示P代表已经处理过了。如果导入失败，"结果"一列显示fail，需要修改错误后重新导入，如表3-2-2所示。

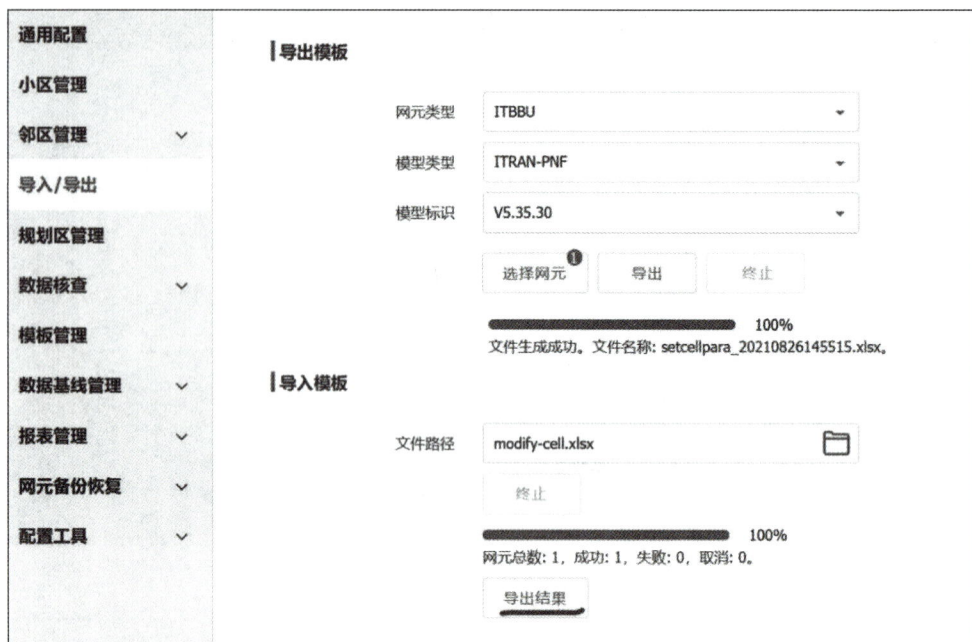

图3-2-29　文件导入成功

表3-2-2　导入表结果

Result	MODIND	ManagedElementType	SubNetwork	Managed Element	NE_Name
结果	操作指示	网元类型	子网	网元ID	网元名称
success, fail	M	string	string	string	string
	M: 修改; P: 通过; 无操作符: 数据不处理	网元类型	子网ID	网元ID	网元名称
		Primary Key	Primary Key	Primary Key	R
success	P	ITBBU	30010	10001	×××市B站点基站1
success	P	ITBBU	30010	10001	×××市B站点基站1
success	P	ITBBU	30010	10001	×××市B站点基站1

（7）激活数据，按照"PCI参数修改"中的步骤（7），激活修改后的数据，在此不再赘述。

（8）再回到"通用配置"的"MO编辑器"，重新查询"DU小区配置"参数，可以看到3个小区的TAC已经修改为2了，如图3-2-30所示。

至此，修改两个参数的任务已完成。

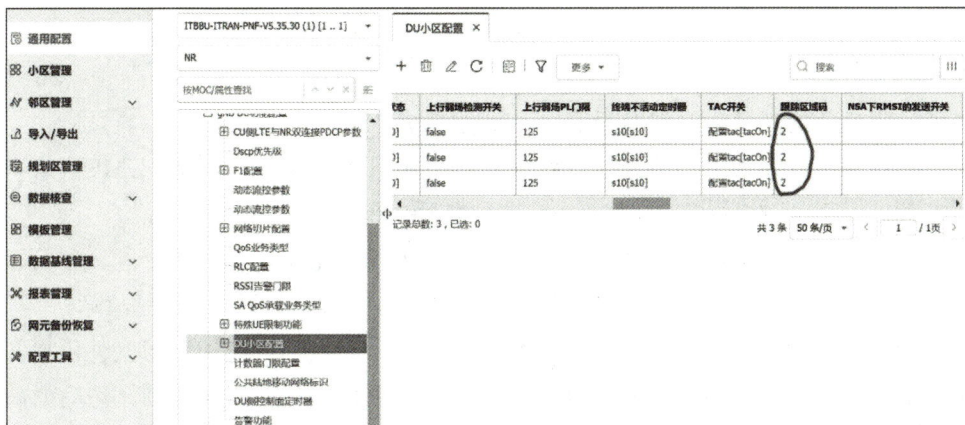

图3-2-30　确认参数修改完成

4　任务确认

本任务完成后，需要提供任务结果、输出数据等来确认是否已经完成任务，以及任务完成是否与任务要求相符，以作为考核备查或以后完成类似任务的参考。本任务的任务确认只需要导出基站的配置参数即可，请参考2.1.2节"4.任务确认"的步骤2进行操作。

5　任务评估

任务完成之后，老师按照表3-2-3来评估任务的完成情况并打分，学生填写自评。

表3-2-3　任务评估表

任务名称：基站参数修改实战训练	任务负责人： 任务组成员：	日期
评估项目	评价标准	得分情况
参数修改结果（40分）	单个参数修改正确得20分；批量参数修改正确得20分；参数修改错误不得分	
参数修改过程（30分）	熟悉参数修改流程和方法，操作熟练得30分；如果缺失步骤，每一处扣5分，扣完为止	
基站告警和状态（20分）	修改参数并激活后，基站状态正常无告警，业务正常得20分；如果出现告警一处扣5分，业务不正常扣10分，扣完为止	
任务完成时间（10分）	30min内完成修改操作得10分；每超时5min扣2分，扣完为止	
评价人	评价说明	总分
学生		
老师		

6　任务总结

通过本任务的学习，应掌握如下知识和技能。

（1）在对基站参数进行修改时，必须能够快速地查找到基站参数。UME 网管可以进行参数搜索，可以根据 MOC 或者属性进行参数查找。

（2）基站参数修改时在规划区进行修改，修改检查无误后激活规划区，参数正式生效，这种机制可以保证基站的安全性，防止基站参数修改错误引发基站故障。

（3）批量修改参数是一种快速修改参数的方法，可以使用编辑 Excel 文件模板和导入模板的方式。与修改单个参数一样，批量修改参数也采用了修改规划区然后激活规划区的机制。

读 书 笔 记

任务 3.3

告 警 管 理

1.知识教学目标

（1）掌握告警和通知的定义、告警的分类，以及不同的告警对系统的影响。

（2）了解当前告警和历史告警的区别。

（3）掌握告警查询的方法。

2.技能培养目标

（1）会使用UME网管进行告警监控。

（2）会使用UME网管进行告警组合查询。

（3）能对一般告警进行分析，处理简单的常见告警。

任务描述

电信公司在某城市的一个基站发生NG断链告警，如图3-3-1所示，导致业务中断，接到很多用户投诉，运维部要求尽快解决故障，恢复业务。

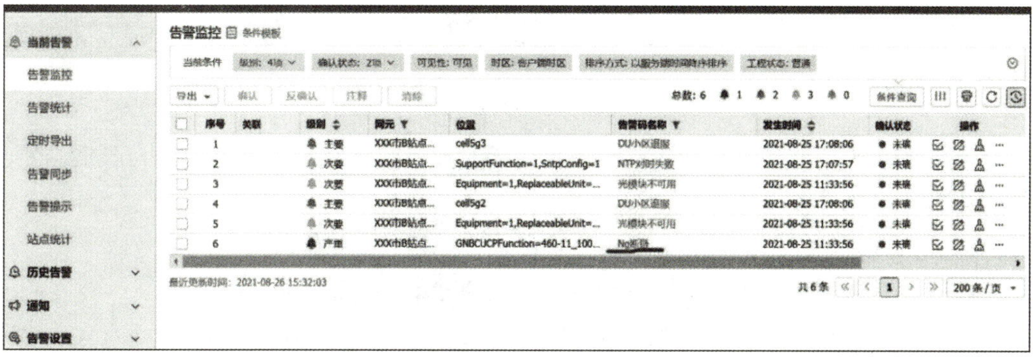

图 3-3-1　基站告警

实施情境

（1）UME客户端。

（2）5G实训室，包括5G基站、SPN、交换机和核心网设备。

3.3.1 知识准备：告警和通知认知

微课：告警管理

1 告警和通知概述

告警是对被管理网元以及UME系统本身在运行过程中发生的异常情况或者告警进行的报告，提醒维护人员及时处理。当异常或故障出现时，告警管理系统将及时准确地显示相应的告警信息。告警信息一般会持续一段时间，在问题或故障消失后，告警信息才会消失，并返回相应的告警恢复消息。

告警是了解网元、网络运行情况以及进行故障定位的主要信息来源，所以需要对告警进行有效获取和管理。为了保证网络的正常运行，网络维护人员应对告警进行监控和及时处理。

告警包括告警和通知两种类型，都是指网管自身或被管对象在某种状态发生变化后上报给网管的信息，其具体区别如下：

告警的产生预示着网管自身或被管对象发生了异常或故障，并且必须处理，否则会由于网管自身或被管对象的功能异常而引起业务的异常。用户要能够对告警进行确认和清除。

通知的发生只是告诉用户网管自身或被管对象发生了某种变化，但是不一定会引起业务的异常。用户不能对通知进行确认和清除。

告警的恢复包括两种情况，一种是故障处理好后告警自动恢复，恢复的时间是故障处理好的时间；另外一种是故障没有处理好但是故障被人为确认，此时告警在网管上不出现，但是故障仍然存在，故障的恢复时间是人为确定的时间。

2 告警级别

不同的告警对业务的影响不同，根据告警对业务的影响程度，可以分为严重告警、主要告警、次要告警和警告。

（1）严重告警表示正常业务受到严重影响，需要立即修复。

（2）主要告警表示系统出现影响正常业务的迹象，需要紧急修复。

（3）次要告警表示系统存在不影响正常业务的因素，但应采取纠正措施，以免发生更严重的故障。

（4）警告表示系统存在潜在的或即将影响正常业务的问题，应采取措施诊断纠正，以免其转变成更加严重、影响正常业务的故障。

3 当前告警和历史告警

没有经过处理或者经过处理后仍然没有恢复的告警为当前告警。这种告警会一直在当前告警中出现，直到这条告警被处理后恢复为止。经过处理后恢复的告警为历史告警。历史告警被存放在历史告警库中。

基站运维首要的是查看当前告警，及时处理当前告警中的严重告警和主要告警。在分析和定位故障时，可以查看历史告警，通过查看历史告警中该条告警出现的时间和频率帮助维护人员判断故障影响和发生的原因，确定解决办法。

4 当前告警查询

登录到UME，选择"告警管理"→"告警监控"，会显示当前所有告警，可以根据告警级别只显示相应的告警，如只显示严重告警等，如图3-3-2所示。

图3-3-2 当前告警查询

单击其中一条告警的"告警码名称"字段，可以显示该条告警的详细信息，如图3-3-3所示。

5 历史告警查询

登录到UME，选择"告警管理"→"历史告警"→"告警查询"，弹出历史告警查询

图 3-3-3　告警详情

界面，选择"查询条件"，可以快速查出最近一天或两天的历史告警，如图 3-3-4 所示。

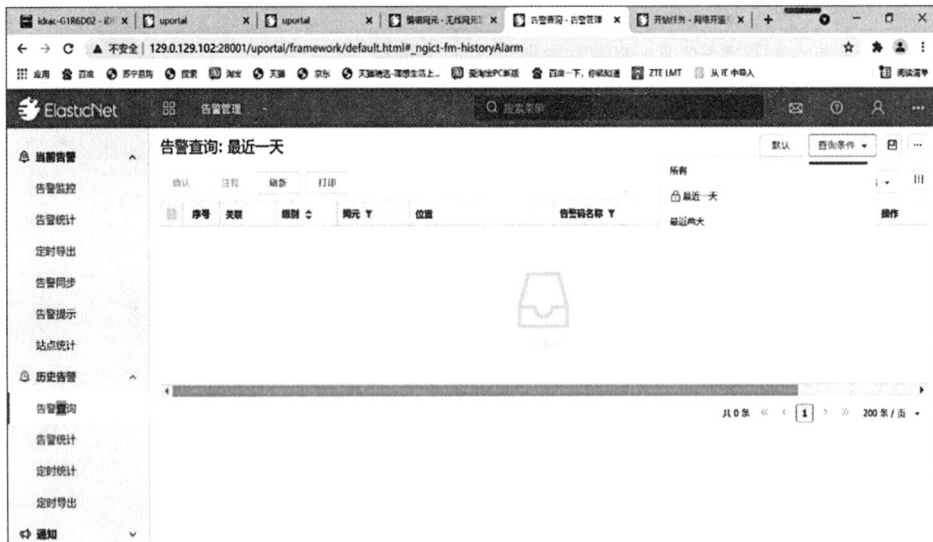

图 3-3-4　快速查询历史告警

也可以根据查询条件进行组合查询，如查询某个基站在某段时间的严重告警和主要告警，可以单击"高级筛选"按钮，如图 3-3-5 所示。

在弹出的界面中，选择"对象类型"为"网元"，单击"选择"按钮，选择要查询的基站，单击"确定"按钮，如图 3-3-6 和图 3-3-7 所示。

将界面往下拉，在"发生时间"选项中，可以选择想要查询的起止时间，如图 3-3-8 所示。

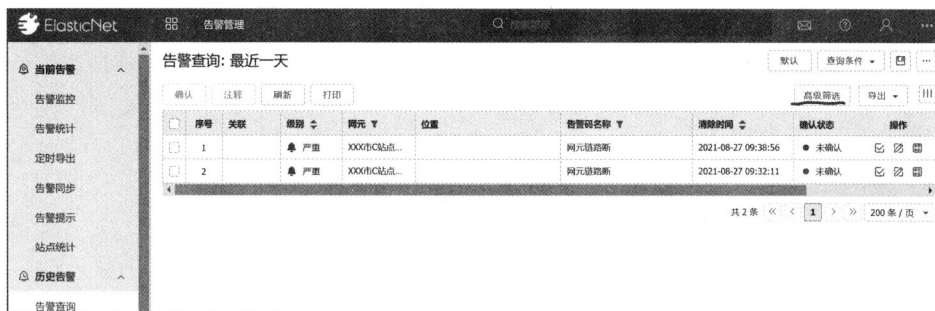

图 3-3-5 组合查询

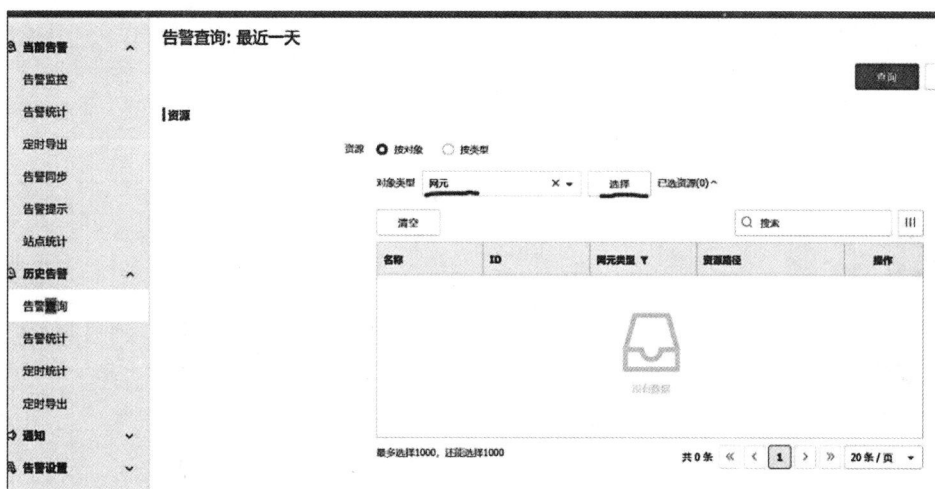

图 3-3-6 选择查询条件

图 3-3-7 选择查询基站

　　继续将界面往下拉，在"告警级别"选项中，可以选择"严重""主要"或其他级别，如图 3-3-9 所示。

　　最后单击"查询"按钮，即可查询出所选条件的所有告警，如图 3-3-10 所示。

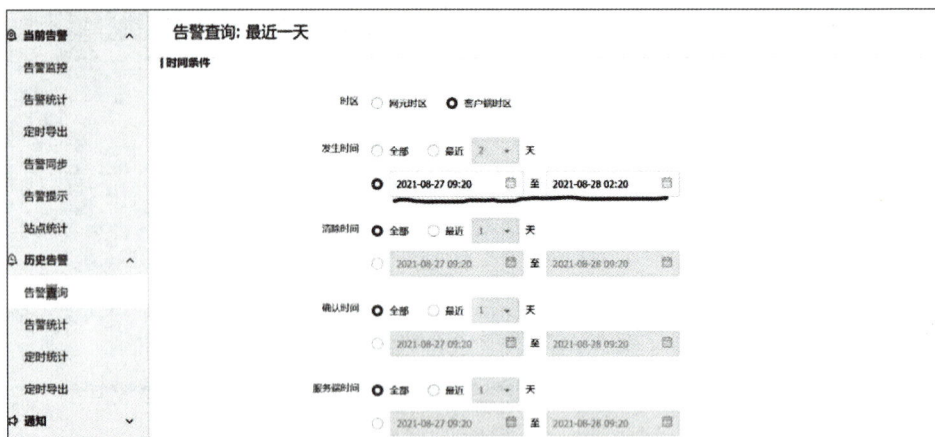

图 3-3-8　选择查询时间

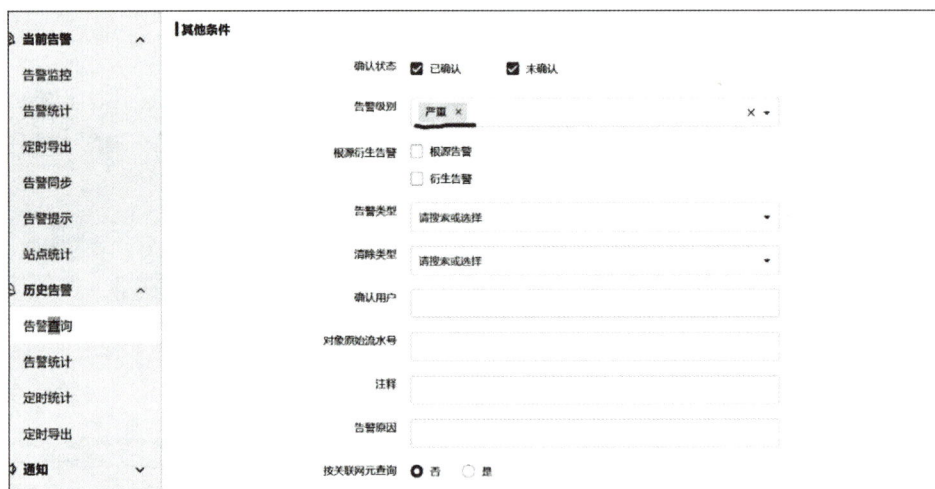

图 3-3-9　选择查询告警级别

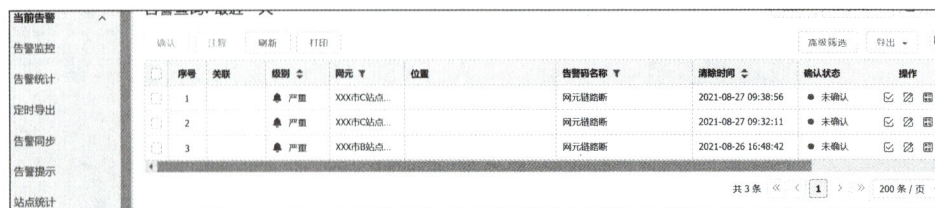

图 3-3-10　查询结果

6　通知查询

登录到 UME，选择"告警管理"→"通知"，单击"通知监控"会显示当前所有通知，如图 3-3-11 所示。单击"通知查询"可以根据组合条件查询通知，其查询方法与查询历史告警类似，在此不再赘述。

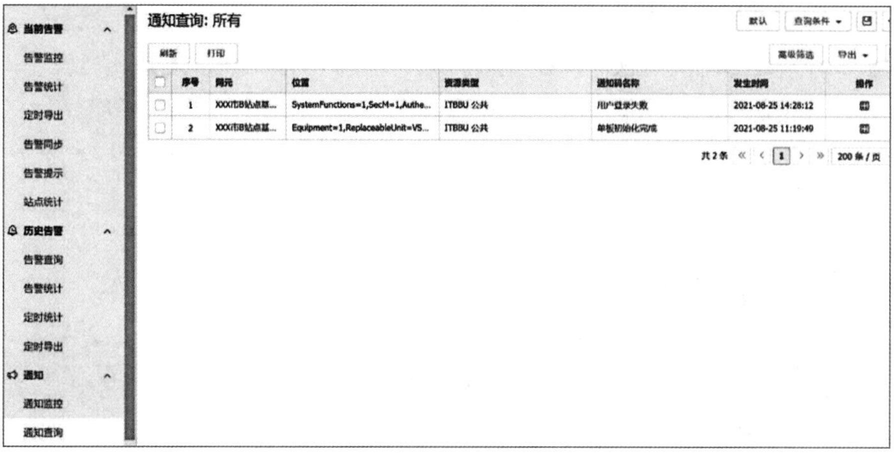

图 3-3-11　通知监控

7 告警分析

网管告警是解决故障的主要参考，所以要学会分析告警，分析告警发生的原因，分析多条告警之间的关联性。例如，网管上有一个硬件告警，除了硬件告警之外，很可能在软件、业务上都有与之相关联的其他告警，如图 3-3-12 所示。

序号	关联	级别	网元	位置	告警码名称	发生时间	确认状态
1	🔔	严重	XXX市C站点...	GNBCUCPFunction=460-11_100...	Ng断链	2021-08-27 09:52:47	● 未确 ☑
2	🔔	严重	XXX市C站点...	SupportFunction=1,ClockSyncCo...	GNSS天馈链路故障	2021-08-27 09:52:47	● 未确 ☑
3	🔔	次要	XXX市C站点...	Equipment=1,ReplaceableUnit=...	光模块不可用	2021-08-27 09:52:47	● 未确 ☑
4	🔔	严重	XXX市C站点...	SystemFunctions=1,LcsM=1	系统无可用License文件	2021-08-27 09:52:47	● 未确 ☑
5	🔔	严重	XXX市C站点...	SupportFunction=1,ClockSyncCo...	系统时钟不可用	2021-08-27 09:52:47	● 未确 ☑
6	🔔	次要	XXX市C站点...	Equipment=1,ReplaceableUnit=...	光模块不可用	2021-08-27 09:52:46	● 未确 ☑
7	🔔	严重	XXX市C站点...	GNBDUFunction=460-11_10002	基站DU退服	2021-08-27 09:52:46	● 未确 ☑
8	🔔	次要	XXX市C站点...	Equipment=1,ReplaceableUnit=...	光模块不可用	2021-08-27 09:52:46	● 未确 ☑
9	🔔	主要	XXX市C站点...	SystemFunctions=1,LcsM=1	配置数据超出License限制	2021-08-27 09:52:46	● 未确 ☑
10	🔔	主要	XXX市B站点...	cell5g3	DU小区退服	2021-08-26 00:07:06	● 未确 ☑
11	🔔	主要	XXX市B站点...	cell5g1	DU小区退服	2021-08-26 00:07:06	● 未确 ☑
12	🔔	主要	XXX市B站点...	cell5g2	DU小区退服	2021-08-26 00:07:06	● 未确 ☑
13	🔔	严重	XXX市B站点...	Equipment=1,ReplaceableUnit=51	输入电源断	2021-08-25 23:50:11	● 未确 ☑
14	🔔	次要	XXX市B站点...	Equipment=1,ReplaceableUnit=...	光模块不可用	2021-08-25 11:33:56	● 未确 ☑
15	🔔	次要	XXX市B站点...	Equipment=1,ReplaceableUnit=...	光模块不可用	2021-08-25 11:33:56	● 未确 ☑
16	🔔	严重	XXX市B站点...	GNBCUCPFunction=460-11_100...	Ng断链	2021-08-25 11:33:56	● 未确 ☑

图 3-3-12　告警分析

"光模块不可用"和"DU小区退服"告警，是由光模块故障这个硬件告警引发的两条告警。其中，"光模块不可用"是硬件告警，而"DU小区退服"则是因为光模块不可用引发的软件告警。可以将前者看成直接告警，将后者看成间接告警。因此，在解决此类告警时，应该从解决硬件告警入手，解决硬件故障之后，其相应的软件告警也会恢复。对于故障处理，更换硬件是最简单有效的处理办法。

有些告警和硬件虽然有一定的关系，但是更可能是由软件、配置参数或与其连接的设备的故障引发的，这种故障比较难定位，要求维护工程师对产品的工作原理、工作流程、硬件特性、软件和配置数据都有一定的了解，在此基础上，采取逻辑、耦合、因果、对比、替换等各种分析方法和手段，确定故障可能发生的原因，然后逐一尝试解决方法，直至最后解决问题。例如，图 3-3-13 中的 NG 断链告警就是此类告警。

告警分析和处理的目标是能够根据网管上的告警判断故障发生的原因。

图 3-3-13　NG断链告警

3.3.2　任务实施：基站断链告警处理

微课：告警处理

1　任务分析

NG 接口是 5G 基站和 5G 核心网之间的接口，分为 NG-C 和 NG-U。NG-C 是基站和 AMF 之间的接口，使用 SCTP 承载基站和 AMF 之间的信令，它们之间的 SCTP 连接又被称为偶联。因此，NG 断链就是指基站和 AMF 之间的偶联中断。基站和核心网之间建立的 SCTP 连接包括 4 个参数，分别是基站 IP、基站 IP 端口号、核心网 AMF 信令面 IP 和核心网 AMF 信令面 IP 的端口号。

因此，故障发生的原因可能会有多种，主要原因如下。

（1）BBU 相关硬件或附件损坏。

（2）基站和核心网之间的物理链路中断。

（3）基站和核心网之间的物理链路没有中断，但有可能路由中断或链路数据发生拥塞。

（4）基站和核心网之间的物理链路正常，路由正常，数据也没有拥塞，但是有可能基站和核心网的 SCTP 数据配置错误。

2　故障处理

故障处理的步骤如下。

1）检查BBU硬件和附件是否损坏

（1）检查BBU的VSW单板是否有硬件告警或者接口告警。

（2）检查光纤或网线与接口的连接是否松动。

（3）检查VSW的光模块是否有故障。

（4）检查VSW到核心网的光纤或网线是否有破损。

2）检查基站与核心网之间的连通性

基站与核心网之间的连接是通过BBU的VSW单板的光口或电口连接到同机房的承载设备的接口，然后经过承载网络连接到核心网。因此，如果传输设备故障，则链路也会中断。如果传输设备没有问题，向运维传输部门咨询这个传输设备到核心网之间的传输网络是否有物理中断。如果有中断，则等待传输部门处理；如果没有中断，继续进行下面的处理。

3）在网管上测试基站与核心网之间的链路是否正常

UME网管和WebLMT提供了测试基站与核心网之间连通性的功能，可以使用这个功能测试基站与核心网之间的链路是否正常。登录UME，选择"设备感知管理"→"传输分析"→"IP通道检测"，在弹出的界面按照图3-3-14所示选择或输入参数。

图3-3-14　测试基站与核心网之间的连通性

（1）网元：选择问题基站。

（2）VRF（虚拟路由转发）：默认为0。

（3）源IP：基站业务IP。

（4）目标IP：核心网AMF信令面IP地址。

之后单击"添加"按钮，测试任务建立成功，如图3-3-15所示。

选中任务，单击"执行"按钮，测试任务开始执行，基站向核心网AMF发送测试数据包，如图3-3-16所示。

一段时间以后测试结束，可以看到丢包率达到了100%（图3-3-17中为1000‰），说明基站与核心网之间的链路是不通的，如图3-3-17所示。因此，这个NG断链的故障就是因为传输和核心网之间中断导致的。

4）检查SCTP对接参数

假设上面测试的丢包率为0，说明基站与核心网之间的链路是通的，这种情况下需

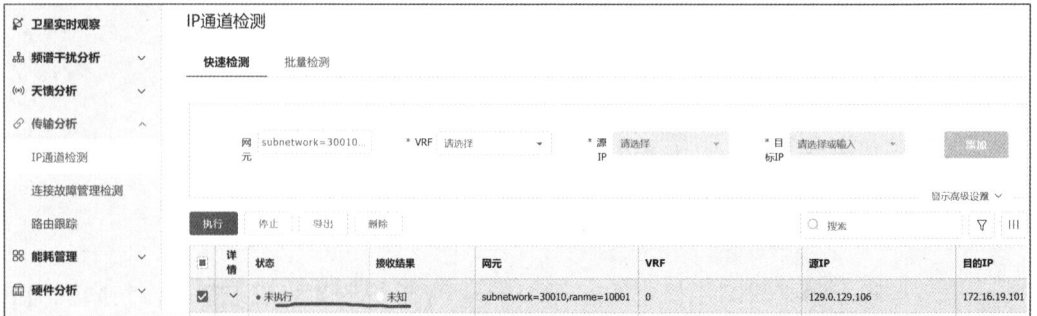

图 3-3-15   测试任务建立成功

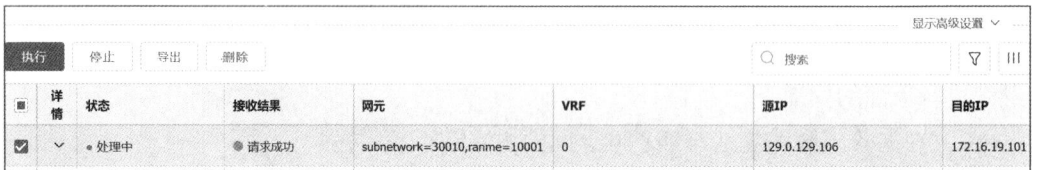

图 3-3-16   执行测试任务

VRF	源IP	目的IP	接收结果时间	发送请求个数	接收应答个数	丢包率(‰
0	129.0.129.106	172.16.19.101	2021-08-27 14:26:03 184	1500	0	1000

图 3-3-17   测试结果

要检查基站的对接参数配置。

登录UME网管，选择"无线配置管理"→"通用配置"→"MO编辑器"，进入"MO编辑器"界面。在参数输入栏输入SCTP进行MOC查找，单击SCTP，参数配置就在右侧窗口显示出来，如图3-3-18所示。

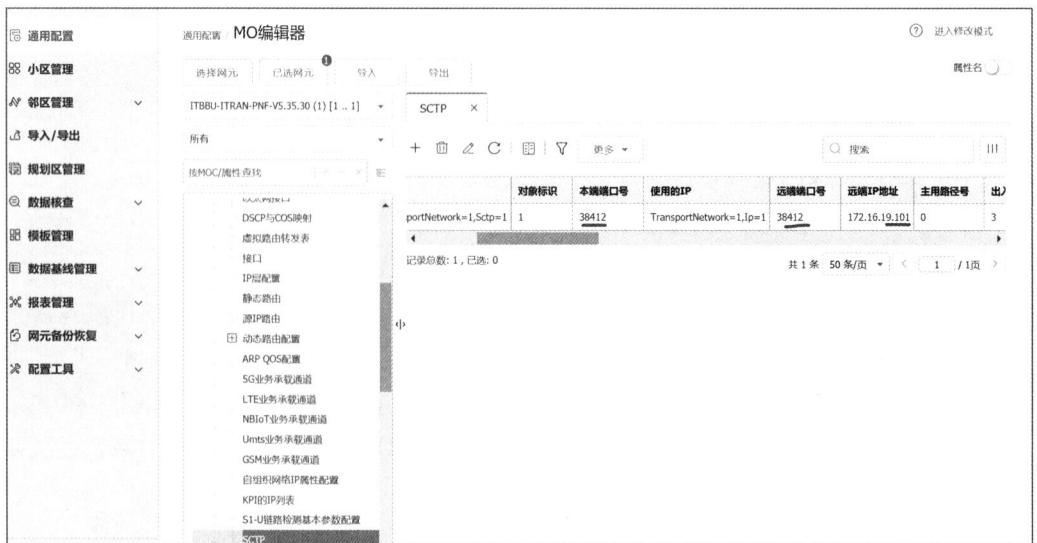

图 3-3-18   查询SCTP配置参数

根据规划参数检查"本端端口号""远端端口号""远端IP地址"3个参数是否和规划一致，如果不一致，则按照任务3.2进行修改。

3 任务确认

本任务完成后，如果网管上"NG断链告警"消失，则说明任务成功完成。建议在历史告警查询里查询"NG断链告警"，单击后进入详情界面并截图，明确告警发生的时间和告警恢复的时间，如图3-3-19所示。

2021/9/9 上午8:56		告警查询 - 告警管理	
详情			
网元	RZKF0094-ZX-S3H41-联通-(石臼联通833局基站-港一公司-日照港务局)(3197815)	告警码名称	Ng断链
关联		资源类型	NR
告警码	200201007	告警原因	NGAP建立失败（协商失败或基站无小区）
告警级别	严重	发生时间	2021-09-09 00:46:42
确认状态	未确认	告警ID	1600348774120
确认/反确认用户		服务端时间	2021-09-09 00:46:33
确认/反确认时间		改变时间	
确认/反确认系统		确认/反确认原因	
振荡计数	0	告警类型	通信告警
对象原始流水号	286	重复计数	
网元类型	ITBBU	清除用户	
清除时间	2021-09-09 00:47:42	注释用户	
链路		清除系统	
注释系统		清除类型	正常恢复(自动)
注释时间		业务	
位置	GNBCUCPFunction=460-11_3197815,EPNgC=1,NgAp=2		
切片和子切片			
注释信息			
附加信息	SCTP偶联号：4，SCTP流数：3，对端IP地址：240e:184:4009:0:0:0:0:f0，GUAMI LIST: {plmn[460-11] amfPointer=1 amfRegionID=55 amfSetID=65 guami_status=UnAvailable back_amf_exist=1 name=amfc02.amfsi041.amfri37.amf.5gc.mnc011.mcc460.3gppnetwork.org }，Location: rack=1,shelf=1,board=1。		
网元UUID	288e66fb-30e8-4872-b8a1-38a6b1420530	网元ID	3197815
网元IP	2408:8160:8B00:0FFF:0000:0004:0000:011E	关联网元	
关联网元名称		持续时间	59 秒

图 3-3-19 告警发生时间和恢复时间

4 任务评估

任务完成之后，老师按照表3-3-1来评估任务的完成情况并打分，学生填写自评。

表3-3-1　任务评估表

任务名称：基站断链告警处理实战训练	任务负责人： 任务组成员：	日期
评估项目	评价标准	得分情况
硬件检查（30分）	根据是否完成了相关的硬件检查，操作是否准确打分，满分30分；每缺失一项检查内容或操作错误，扣5分，扣完为止	
基站与核心网之间链路检查（10分）	完成检查得10分；不会操作或操作失误不得分	
基站与核心网之间ping测试（20分）	完成测试且无错误得20分；不会操作或操作错误每次扣5分，扣完为止；不会测试不得分	
对接参数核查（20分）	完成参数检查且检查结果正确得20分；不会检查参数或检查错误每处扣5分，扣完为止	
任务完成时间（20分）	30min内完成得20分；每超时1min扣1分，扣完为止	
评价人	评价说明	总分
学生		
老师		

5　任务总结

通过本任务的学习，应掌握如下知识和技能。

（1）告警是网管系统提供的一种反应设备非正常运行状态的报告，告警分为4种级别：严重告警、主要告警、次要告警和警告。其中的严重告警和主要告警可能会直接造成基站的业务中断或业务性能下降，需要维护人员及时处理。

（2）通知也是告警的一种形式，它反映了通信设备硬件、软件的状态变化，不会影响业务，但可以为处理故障提供有价值的参考。

（3）当前告警说明了设备的故障仍然存在，历史告警说明故障曾经发生过，但现在已经处理好。维护人员应该首先关注当前告警。

（4）一个故障可能会从多方面产生多条告警，在分析这些告警时，要注意这些告警之间的关联关系，首先处理最底层的告警，一旦底层告警处理好，其他告警也有可能会消失。

（5）NG断链告警是最常见的告警，基站和核心网之间的物理链路故障、路由故障、数据拥塞以及数据配置错误都会引发此告警，排查时要从多方面入手，逐一排查。

思考与练习

一、填空题

1. BBU设备维护的重点内容包括 _____、_____、_____、_____、_____、_____、_____、_____等方面的检查。

2. 告警分为 _____、_____、_____和 _____4种级别，其中 _____和 _____需要重点关注并及时处理。

3. 已经发生但是没有处理好的告警叫作 _____告警，已经发生但已经处理好的告警叫作 _____告警。

4. PCI参数是指小区的 _____，它的取值范围是 _____。

二、思考题

1. 如果在BBU更换单板的过程中，不当操作导致BBU设备掉电，这时该如何操作？

2. 一个基站的NR DU小区状态为退服状态，其可能的原因是什么？

3. 假设BBU上的VBP单板发生了重启，网管会上报哪种告警？

三、实战题

1. 一个基站开通时的小区RE参考功率设置为15dBm，如果要增加到17dBm，请在UME上修改这个参数。

2. 维护人员要查询2021年9月1号上午10点到下午2点某个基站发生的严重告警，请在UME上按照要求进行查询。

读 书 笔 记

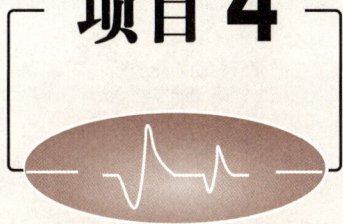

项目 **4**

网 络 优 化

　　本项目从掌握知识和学习技能的相关性和逻辑性入手，以学会中兴通讯 5G 基站单站验证为目标，先知识后任务，由简单到复杂，设计了"DT 和 CQT 测试"和"单站验证"两个任务。完成本项目后，可以掌握 DT（路测）和 CQT（呼叫质量测试）基本知识和技能，学会在站点开通后进行 DT 和 CQT 测试，能够独立完成单站验证工作，达到网优测试工程师的基本岗位能力。

任务 4.1

DT 和 CQT 测试

教学目标

1. 知识教学目标

（1）了解网络优化的主要内容。

（2）了解DT和CQT的功能。

（3）掌握网络优化的基础理论。

（4）掌握DT和CQT工具的使用。

2. 技能培养目标

（1）会新建和维护基站的工勘参数。

（2）会DT和CQT，会采集测试log。

（3）会统计测试指标。

任务描述

电信公司某公司在某市区开通一批基站，小区新建的基站采用了C-RAN组网模式，BBU安装在2km外的某模块局，类型为ZXRAN V9200，传输使用光纤接到机房的SPN设备上。其中，用户A反映某站点周围道路上信号差，上网慢；用户B反映某公交站牌附近信号差，打开网页速度慢，看电影卡顿。

要求：对用户A反映的周围道路（图4-1-1）完成DT测试验证；对用户B反映的某公交站牌位置（图4-1-2）完成CQT测试验证。

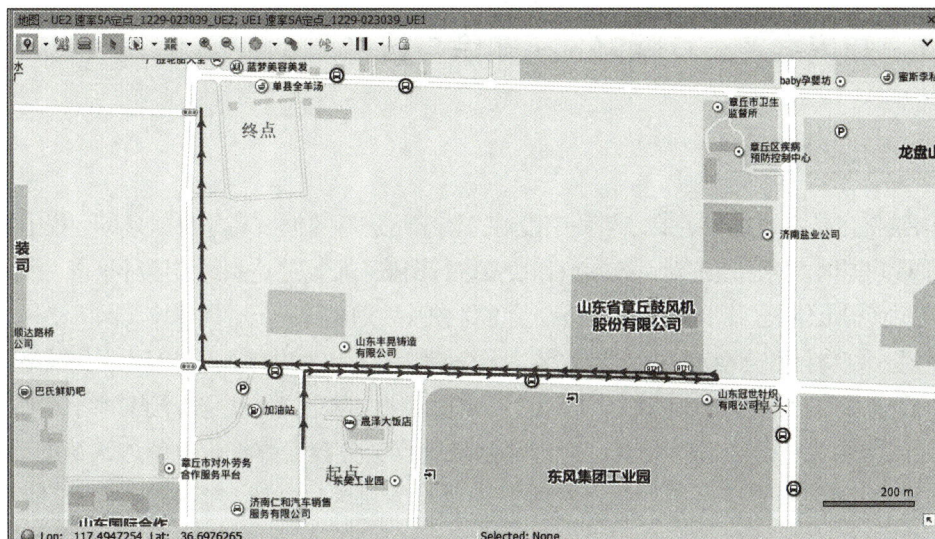

图4-1-1 A用户反映问题路段

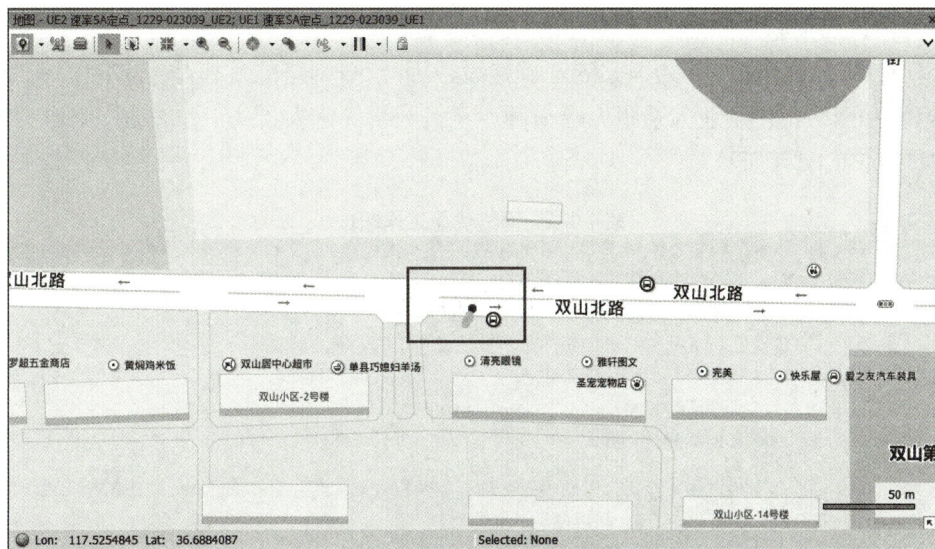

图4-1-2 B用户反映问题地点

实施环境

（1）笔记本电脑若干台。

（2）测试软件若干套。

（3）测试终端若干台（含测试卡）。

（4）GPS接收器若干台。

（5）逆变器/移动电源等若干套。

4.1.1 知识准备：DT和CQT知识与技能

1 网络优化概述

网络优化是指通过一定的方法和手段对通信网络进行数据采集与数据分析，找出影响网络质量的原因，然后通过对系统参数和设备进行调整，使网络达到最佳运行状态，使现有网络资源获得最佳效益，同时也对网络今后的维护及规划建设提出合理建议。网络优化主要包括无线网络优化和交换网络优化两方面。无线网络优化是关注的重点，因为无线网络错综复杂，严重制约着通信网络的质量，所以在一定程度上，网络优化就是指无线网络优化。

无线网络优化是通过对现有已运行的网络进行话务数据分析、现场测试数据采集、参数分析、硬件检查等手段，找出影响网络质量的原因，并通过参数的修改、网络结构的调整、设备配置的调整和采取某些技术手段，确保系统高质量运行，使现有网络资源获得最佳效益，以最经济的投入获得最大的收益。

1）网优岗位职责

5G网络建设已经上升为国家的基础建设，因此5G网络的规模是空前的，5G网络建设维护和网络优化从业人员也大幅上升。无线网络优化人员从工作职责上可以分为3类，具体如表4-1-1所示。

表4-1-1 网络优化工作职位

岗位名称	工作职责
DT和CQT工程师	1.周期性和定期开展DT和CQT测试； 2.进行无线网络设备软件版本升级或补丁的入网测试验证； 3.输出日常网络优化报告； 4.天馈系统调整； 5.其他临时性任务
投诉处理工程师	1.通过用户投诉及时发现并处理影响网络质量和客户感知的问题，熟悉常见的投诉问题，能有效、有针对性地解决问题； 2.对常用通信设备和智能终端进行操作； 3.与客户进行良好沟通，了解用户诉求； 4.本着对网络和客户负责的态度解决问题
系统分析工程师	1.基础数据管理； 2.参数管理； 3.指标监控； 4.小区问题处理； 5.日常MR数据分析； 6.无线资源调整； 7.专题优化； 8.无线网络设备软件版本升级或补丁入网测试验证； 9.其他临时任务

2）网络优化内容和流程

5G优化工作涉及4G退频、锚点优选、4G/5G协同、参数继承、天面规整、室内外同频干扰等一系列问题，因此保障网络稳定、减少对现网影响是5G网络优化工作面临的主要任务和挑战。

根据网络优化在5G网络建设不同时期的工作重点，可以分为工程优化、日常运维优化和专项优化3个阶段，每个阶段的内容和流程如图4-1-3所示。

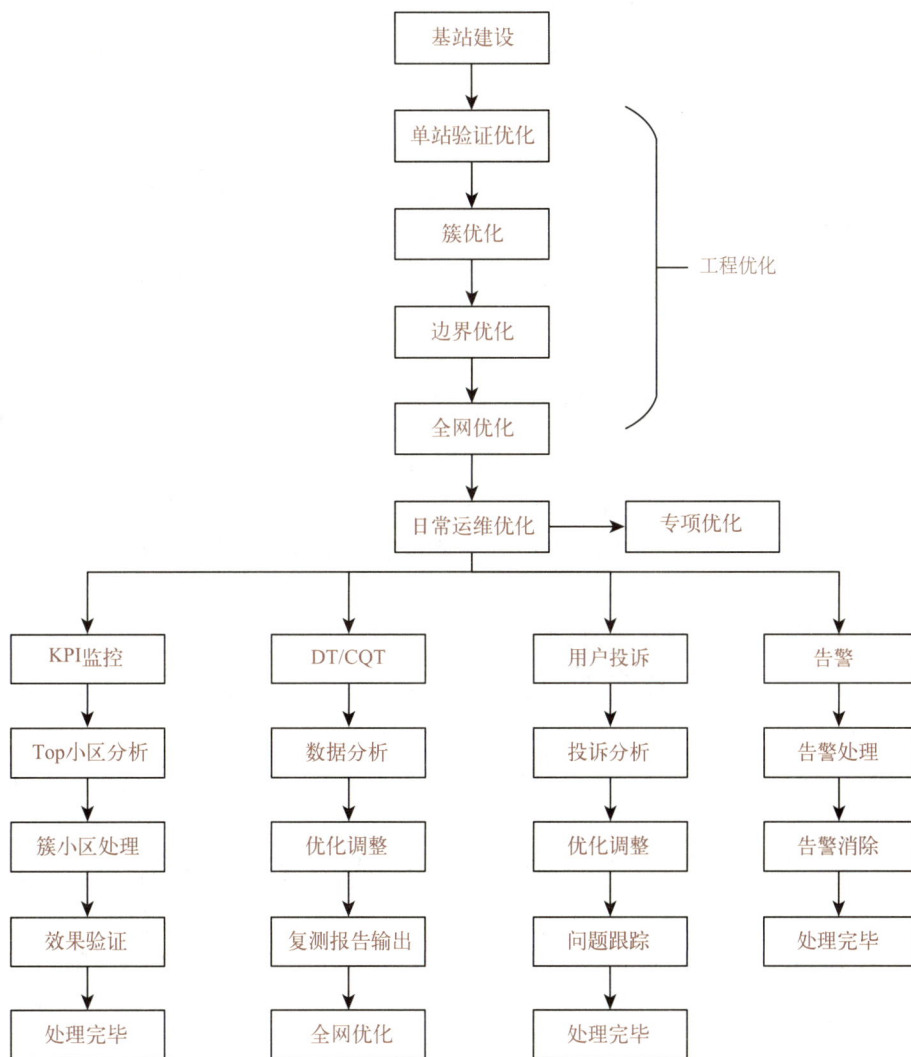

图4-1-3 网络优化内容和流程

（1）工程优化。

工程优化工作是在网络规划、设备开通后，并且基站连片开通达到一定规模后才能进行的网络优化。工程优化的目的是针对刚刚建设完成的网络，通过对覆盖、切换、接入、速率等指标的优化，使网络性能满足商用要求。

工程优化按照阶段主要分为计划准备、单站优化、簇优化、区域优化、边界优化、全网优化、网络验收等环节。

① 单站优化：主要包括宏站单站功能检验、宏站测试数据分析、宏站优化调整、室分信源功能测试和系统参数优化。

② 簇优化：主要包括簇优化方案、RF（射频）优化和指标优化。

③ 区域优化：主要包括区域优化方案和指标优化。

④ 边界优化：针对不同厂家交界处，实施边界优化方案、RF 优化和指标优化。

⑤ 全网优化：在区域优化大部分完成时，实施全网优化方案。

（2）日常运维优化。

工程优化验收完成后，网络会逐步进入商用维护阶段，日常运维优化主要从网络故障告警监控、KPI 性能监控、KPI 性能优化、例行测试优化、工参调整维护、参数核查优化等方面对网络性能质量进行全面基础维护，保障网络质量稳定提升，满足网络用户需求。

（3）专项优化。

随着商用网络逐步成熟复杂，对网络质量提出了更高要求。专项优化对某一个指标或某一块进行单独优化，如高铁、室分、高速、语音业务等，最终输出专项优化报告。

本标准主要介绍前台测试工程师，即 DT 和 CQT 工程师的工作内容，需要重点关注流程图 4-1-3 中第二列主线，即 DT/CQT→数据分析→优化调整→复测报告输出→全网优化。

① DT/CQT：使用测试设备对 5G 信号覆盖情况进行测试数据采集。

② 数据分析：对 DT/CQT 采集的数据进行分析，尤其是对覆盖差、质量差、上传 / 下载速率低、天线接反、PCI 冲突等问题进行分析和数据统计。

③ 优化调整：通过调整天线下倾角、方位角、发射功率或小区参数等方式解决信号覆盖问题。

④ 复测报告输出：优化方案实施后，再次利用 DT/CQT 对问题路段的信号改善情况进行复测。如果复测结果显示信号覆盖问题已解决，则可以输出优化报告。

⑤ 全网优化：在优化调整基本完成时，输出优化报告后即完成全网优化。

2　DT 和 CQT 概述

网络优化有多种途径和多种方法，一般会结合用户投诉和 DT/CQT 测试方法来发现问题，结合信令跟踪分析法、话务统计分析法及路测分析法，分析查找问题的根源。网络优化阶段将针对网络性能进行全面的测试，采集的数据将为工程师定位并解决各类网络问题提供不可或缺的依据。测试工作贯穿网规网优业务全流程，肩负基础数据采集的重要任务,它的生命周期从网络规划开始直至网络优化结束。下面介绍常用的网络优化方法DT和CQT。

1)DT

DT是指在汽车以一定速度行驶的过程中,借助测试仪表、测试手机,对汽车经过区域的信号质量是否满足正常通话和数据业务要求,是否存在拥塞、干扰、掉话等现象进行测试。通常在DT中根据需要设定每次呼叫的时长,分为长呼(时长不限,直到掉话为止)和短呼(一般取60s左右,根据平均用户呼叫时长定)两种。为保证测试的真实性,一般车速不应超过40km/h。路测分析法主要是分析空中接口的数据及测量覆盖,通过DT测试,可以了解基站分布、覆盖情况是否存在盲区、切换关系、切换次数、切换电平是否正常,下行链路是否有干扰,是否有孤岛效应,扇区是否错位,天线下倾角、方位角及天线高度是否合理等。

2)CQT

CQT是指在固定地点测试无线网络性能,即在服务区中选取多个测试点,进行一定数量的拨打呼叫,从用户的角度反映网络质量。测试点一般选择在通信比较集中的场合,如酒店、机场、车站、写字楼、集会场所等。 CQT 是 DT 的重要补充手段,通常还可完成DT无法进行的深度室内覆盖测试及高楼等无线信号较复杂地区的测试,是场强测试方法的一种简单形式。通常在室内场所发起CQT,基本上不用连接GPS获取定位,测试时可以导入楼宇平面图,或者将手绘的楼层平面图导入测试软件中,设置测试开始位置和终点位置即可。

3 DT 和 CQT 相关参数认知

在DT和CQT中,必须掌握网络优化的参数或指标,它们在使用工具、测试过程、log分析时都会用到。在5G建设的初期,主要关注的还是覆盖类指标。这些指标主要有以下几种。

1)DT参数

(1)RSSI。RSSI(接收信号强度指示)是指在特定OFDM符号测量时间和测量带宽上接收总功率的线性平均值。首先将每个资源块测量带宽内的所有RE上的接收功率累加,包括有用信号、干扰、热噪声等,然后在OFDM符号上(即时间上)进行线性平均。

(2)SS-RSRP。SS-RSRP(同步参考信号接收功率)在5GNR协议中被定义为在SSB(同步信号和物理广播信道资源块)测量配置周期内,小区下行承载辅同步信号的RE上功率的线性平均值,UE的测量状态包括RRC_IDLE态(RRC空闲态)、RRC-INACTIVE态(RRC非激活态)和RRC_CONNECTED态(RRC连接态)。SS-RSRP的信号强度与覆盖效果的对应关系如表4-1-2所示。

表4-1-2 SS-RSRP覆盖强度等级

SS-RSRP/dB	覆盖强度等级	备注
SS-RSRP ≤ -110	5	覆盖较差，业务建立困难
-110<SS-RSRP ≤ -100	4	覆盖差。呼叫成功率低，掉话/掉线率高，数据业务速率低
-100<SS-RSRP ≤ -90	3	覆盖一般，能够发起各种业务，数据业务下载/上传速率一般
-90<SS-RSRP ≤ -80	2	覆盖好，能够发起各种业务，可获得高速率的数据业务
SS-RSRP>-80	1	覆盖非常好

（3）SS-SINR。SS-SINR（同步信号与干扰加噪声比）被定义为主服务小区承载辅同步信号的RE的功率除以在相同频率带宽内的噪声和干扰功率。一般来说，SS-SINR值越高，信道质量越好。SS-SINR的取值范围为-10 ~ 40dB，SS-SINR的强度和覆盖效果等级如表4-1-3所示。

表4-1-3 SS-SINR覆盖强度等级

SS-SINR/dB	覆盖强度等级	备注
SS-SINR ≤ -3	5	极差点
-3<SS-SINR ≤ 10	4	差点
10<SS-SINR ≤ 16	3	中点
16<SS-SINR ≤ 25	2	好点
SS-SINR>25	1	极好点

（4）SS-RSRQ。SS-RSRQ（同步参考信号接收质量）在5GNR协议中被定义为比值N × SS-RSRP/（NR carrier RSSI），其中N表示NR carrier RSSI（5G载波接收信号强度指示）测量带宽中的RB的数量，分子和分母在相同的资源块上获得。

（5）CSI-RSRP。CSI-RSRP（CSI参考信号接收功率）在5GNR协议中被定义为在不同天线端口下配置的CSI（信道状态信息）测量频率带宽上RE的CSI参考信号的功率线性平均值，UE的测量状态是RRC_CONNECTED态。

（6）CSI-SINR。CSI-SINR（CSI信噪比和干扰比）在5GNR协议中被定义为在携带CSI RS（参考信号）的RE上的CSI接收信号功率，除以对应带宽上的干扰噪声功率。

（7）CQI。CQI（信道质量指示）由UE测量所得，本质上反映了当前的信道质量，即当前支持的信道效率越低，表明信道质量越差，在一定程度上反映小区的无线信号质量，是衡量用户感知的重要指标之一，UE用户上报的CQI指标即反映了NR网络无线信号覆盖质量。相对于SS-RSRP、SS-SINR和上下行速率等指标，CQI更能全面反映NR网络的覆盖质量。

CQI取值不同，使用的调制方式也不同。简单来说，CQI取值越大，说明信道质量越好，基站就可以多发送数据；CQI取值越小，说明信道质量不好，基站就少发送一些数据，手机下载速率就会降低。CQI取值与对应的调制方式如表4-1-4所示。

表4-1-4　CQI取值与调制方式

CQI取值	调制方式	CQI取值	调制方式
0	超出范围	8	64QAM
1	QPSK（正交相移键控）	9	64QAM
2	QPSK	10	64QAM
3	QPSK	11	64QAM
4	16QAM（正交幅度调制）	12	256QAM
5	16QAM	13	256QAM
6	16QAM	14	256QAM
7	64QAM	15	256QAM

（8）测试指标定义。测试指标是衡量基站性能、网络性能的数据，是测试软件根据测试的原始数据（如RSRP、SINR等）使用公式自动计算出来的。表4-1-5是路测的基本指标。

表4-1-5　路测的基本指标

评估维度	评估指标	指标定义	备注说明
占得上	5G网络测试覆盖率/%	核心城区：SS-RSRP≥-93dB与SS-SINR≥-3的采样比 普通城区：SS-RSRP≥-96dB与SS-SINR≥-3的采样比	以5G数据业务统计为准
	SA连接成功率/%	成功完成连接建立次数/终端发起分组数据连接建立请求总次数×100% 分子定义：RRC IDLE状态的终端通过"随机接入—RRC连接建立—PDU SESSION建立"空中接口过程完成与无线网的连接并开始上、下行数据传送，视作成功完成连接建立； 分母定义：RRC IDLE状态的终端由于有数据需传送（如发起ping）而发起SERVICE REQUEST过程	以5G数据业务统计为准
驻留稳	5G时长驻留比/%	占用NR总的时长/总连接态时长×100%	仅考虑数据业务，不考虑EPS Fallback（LTE呼叫回落）
	SA掉线率/%	掉线次数/成功完成连接建立次数×100% 分子定义：测试任务还在运行中且已经接收到一定数据的情况下，超过60s没有任何数据传输即判断掉线； 分母定义：RRC IDLE状态的终端通过"随机接入—RRC连接建立—PDU SESSION建立"空中接口过程完成与无线网的连接并开始上、下行数据传送，视作成功完成连接建立	仅考查数据业务；参考LTE的掉线定义：测试过程中已经接收到一定数据的情况下，超过3min没有任何数据传输
	SA切换成功率/%	切换成功次数/切换尝试次数×100% 分子定义：以信令交互完成（RRC层UE向源小区发送测量报告信令后，UE收到切换指令RRC Connection Reconfiguration，随后UE向目标小区发送RRC Connection Reconfiguration Complete）； 分母定义：UE收到切换指令RRC Connection Reconfiguration	仅考查数据业务

续表

评估维度	评估指标	指标定义	备注说明
体验优	用户路测4/5G下行平均速率/（Mb/s）	应用层下载总流量/下载总时间 记录和统计路测中UE的FTP（文件传输协议）应用层下行吞吐量并计算平均吞吐率	
	用户路测4G/5G上行平均速率/（Mb/s）	应用层上传总流量/上传总时间 记录和统计路测中UE的FTP应用层上行吞吐量并计算平均吞吐率	
	路测4G/5G上行低速占比（低于5Mb/s）/（Mb/s）	路测上行速率低于5Mb/s采样点数/路测上行速率总采样点数	
	路测4G/5G下行低速占比（低于100Mb/s）/%	路测下行速率低于100Mb/s采样点数/路测上行速率总采样点数	
	路测4G/5G上行高速占比（大于160Mb/s）/%	路测上行速率高于160Mb/s采样点数/路测上行速率总采样点数	
	路测4G/5G下行高速占比（大于800Mb/s）/%	路测下行速率高于800Mb/s采样点数/路测上行速率总采样点数	

2）CQT参数

CQT需要关注的参数指标与DT相似，包括覆盖指标（SS-RSRP、SS-SINR）、接通率、掉线率、上传/下载速率等，这些指标都可以在测试软件中进行统计。

（1）SS-RSRP。SS-RSRP是5G信号的电平强度，其强度和测试体验的对应如表4-1-6所示。

表4-1-6 SS-RSRP取值范围

测试点	SS-RSRP/dB
极好点	−85 ≤ SS-RSRP ≤ −40
好点	−95 ≤ SS-RSRP<−85
中点	−105 ≤ SS-RSRP<−95
差点	−115 ≤ SS-RSRP<−105
极差点	−140 ≤ SS-RSRP<−115

（2）SS-SINR。SS-SINR是5G信号的电平质量，通常SS-SINR越高，业务质量越好，其强度和测试体验的对应如表4-1-7所示。

表4-1-7 SS-SINR取值范围

测试点	SS-SINR/dB
极好点	SS-SINR>25
好点	20<SS-SINR ≤ 25

续表

测试点	SS-SINR/dB
中点	$10 < SS\text{-}SINR \leqslant 20$
差点	$0 < SS\text{-}SINR \leqslant 10$
极差点	$-20 < SS\text{-}SINR \leqslant 0$

（3）下载速率。下载速率指单位时间内无线通信网络数据的下行流量，其速率和测试体验的对应如表4-1-8所示。

表4-1-8　下载速率取值范围

测试点	下载速率/（Mb/s）
极好点	$1000 \leqslant 下载速率 \leqslant 2000$
好点	$800 \leqslant 下载速率 < 1000$
比较好	$600 \leqslant 下载速率 < 800$
一般	$400 \leqslant 下载速率 < 600$
差点	$100 \leqslant 下载速率 < 400$
极差点	$0 \leqslant 下载速率 < 100$

（4）上传速率。上传速率指单位时间内无线通信网络数据的上行流量，其速率和测试体验的对应如表4-1-9所示。

表4-1-9　上传速率取值范围

测试点	上传速率/（Mb/s）
极好点	$100 \leqslant 上传速率 \leqslant 1000$
好点	$75 \leqslant 上传速率 < 100$
比较好	$45 \leqslant 上传速率 < 75$
一般	$25 \leqslant 上传速率 < 45$
差点	$10 \leqslant 上传速率 < 25$
极差点	$0 \leqslant 上传速率 < 10$

（5）MOS。MOS（平均意见得分）值是衡量通信系统语音质量的一个重要指标。常用的MOS值评价方法包括主观MOS值评价和客观MOS值评价。

主观MOS值评价采用ITU-T P.800和P.830建议书，由不同的人分别对原始语料和经过系统处理后有衰退的语料进行主观感觉对比，得出MOS值，最后求平均值。

客观MOS值评价采用ITU-T P.862建议书提供的PESQ（客观语音质量评估）方法，由专门的仪器或软件进行测量。MOS值的级别定义及取值范围如表4-1-10所示。

表4-1-10　MOS值的级别定义及取值范围

MOS值级别	MOS值	用户满意度
优	4.0～5.0	很好，听得清楚，延迟很小，交流流畅
良	3.5～4.0	稍差，听得清楚，延迟小，交流欠缺顺畅，有点杂音
中	3.0～3.5	还可以，听不太清楚，有一定延迟，可以交流
差	1.5～3.0	勉强，听不太清楚，延迟较大，交流重复多次
劣	0～1.5	极差，听不清楚，延迟大，交流不通畅

5G的语音解决方案有SA VoNR（独立组网下的语音通话）、EPS Fallback等，其中SA VoNR的MOS值及接入时长如表4-1-11所示。

表4-1-11　SA VoNR的MOS值及接入时长

语音类型	MOS值	接入时长/s
SA VoNR	4.6	1.5～2

4　DT和CQT工具的功能与使用

Pilot Pioneer是DT和CQT的常用工具，在3G/4G/5G网络优化中被广泛使用。

1）Pilot Pioneer应用

微课：Pilot Pioneer应用

Pilot Pioneer是一款支持全网络制式、多频段及多业务测试的新一代无线网络测试及分析软件。Pilot Pioneer基于Windows10/8/7平台，其结合了鼎利公司的长期无线网络优化经验和最新的研究成果，除了具备完善的GSM、CDMA（码分多址）、EVDO（CDMA 2000 1x EV-DO）、WCDMA、TD-SCDMA（时分同步码分多址）、LTE、NB-IoT、eMTC（增强型机器类型通信）、5G NR网络测试及Scanner测试功能外，还支持数据后统计、分析功能，如各类指标统计报表、各种专题数据分析等。

（1）软件组成：Pioneer Driver Setup 20180130、PioneerSetup 10.4。

（2）软件安装。

① Pioneer Driver Setup 20180130：安装时，建议勾选所有选项，然后按默认顺序执行即可。

② Pioneer Setup10.4.0.52（请注意获取最新版本）：安装时，按默认顺序执行即可，软件安装界面如图4-1-4所示。

（3）Pioneer Tools安装及权限申请。

① 将PioneerTools安装包复制至测试手机任意路径，然后在手机的"文件管理"中找到该安装包，默认安装，如图4-1-5所示。

② 将手机IMEI（国际移动设备识别码）信息提供给技术支持，申请权限（IMEI可在手机拨号界面输入指令 *#06# 或从PioneerTools界面获取），如图4-1-6所示。

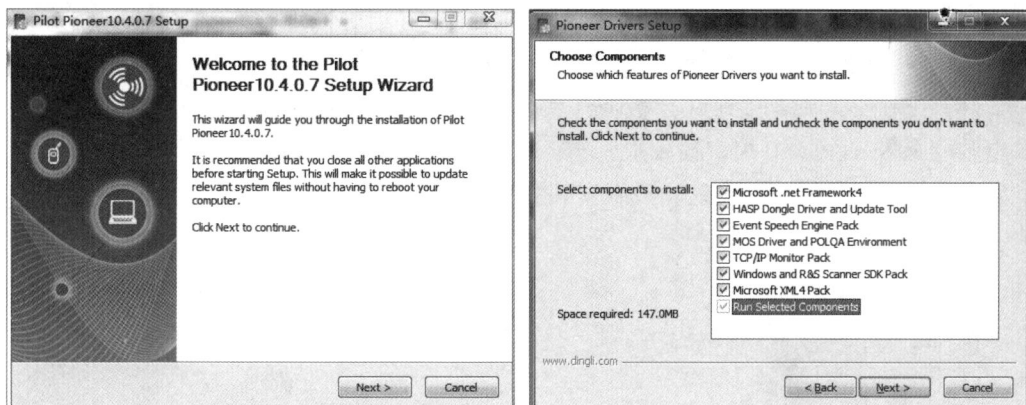

图4-1-4　软件安装界面

图4-1-5　PioneerTools

图4-1-6　PioneerTools界面

（4）Mate20X/Mate30打开工程模式。在手机拨号界面输入*#*#2846579159#*#*，弹出工程界面，依次选择"5.后台设置"→"1.USB端口配置"→"Balong调试模式"，如图4-1-7所示，"确定"即可。

图4-1-7　工程模式开启

（5）Mate 20X/Mate 30 SA模式设置。打开手机开发者模式后，依次进入"开发人员选项"→"5G网络模式选择"，根据测试需要，选择"SA模式"，如图4-1-8所示。

（6）测试终端驱动安装。用数据线将测试终端和测试电脑的USB接口连接，在测试电脑的另外一个USB接口插入加密狗，连接网络，双击Driver Setup.exe文件，驱动安装会在后台运行并自动安装，没有安装界面，如图4-1-9所示。

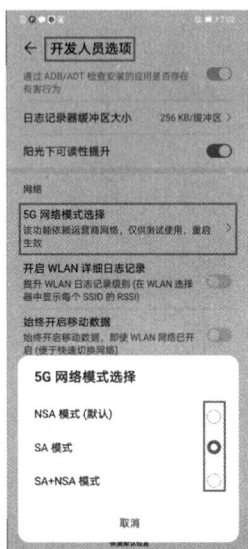

图4-1-8   5G网络模式选择

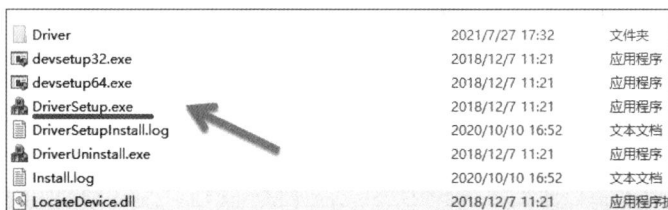

图4-1-9   测试终端驱动安装

右击"我的电脑"选择"管理"，进入设备管理器选择端口，检查图4-1-10所示端口是否都已经识别完成。

（7）配置测试设备。

① 打开Pioneer软件，单击软件界面左上角的"放大镜（自动检测）"图标按钮进行设备自动检测，完成手机端口的自动识别及添加，详细的端口配置如图4-1-11所示。

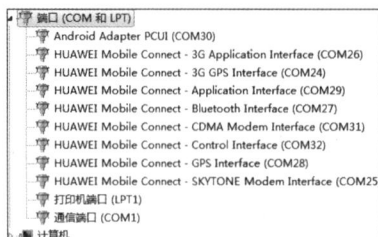

图4-1-10   测试终端端口

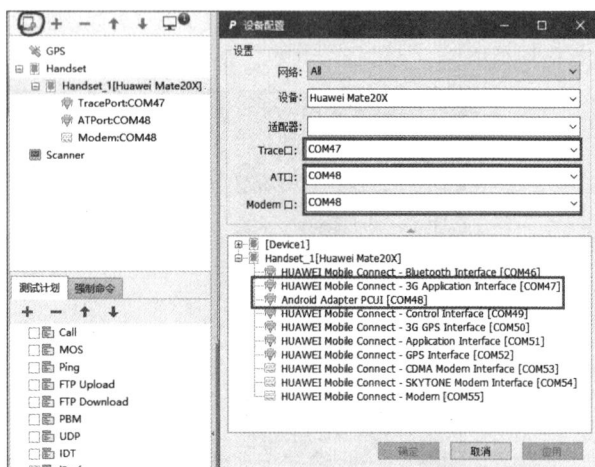

图4-1-11   手机端口识别及添加

② 连接设备。自动配置设备后，弹出"是否连接"对话框，建议单击"否"，检查端口配置正确后再连接，此时手机端PioneerTools显示为"已连接"，否则需要断开连接，停止/重启Pioneer服务，再尝试连接，如图4-1-12所示。

（8）测试业务配置。单击Handset_1[Huawei Mate 30]，勾选"测试计划"中的Multi Ftp Download并双击，根据需要修改FTP服务器及服务器文件等信息，单击"确定"按钮，如图4-1-13所示。

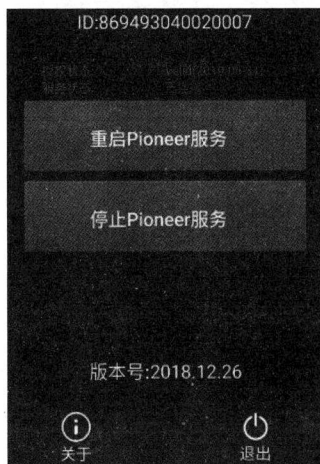

图4-1-12　PioneerTools界面

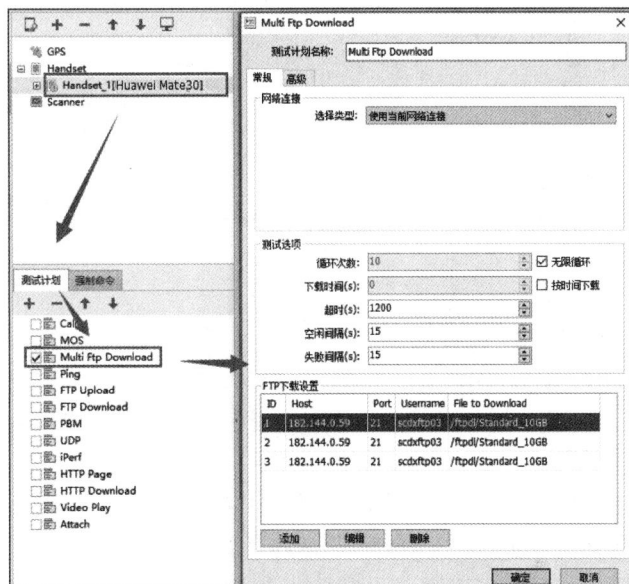

图4-1-13　"测试计划"配置

（9）记录并执行。单击"记录log"后，弹出log保存目录选项，在"保存数据文件"对话框中勾选"保存原始数据"复选框，单击"确定"按钮，如图4-1-14所示。在弹出的窗口中单击"开始所有"按钮进行测试，如图4-1-15所示，可根据需要调用"5G SA"场景，以方便观察相关信息。

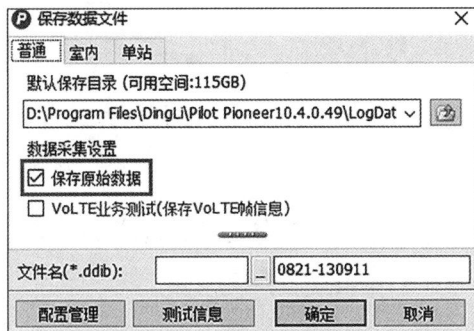

图4-1-14　测试文件保存

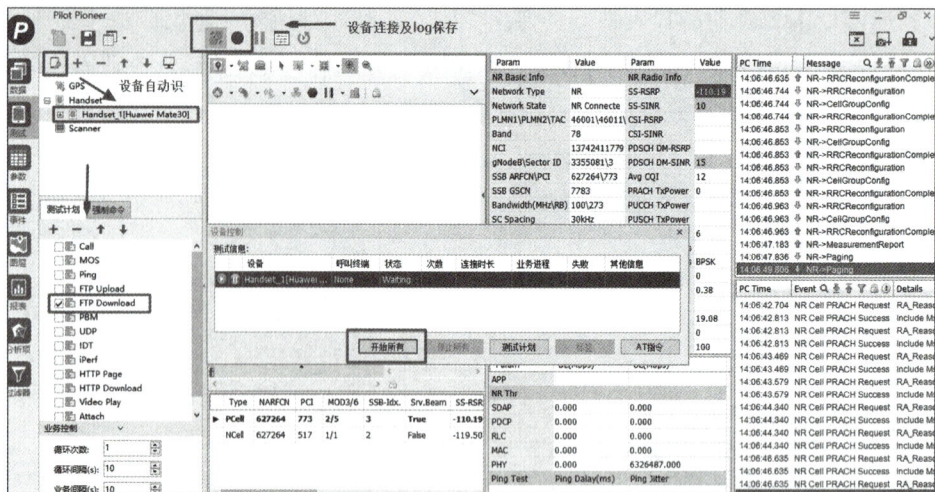

图4-1-15　测试计划执行

> **注意**
> ① 记录log时,注意勾选"保存原始数据"复选框。
> ② 数据默认存储路径为Pioneer安装根目录下的LogData文件夹。

　　(10)测试报表统计。在"报表"菜单中选择"自定义报表",根据需要在"报表模板"中选择相应的统计报表进行统计。例如,表4-1-12是语音业务指标报表;表4-1-13是覆盖类指标报表;表4-1-14是NR干扰类指标报表;表4-1-15是接入和移动类指标报表;表4-1-16业务类指标报表。

表4-1-12　语音业务指标报表

语音业务总指标						VoNR 业务指标							EPSFB 业务指标						
主叫呼叫次数	主叫接通次数	主叫掉话次数	被叫掉话次数	呼叫成功率/%	掉话率/%	主叫呼叫次数	主叫接通次数	主叫掉话次数	被叫掉话次数	呼叫成功率/%	接通率/%	掉话率/%	呼叫建立时延/s	呼叫总时长	主叫呼叫次数	主叫接通次数	主叫掉话次数	被叫掉话次数	呼叫成功率/%

表4-1-13　覆盖类指标报表

NR 覆盖统计		
平均SS-RSRP	平均SS-SINR	NR覆盖率(SS-RSRP≥-105,SS-SINR≥-3)
NR 覆盖统计		
NR 覆盖率(SS-RSRP≥-100,SS-SINR≥0)	边缘(5%) SS-RSRP	SS-RSRP≥-105采样点占比
NR 覆盖统计		
SS-RSRP≥-100采样点占比	SS-RSRP≥-90采样点占比	连续弱覆盖里程占比(持续10s70%的采样点满足SS-RSRP<-105dB)

表4-1-14　NR干扰类指标报表

NR 干扰统计						
平均 SS-SINR	边缘 SS-SINR	平均 SS-RSRQ	边缘（5%）SS-RSRQ	SS-SINR > −3 采样点占比	SS-SINR > 0 采样点占比	SS-SINR连续质差里程占比（持续10s70%的采样点满足 SS-SINR<−3dB）

表4-1-15　接入和移动类指标报表

NR 接入统计						NR 切换统计					NR 重选统计			
NR 接入尝试次数	NR 接入成功次数	NR 接入时延/ms	NR 异常释放次数	NR 接入成功率/%	NR 异常释放比例	NR 切换尝试次数	NR 切换成功次数	NR 切换成功率/%	NR 切换控制面时延/ms	NR 切换用户面时延/ms	NR 重选尝试次数	NR 重选成功次数	NR 重选成功率/%	NR 重选时延/ms

表4-1-16　业务类指标报表

数据基本信息				FTP 下载业务				FTP 上传业务				Ping 业务			
测试总里程/km	平均车速/(km·h⁻¹)	SA占用时长/s	SA时长占比	FTP下载尝试次数	FTP下载成功次数	FTP平均下载速率/(Mb·s⁻¹)	应用层下载平均速率/(Mb·s⁻¹)	FTP上传尝试次数	FTP上传成功次数	平均上传速率/(Mb·s⁻¹)	应用层平均上传速率/(Mb·s⁻¹)	ping尝试次数	ping成功次数	ping成功率/%	ping平均时延/s

2）MapInfo应用

MapInfo是美国MapInfo公司的桌面地理信息系统软件，是一种数据可视化、信息地图化的桌面解决方案。它依据地图及其应用的概念，采用办公自动化的操作，集成多种数据库数据，融合计算机地图方法，使用地理数据库技术，加入地理信息系统分析功能，形成极具实用价值且可为各行各业所用的大众化小型软件系统。MapInfo的含义是 Mapping + Information（地图+信息），即地图对象+属性数据。

微课：MapInfo应用

MapInfo是通信领域中一款重要的辅助软件。MapInfo功能强大，操作简便，具有图形的输入与编辑、图形的查询与显示、数据库操作、空间分析和图形的输出等基本操作。系统采用菜单驱动图形用户界面的方式，为用户提供了5种工具条（主工具条、绘图工具条、常用工具条、ODBC工具条和MapBasic工具条）。用户通过菜单栏上的命令或工具条上的按钮进入对话状态。系统提供的查看表窗口为地图窗口、浏览窗口、统计窗口，以及帮助输出设计的布局窗口，并可将输出结果方便地输出到打印机或绘图仪，如图4-1-16所示。

MapInfo是网络规划优化中的一款重要软件，MapInfo软件可以方便、直观地展示通信系统网元、线路的相对位置及周围环境，帮助用户进行测试路线规划，在规划、设计和优化方案上提供辅助和参考。

（1）MapInfo功能介绍。

① 快速启动对话框。在打开MapInfo时，会在界面上看到一个窗体，称此窗体为

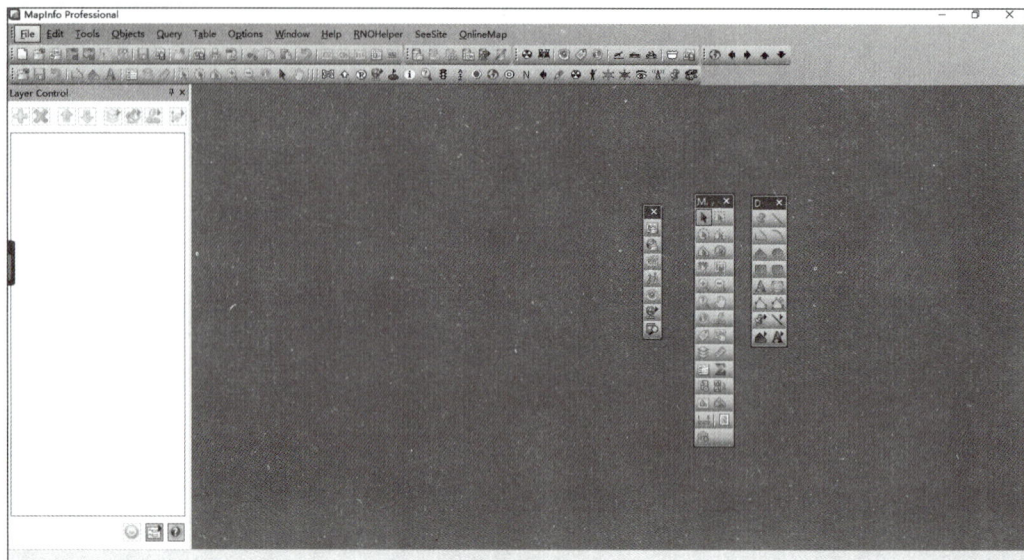

图 4-1-16 MapInfo 窗口

快速启动对话框。此对话框包含不同工作空间和表，它可以帮助用户快速打开上次的工作空间、上次的任务窗体、其他表等。快速启动对话框如图 4-1-17 所示。

② 文件结构。一个典型的 MapInfo 表由以下 5 个文件组成。

- TAB：确定表的结构，如字段名、排序、长度和类型。
- DAT：包含表中每一个字段的数据。
- MAP：描述图形对象。
- ID：连接表和图形数据的对照表文件。
- IND：包含表中索引字段信息，索引字段可以利用"查询 > 查找"命令。

③ 主要控件介绍。MapInfo 中使用下列工具移动地图窗口，如图 4-1-18 所示。

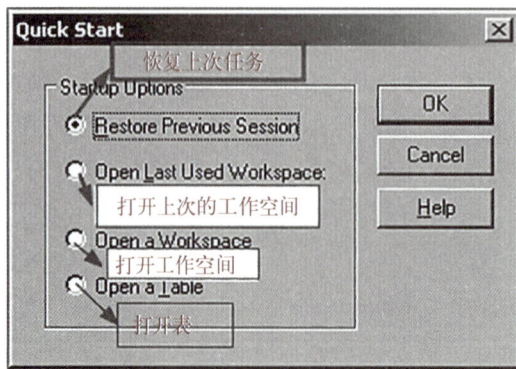

图 4-1-17 快速启动对话框

- 放大工具（Zoom-In Tool）
- 缩小工具（Zoom-Out Tool）
- 变换视图工具（Change View Tool）
- 漫游工具（Grabber Tool）
- 信息工具（Info Tool）
- 图层控制工具（Layer Control Tool）
- 标注工具（Label Tool）
- 选择编辑工具（Select Tool）
- 尺子工具（Ruler Tool）

图 4-1-18 MapInfo 主要控件

④ 图层介绍。当在地图窗口显示表时，实际指的是图层。一个地图窗口可以由一

层或多层组成，地图窗口中的每一层对应一张打开的表，如图4-1-19所示。

利用图层控制对话框可以对图层进行如图4-1-20所示的操作。

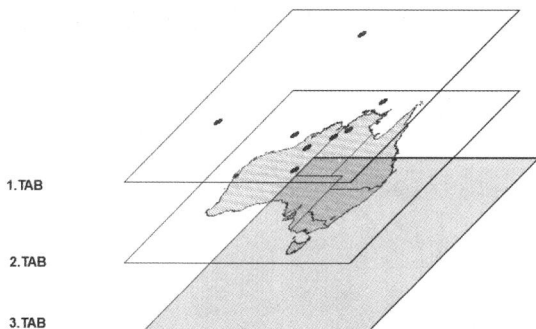

图4-1-19　图层介绍

图4-1-20　图层控制

- 重排顺序
- 增加/删除
- 显示/不显示
- 可选/不可选
- 可编辑/不可编辑
- 标注
- 缩放层
- 变换显示设置内容

（2）测试路线制作。

① 打开MapInfo软件，选择"文件"→"新建表"菜单命令，弹出New Table对话框，勾选Add to Current Mapper（添加到当前图层文件）复选框，单击Create按钮，弹出New Table Structure对话框，在Name文本框中输入图层名称"测试路线"，如图4-1-21所示。

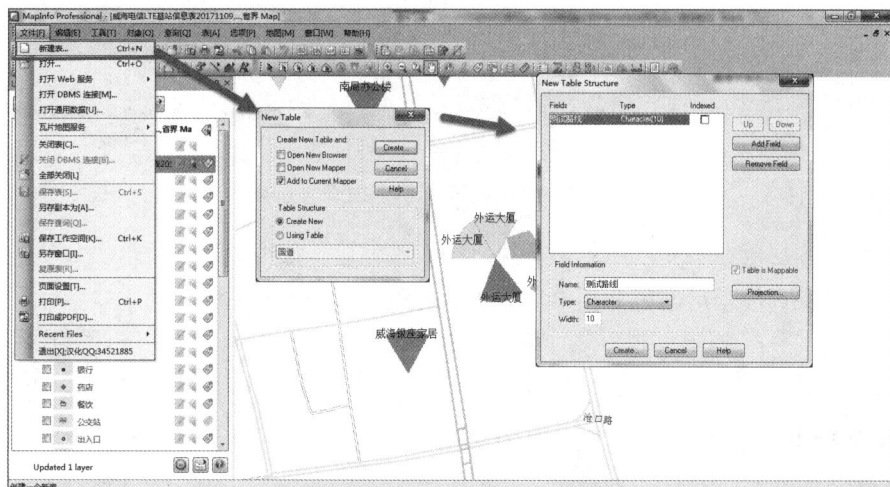

图4-1-21　新建MapInfo图层

② 单击"Create"按钮，在弹出的Create New Table窗口中选择图层保存路径并为图层命名，单击"保存"按钮，如图4-1-22所示。

③ 此时图层控制栏中出现刚才创建的空白图层，并且处于所有图层的最顶层，状态为可编辑（第一个图标Editable亮起），如图4-1-23所示。

④ 设置好线路样式 ，开启折线绘图 ，如图4-1-24所示。

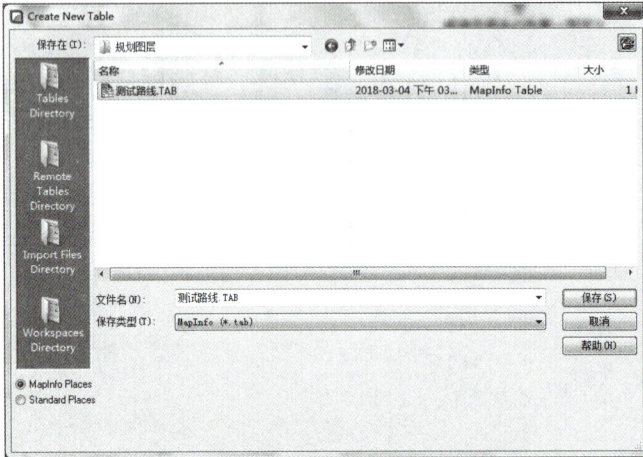

图4-1-22　保存MapInfo图层

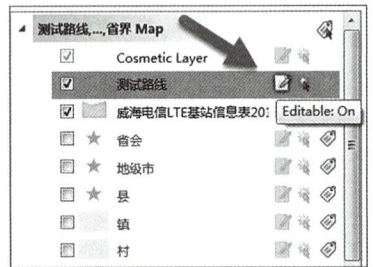

图4-1-23　编辑MapInfo图层

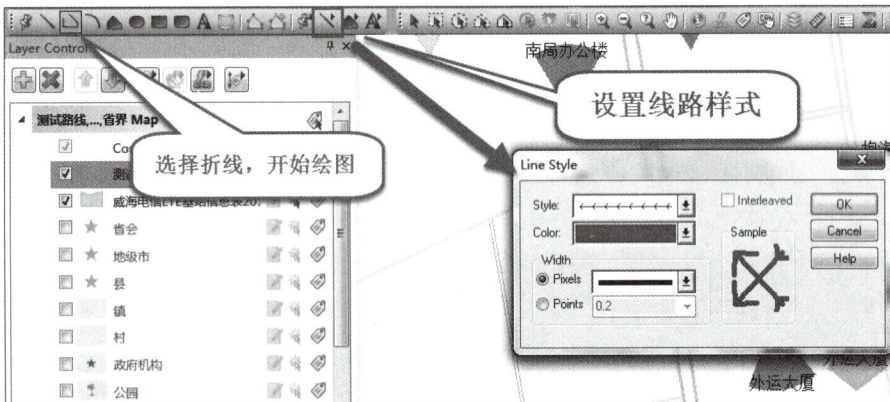

图4-1-24　折线格式调整

⑤ 画好图层后在工具栏中单击保存表图标按钮 ，如图4-1-25所示。

⑥ 文件保存成功后出现如图4-1-26所示的测试路线图层文件。

5　DT测试方法

1）测试设备要求

测试设备要求如表4-1-17所示。

微课：DT和CQT测试方法

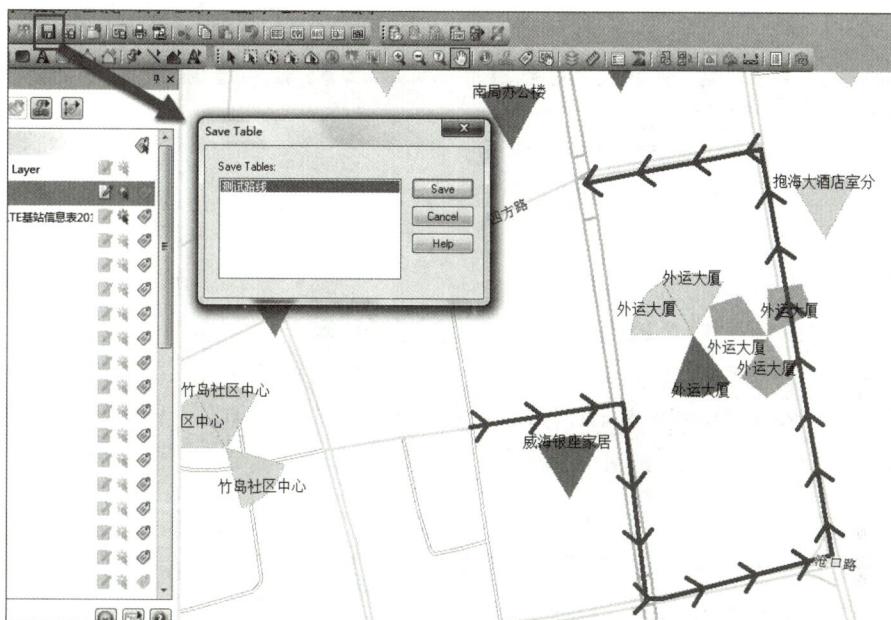

图4-1-25　保存测试路线图层

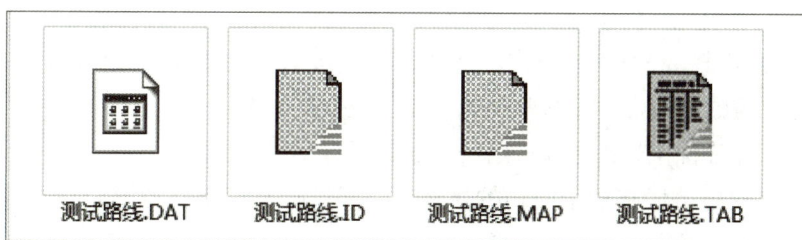

图4-1-26　测试路线图层文件

表4-1-17　测试设备要求

分类	准备条目
服务器	高性能服务器：能力要求根据现场的测试团队数量决定，一般来说服务器需要满足测试小组数 × 单用户峰值速率吞吐率的要求
	服务器验证上传和下载是否正常。FTP服务器需要保证10Gb/s以上带宽，或者近点测试保证1Gb/s以上速率
	服务器速率是否正常，选择好点验证
	FTP服务器文件大小是否符合要求；下载文件大小为20GB，上传文件大小为2GB
测试卡	1. 测试SIM卡的流量确保能够满足测试需求
	2. VoLTE测试卡是否支持VoLTE业务
	3. 检查测试卡的签约是否≥2Gb/s

分类	准备条目
测试终端	华为 Mate 30
测试电脑	电脑磁盘空间是否充足，至少为20GB
	安装有设备驱动，事前调试通过
	测试软件 License 正常
测试软件	鼎力 10.4
测试车辆	司机是否同意车速、路线和时间无条件满足测试人员要求
	车辆是否满足禁行路段测试条件（车辆当天必须不限行）
	车辆是否有逆变电源接口，具备测试供电需求
辅助设备	GPS是否正常，是否具备逆变器、电源插座和蓄电池

2）测试时间要求

测试时间原则上按照上午的测试时间段为8～12点，下午的测试时间段为12～16点，晚上的测试时间段为16～20点。

3）测试路线规划

规划测试路线时，要注意以下问题。

（1）规划测试路线时，要重点关注覆盖优先级高的区域的网络情况，注意是否存在明显或较严重的问题点，对这些问题点要优先分析解决。

（2）为了保证优化效果，测试路线应涵盖所有小区。

（3）往返双向测试有利于问题的暴露。基于风险及工作量考虑，一般路段可以采用单向测试，覆盖优先级高的路段建议采用双向测试。

（4）车速要求，一般DT测试建议控制在30～40km/h。

（5）在确定测试路线时，要考虑诸如单行道、转弯限制等实际情况的影响，应遵守当地交通规则。

（6）重复测试路线要区分表示。在规划路线中，会不可避免地出现交叉和重复情况，可以用带方向的不同颜色的线条标注。

图4-1-27所示为一个用MapInfo软件制作的测试实例的路线图。

4）测试前准备

在正式测试前采集5min的log，然后导出统计表，检查统计项是否齐全（上/下行速率、覆盖、驻留等），用以验证设备是否正常、设置的参数是否正确、是否完备。

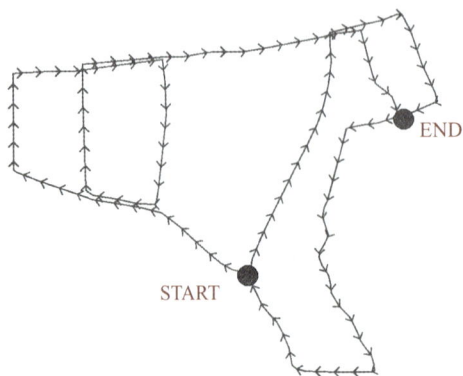

图4-1-27　测试路线实例

5）测试用例

表4-1-18所示为一个FTP的测试用例，规定了测试方法和要求。该用例在DT测试中被广泛采用。

表4-1-18　测试用例

测试业务	测试方法
5G FTP大数据量上传、下载业务	1.文件大小：测试使用20GB文件，上传测试使用5GB文件； 2.线程设置：不做限制； 3.测试间隔：15s 4.测试次数：次数设为最大，最好无限循环； 5.网络选择：SA

6 CQT 测试方法

利用CQT对预先定义的重点区域分别进行拨打测试，根据相应的验收标准对业务接通、掉话、业务质量等多项指标进行考核。

CQT需要针对不同业务分别进行，一般采用间歇呼叫的方式，一次通话保持一定时间后断开再继续呼叫。通过记录接通情况和测试者主观的评估通话质量分析网络的运行质量和存在的问题。

CQT的设备连接步骤、指标统计和DT一致，但与DT不同的是，如果在室内发起CQT，需要导入室内平面图层并手动打点。测试路线选择：测试时需要连接同一站点下各小区的测试点，要求测试路线上尽量避免信号阻挡。图4-1-28所示为导入的室内平面图层。

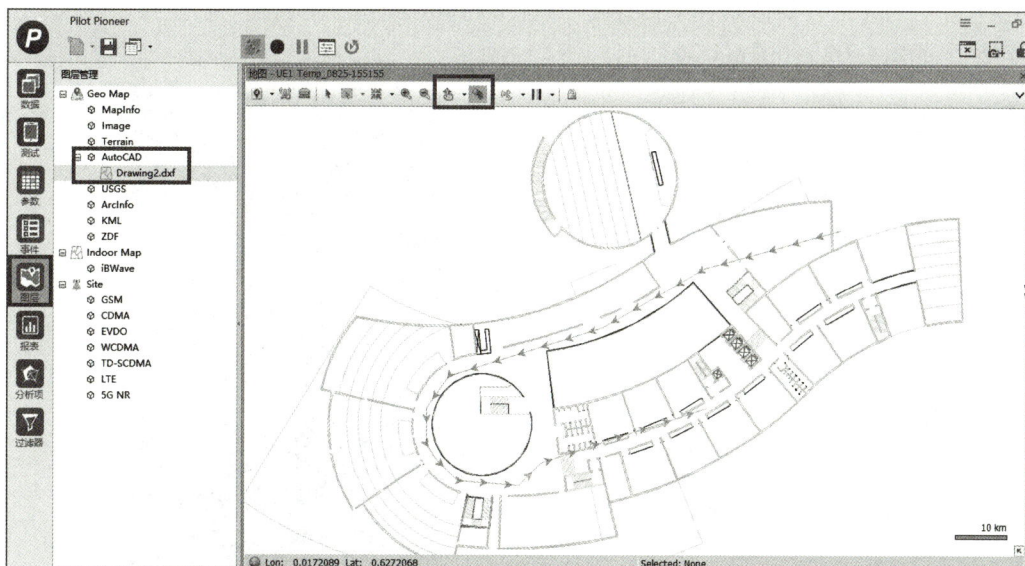

图4-1-28　CQT室内平面图层导入

4.1.2　任务实施：5G小区的DT和CQT测试

微课：5G小区的DT和 CQT测试

1 任务分析

在执行测试任务之前，首先需要分析测试任务，一般从测试区域确认和测试任务配置要求两方面进行分析。

根据用户的投诉，用户B反映在某公交站牌附近信号较差，因此网优工程师需使用测试终端在目标区域占用小区通过CQT并记录测试日志统计指标进行简单分析。

用户A反映在道路上信号差，需对用户反映的问题路段进行DT。在DT过程中模拟实际用户，不断模拟用户投诉的业务类型，上传或下载不同大小的文件，通过测试软件的统计分析，获得网络的性能指标，验证用户投诉，帮助进行问题定位。

DT是网络优化的必经环节，前台优化工程师在进行路测时主要关注的指标有SS-RSRP、SS-SINR、PCI、时延和上传/下载速率。通过测试可以发现网络的SS-RSRP和SS-SINR是否异常（如其中一个小区的SS-RSRP和SS-SINR明显差于其他小区），确认是否存在AAU连接异常（PCI配置是否与工程参数一致），天线安装位置是否合理等。

2 任务实施步骤

1）连接测试终端及GPS

连接软件前，打开手机已安装的PioneerTool App，并在联网状态下点击"重启Pioneer服务"，直至App中显示正确的授权时间以及连接状态为"待连接"，此时打开电脑端的Pioneer软件搜索并连接设备，PioneerTools程序状态会由"待连接"变为"已连接"，如图4-1-29和图4-1-30所示。

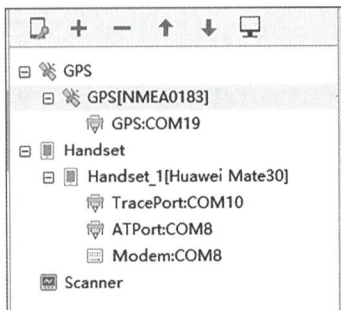

图4-1-29　设备连接

图4-1-30　PioneerTools界面

2）导入基站数据库（工参）及测试路线

选中相应图层（图4-1-31中"图层管理"下的框选定的MapInfo和5G NR），拖入"地图"窗口，生成基站扇区图和测试路线图，如图4-1-31所示。

3）制订测试计划，执行并保存测试数据

按照图4-1-32所示进行操作：第1步选择测试任务，第2步完成测试任务配置，第3步开始测试，同时按照计划的测试路线行驶；第4步单击"保存"图标按钮保存测试数据。

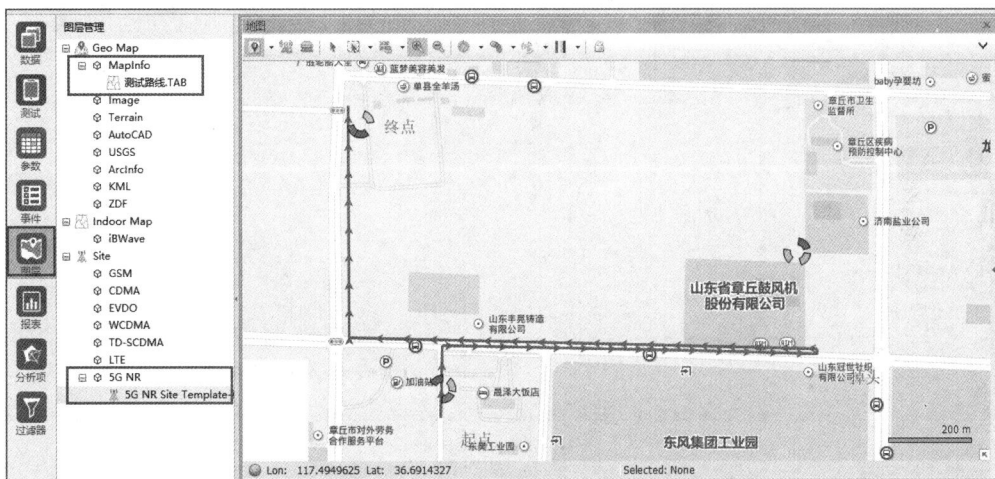

图4-1-31 工参、测试路线图层导入

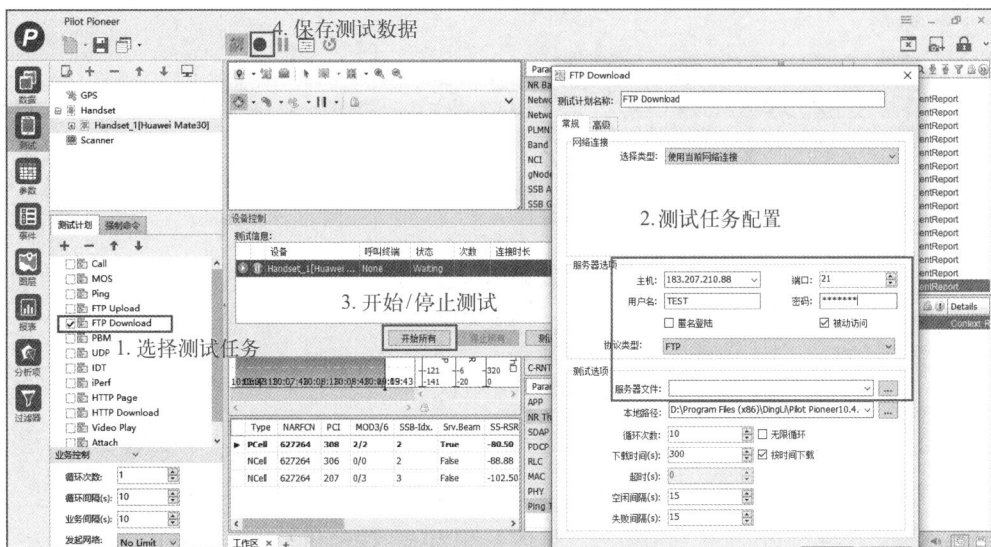

图4-1-32 测试计划配置、执行

4）停止测试、统计测试指标

在图4-1-32所示的界面中单击停止测试，将结束本次测试。单击界面左侧边栏的"报表"选中相应报表，双击报表名称，弹出5G SA指标统计报表窗口，在窗口内导入刚才测试的日志文件，单击"生成"按钮，统计出测试报表，如图4-1-33所示。

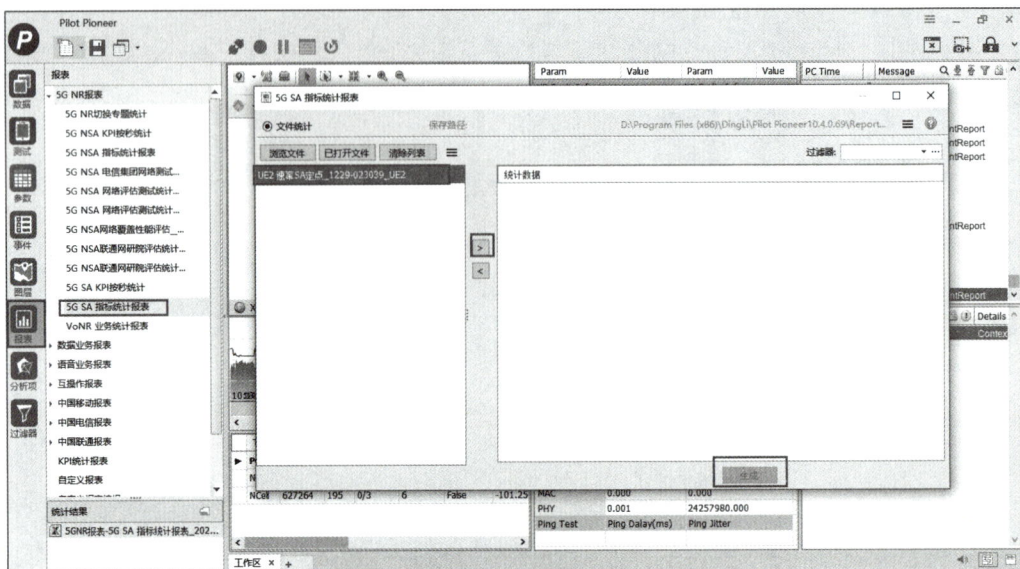

图4-1-33　指标统计

5）简单分析

本次CQT指标统计如表4-1-19所示。

表4-1-19　CQT指标统计

测试指标		测试结果
接入成功率（注册尝试至PDU建立）/%		100
FTP下行	SS-RSRP/dBm	−72.3
	平均SS-SINR/dB	14.66
	下载速率/（Mb·s⁻¹）	616.29
FTP上行	SS-RSRP/dBm	−76.06
	平均SS-SINR/dB	14.74
	上传速率/（Mb·s⁻¹）	226.87

从测试结果可以看出，本次测试中，SS-RSRP=−72.3dBm，属于极好点；平均SS-SINR为14.66dB，属于中点；下载速率为616.29Mb/s，比较好；上传速率为226.87Mb/s，属于极好点；接入成功率为100%，很好。综合上述情况，本次CQT的覆盖类指标良好。

对于本次用户B投诉的问题，无线覆盖无问题，要定位原因，需要进一步排查。本次DT指标统计如表4-1-20所示。

表4-1-20　DT指标统计

测试指标	测试结果
接入成功率/%	100
NR覆盖率（SS-RSRP ≥ −105，SS-SINR ≥ −3）/%	96.05
平均SS-RSRP/dBm	−77.34
平均SS-SINR/dB	6.63
下载速率/（Mb·s⁻¹）	634.37
切换成功率/%	100

从测试结果可以看出，本次测试中，NR覆盖率为96.05%，平均SS-RSRP为−77.34dBm，平均SS-SINR值为6.63dB，下载速率为634.37Mb/s，接入成功率为100%。综合上述情况，本次DT的指标良好，部分路段存在SINR质差、弱覆盖及邻区漏配等问题，需要网优工程师关注。

根据路测log，制作如下效果图。

（1）SS-RSRP效果图。如图4-1-34所示，圈内部分信号强度SS-RSRP范围为[−100，−90）dBm，为覆盖中点。

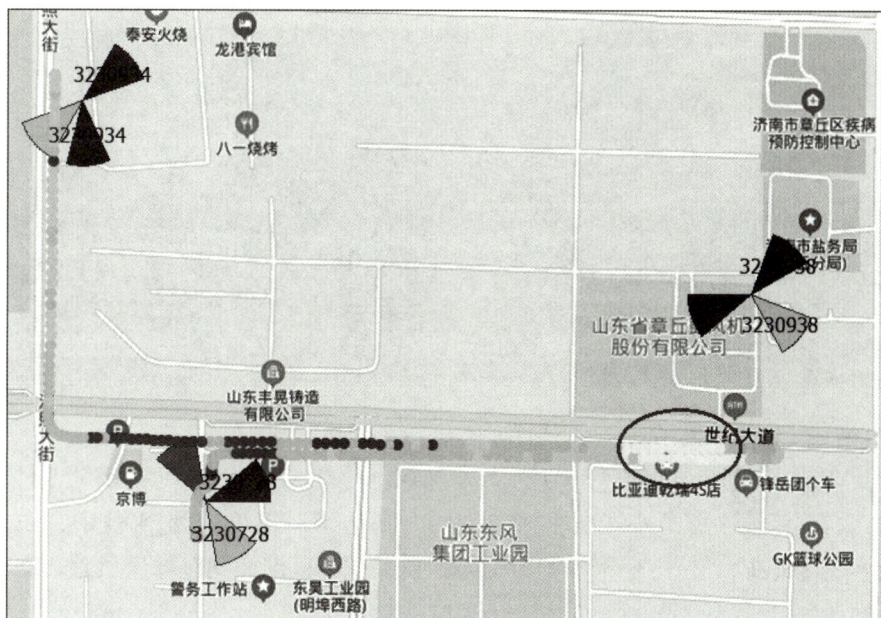

图4-1-34　SS-RSRP效果图

进一步查看如图4-1-35所示的小区覆盖效果图，该问题路段由站点3230728与3230938进行覆盖，疑3230728覆盖过远，对现场进行勘察知站点3230938由于楼宇阻挡导致覆盖较弱，如图4-1-36所示。

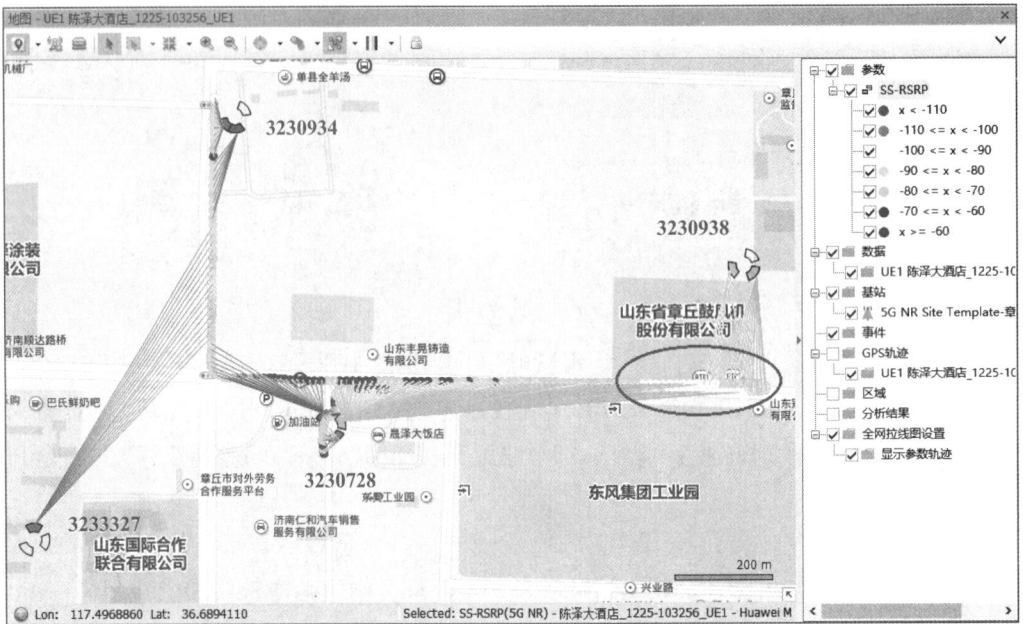

图4-1-35　小区覆盖效果图

图4-1-36　站点3230938位置图

（2）SINR效果图。如图4-1-37所示，加粗部分信号质量SINR范围为小于-3dB，为极差点，该区域主服务小区电平值为-96.25dBm，SS-SINR值为-4.81dB，未占用覆盖最强小区（SS-RSRP=-87.13dBm），疑越区覆盖或邻区漏配问题导致质差，需要网优工程师重点关注。

（3）下载速率效果图。如图4-1-38所示，框住部分下载速率范围为[0,400）Mb/s，属于一般及以下，需要网优工程师重点关注。

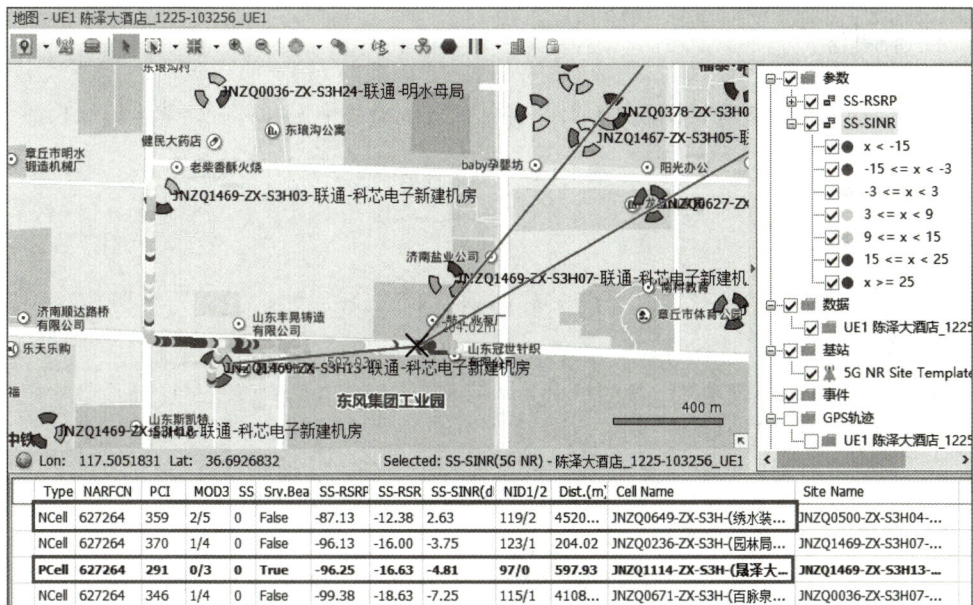

图 4-1-37　SINR 效果图

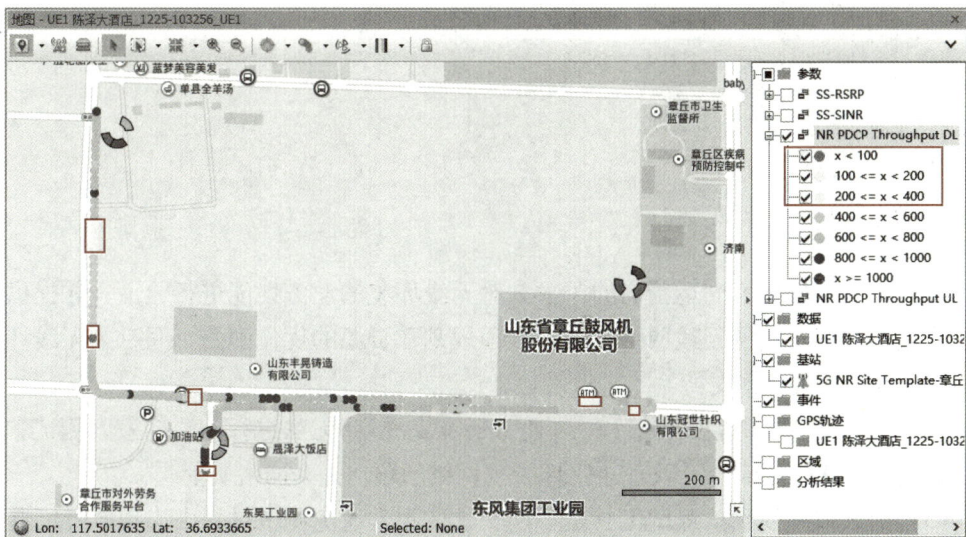

图 4-1-38　下载速率效果图

3　任务确认

本任务中，DT任务要求学员完成测试路线规划，进行DT，输出测试日志，并能根据测试日志输出简单的《DT测试分析报告》，DT任务完成。对于CQT任务，需在待测区域内选出合适的地点（好点、中点、差点等）进行CQT，完成表4-1-19和表4-1-20指标统计，并做简要分析，CQT任务完成。

4 任务评估

任务完成之后，老师按照表4-1-21来评估任务的完成情况并打分，学生填写自评。

表4-1-21   任务评估表

任务名称：5G小区的 DT和CQT测试实战训练	任务负责人： 任务组成员：	日期
项目要求	评价标准	得分情况
CQT过程（20分）	工具使用熟练，操作流程正确，测试数据完备，得20分；工具使用不熟练扣5分；操作流程不对或步骤缺失扣5分；测试数据太少扣5分；无测试数据扣10分	
DT过程（30分）	工具使用熟练，操作流程正确，测试数据完备，得30分；工具使用不熟练扣5分；操作流程不对或步骤缺失扣5分；测试数据太少扣5分；无测试数据扣10分	
报告输出质量（40分）	输出报告数据完备，有测试图，有简单分析，得40分；数据缺失、缺测试图，没有分析或分析错误，每处扣5分	
任务完成时间（10分）	在4h内完成得10分；每超时10min扣2分，扣完为止	
评价人	评价说明	总分
学生		
老师		

5 任务总结

（1）路测需根据不同运营商的需求，对无线环境的业务性能进行验证，并提供相关采集数据，用于支持无线网络环境的合理规划和资源的优化配置，同时为无线环境问题处理提供相关数据支持。

（2）CQT是DT的重要补充手段，通常还可完成DT无法进行的深度室内测试和无线环境复杂区域的测试，可以通过CQT发现网络问题，提升网络质量。

（3）测试前必须确认测试工具是否能正常使用，避免测试过程中出现意外而耽误时间。测试时需记录原始数据，以方便问题分析。

（4）室内CQT时测试日志要能够全面反映测试点各个区域的网络情况。

（5）测试要借助很多工具完成，最基本的就是鼎力、MapInfo等工具，另外Excel也会经常在统计和分析数据时使用。因此，熟练掌握这些工具的使用，有助于提高工作效率。

（6）通过本任务的学习，可以了解到无线网络优化流程及测试的相关知识，掌握DT的实际操作能力，能够初步进行网络优化工作。

任务 4.2

单 站 验 证

教学目标

1. 知识教学目标

（1）了解5G单站验证的主要内容。

（2）了解5G单站验证测试工具的安装方法和主要功能。

（3）掌握5G单站验证的测试方法和流程。

（4）掌握5G单站验证主要测试指标的含义。

2. 技能培养目标

（1）会安装和使用5G单站验证测试工具。

（2）会使用主流5G单站验证测试工具完成测试任务。

（3）会输出5G单站验证报告。

任务描述

电信公司在某市区开通一批基站，其中新建基站A的3个小区为SA独立组网方式。目前3个基站均已施工完成并开通，需要按要求完成3个基站的业务验证内容。

要求：对已开通基站小区进行业务测试，并按要求完成测试任务输出单站验证报告。

实施环境

（1）5G实训室或有5G网络覆盖的测试地点。

（2）笔记本电脑若干台。

（3）5G单站验证设备若干套，GPS、测试手机、数据线。

4.2.1   知识准备：5G新开基站验证知识与技能

单站业务验证是网络工程优化的基础，需要完成包括各个站点设备功能的自检测试，其目的是在簇优化前，保证待优化区域中的各个站点、各个小区的基本功能和基站信号覆盖均是正常的。通过单站验证，可以将网络优化中需要解决的由于网络覆盖造成的失步、接入等问题与设备业务性能下降、接入等问题分离开来，有利于后期问题定位和问题解决，提高网络优化效率。通过单站验证，还可以熟悉优化区域内的站点位置、配置、周围无线环境等信息，为下一步的优化打下基础。

1 工程优化流程

网络优化的流程主要包括单站优化→簇优化或区优化→全网优化→工程优化完成，如图4-2-1所示。

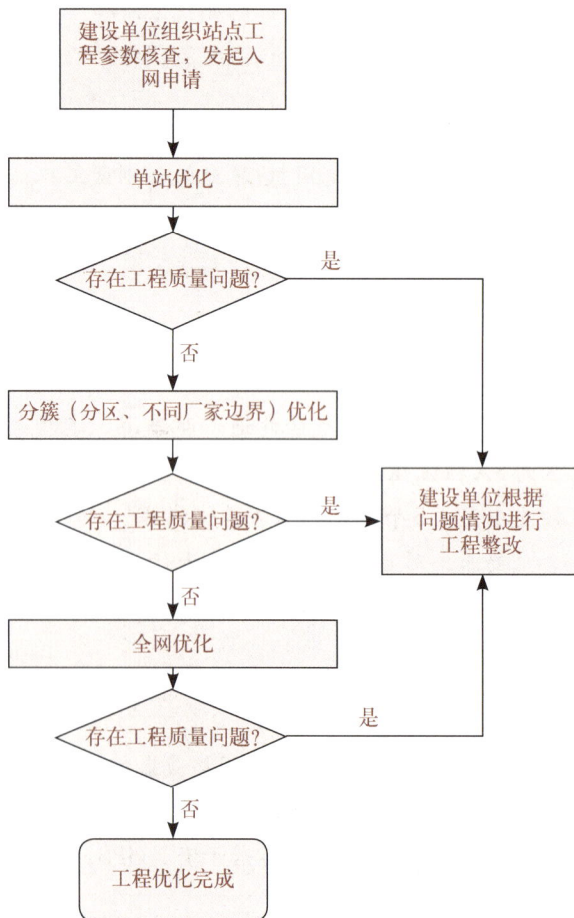

图4-2-1   工程优化流程图

单站验证是指在gNB硬件安装调试完成后，对单站点的设备功能和覆盖能力进行的自检测试和验证。当待优化区域内所有小区通过单站验证，表明站点不存在功能性问题，单站验证阶段结束，进入簇优化阶段。

1）单站验证目的

单站验证是网络优化中一个很重要的环节，其目的是在网络簇优化之前，保证待优化区域中各个站点、各个小区的基站信号覆盖、基本功能（如接入、切换、上下行流量等）均是正常的。

2）单站验证分类

5G NR单站验证根据覆盖类型不同可以分为宏站和室分两种类型。图4-2-2所示为由室内设备pRRU（微微站）组成的室分和由室外设备AAU组成的宏站。

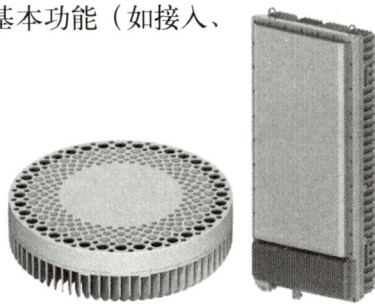

3）单站验证流程

5G单站的验证流程图如图4-2-3所示。

(a) 室分设备pRRU   (b) 宏站设备AAU

图4-2-2 室分设备pRRU与宏站设备AAU

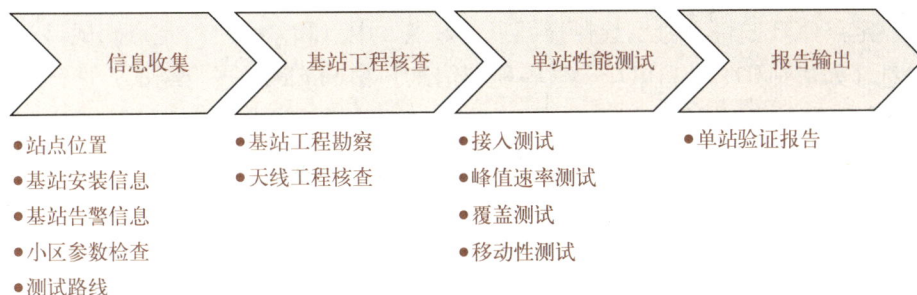

图4-2-3 单站验证流程图

4）单站验证开始前工作

开展单站验证工作前，应首先与后台工程师确认所需验证的站点已经开通并且不存在影响测试的告警时，方可进行单站验证工作。

2 单站验证内容

单站验证根据覆盖类型不同，一般分为宏站单站验证和室分单站验证。

1）宏站单站验证

（1）站点物理信息采集。需采集的信息包括主设备型号、经纬度信息、站点详细地址、机房环境照片、GPS数据、覆盖有无遮挡等。

（2）天馈物理信息采集。需采集的信息包括各小区天线的经纬度、挂高、方位角、电子下倾角、机械下倾角、馈线长度、与其他系统天馈的隔离距离、光纤线路连接检查合理性等。

微课：基站验证准备

（3）天馈地理信息采集。需对各小区天馈覆盖主方向地理环境进行拍照，采集相关信息，从天面正北向0°起每隔45°进行拍照。以上的信息采集和基站勘察内容基本相同，基站单站验证主要是测试工程师对勘察信息进行检查确认，核查勘察阶段的数据是否正确，以保证工参数据是正确的。另外，也有可能根据基站测试的结果对这些参数进行调整，如果调整，要及时更新参数文件。

（4）定点通话质量测试验证。分别选择极好点、好点、中点和差点进行定点测试，从小区基本信息（如基站ID、小区ID、PCI等规划信息）和ping时延进行测试，进行接入测试、FTP上传与下载测试等。

（5）DT验证。进行单小区拉远覆盖距离测试、同站切换测试、相邻站点切换测试等，主要关注DT的日志采集、弱覆盖、天馈线接反等切换性能和干扰情况。

2）室分单站验证

（1）站点物理信息采集。需采集的信息包括主设备型号、经纬度信息、站点详细地址、覆盖方式、小区分布情况、机房环境照片等。

（2）天馈物理信息采集。需采集的信息包括各小区天线的经纬度、挂高、馈线长度、与其他系统天馈的隔离距离、天线覆盖区域室内环境等。

（3）定点CQT验证。分别选择极好点、好点、中点和差点进行定点测试，对小区基本信息（如基站ID、小区ID、PCI等规划信息）和ping时延进行测试，进行接入测试、FTP上传与下载测试等。

（4）DT验证。进行室内遍历覆盖测试、同站切换测试、相邻站点切换测试、室分信号外泄测试等，主要关注DT的日志采集、室分覆盖水平及覆盖范围、室分小区切换性能、室分小区干扰情况、室分外泄情况。

对单站测试的所有日志进行指标统计和分析，对其中影响验收指标的问题进行过滤和深入分析定位，制订优化解决方案，根据解决调整方案进行参数优化调整或天馈系统优化调整并进行问题复测，形成问题处理报告。

根据实际需求，对现场核查发现的工程施工问题或实际与网络规划不一致问题等与客户进行沟通汇报，确认整改方案。对于规划方案不合理的，及时反馈给网络规划侧进行调整；对于现场工程施工未按照规划执行造成与规划方案不一致的，督促工程侧进行整改。对于天馈线接反等工程质量问题，及时反馈工程组进行整改，整改完毕网优侧配合进行现场验证测试，确保问题得到解决，并现场补采测试日志，用于单站报告输出使用。

3）SA单站验证

目前，5G组网形式主要为独立组网SA模式，在SA站点单站验证时，主要验证5G NR的基本性能，内容如下。

（1）工程参数验证。检查天线的经纬度、方位角、下倾角等是否与规划一致，主覆盖方向是否存在高大建筑物阻挡等问题。

（2）无线参数验证。检查该站点小区的频点、PCI、PRACH（物理随机接入信道）、发射功率等参数是否与规划数据一致。

（3）业务性能验证。检查该小区覆盖范围内的接入、上传/下载业务、ping包业务、切换等是否正常。

（4）无线覆盖验证。利用DT进行站点覆盖性能验证，验证该站点覆盖范围是否与规划一致，是否存在天馈线接反，切换是否正常。

（5）问题记录及解决。单站验证过程中，对发现的问题需要在单站验证报告中详细记录，并对问题进行分析、解决和再次验证。

3 单站验证工具的功能和使用

单站验证使用的工具与DT、CQT使用的工具一样，使用方法一致，唯一的区别在于保存测试文件时，是在"保存数据文件"对话框中，通过"单站"选项卡完成，如图4-2-4所示。

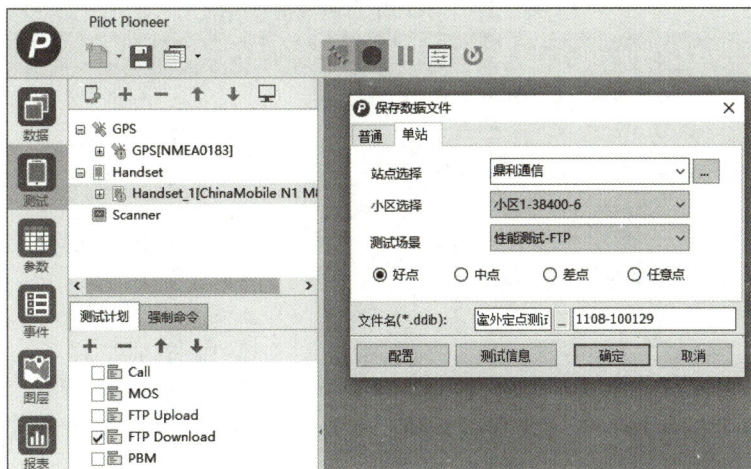

图4-2-4 单站测试文件保存

4.2.2 任务实施：新开基站单站验证

1 任务分析

单站验证业务主要是对已开通基站小区进行业务功能验证。单站性能验证是否达标，可通过单站入网验证的标准进行判定。对站点相关基站参数（经纬度等）、工程参数（小区ID、频点等）、网优参数（基本参数、天线挂高、方向角等）进行检查，确保实际数据与规划数据一致。采用商业终端，进行定点CQT，测试结果应满足各项指标

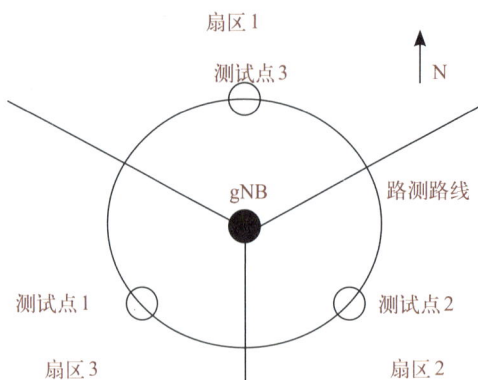

图4-2-5　单站验证测试点与测试路线

的验收门限。

1）验收指标

好点、中点、差点3类测试点的信道条件如下。

好点：−75dBm ≤ SS-RSRP 或 15dB ≤ SS-SINR。

中点：−90dBm ≤ SS-RSRP<−75dBm 且 5dB ≤ SS-SINR<10dB。

差点：SS-RSRP<−90dBm 或 SS-SINR <0dB。

2）定点CQT指标说明

在测试时，先围绕基站做DT，在DT的同时，选定每个小区的覆盖好点、中点和差点，然后在覆盖好点、中点和差点分别进行CQT，如图4-2-5所示。

CQT定点测试指标说明如表4-2-1所示。

表4-2-1　CQT定点测试指标说明

审核项目	测试指标（上行单流、下行2流、30M带宽）	验收门限（参考值）
接入	5G连接建立成功率/%	100
速率	单用户平均下载速率/（Mb·s⁻¹）	好点>240 中点>170 差点>50
	单用户平均上传速率/（Mb·s⁻¹）	好点>120 中点>85 差点>3
时延	单用户好点ping包平均时延	32B 小包：平均时延为14ms，成功率大于99%； 2000B 大包：平均时延为16ms，成功率大于99%； （仅统计RAN侧时延，需扣除传输链路和核心网侧时延）

3）绕点DT指标说明

绕点DT是指围绕基站进行的DT，其测试指标说明如表4-2-2所示。

表4-2-2　绕点DT指标说明

审核项目	测试指标	验收门限（商用终端）
覆盖	单用户5G平均SS-RSRP	覆盖仅测试，不设置验收门限
	单用户5G平均SS-SINR	覆盖仅测试，不设置验收门限
	单用户5G平均CS-RSRP	覆盖仅测试，不设置验收门限
	单用户5G平均CS-SINR	覆盖仅测试，不设置验收门限
切换	5G切换成功率/%	100
保持	5G掉线率/%	0

2 任务实施步骤

1）信息收集

（1）站点位置。主要指NR基站信息，具体包括经纬度信息、站点在地图中的具体位置、站点周边环境及站点联系人信息，如图4-2-6所示。

微课：DT

微课：CQT

图4-2-6　站点周边环境

（2）基站规划信息。包括NR基站的规划信息和具体参数，包括天线类型（64T64R、32T32R、8T8R等）、工程参数、天面位置、天线安装位置、天线方位角和机械下倾角等。

（3）基站告警信息核查。收集基站的告警信息，确认基站无告警，运营状态正常。

（4）小区参数检查。在进行测试之前，需要对无线参数进行检查，主要检查站点小区的频点、TAC、Cell ID（小区ID）、PCI、PRACH信道配置、发射功率等参数是否与规划数据一致等。

（5）基站工程勘察。通过基站工程勘察确认站点周边无线环境良好，站型符合覆盖要求，确认信息如下。

① 基站位置：确认站点经纬度，确认站点周边无线环境良好，无明显遮挡。

② 基站类型：确认站点类型，如宏站/拉远站、室分、微站等。

（6）天线工程核查。主要核查内容包括天线类型、天线安装位置的经纬度、天线高度、天线方位角、电子下倾角、机械下倾角、与其他制式天线的隔离度、天馈线是否接错、天面信息等。核查时需注意以下事项。

① 天线安装位置不能过低，前面不能有阻挡物。

② 重点需关注天线端口、各小区天线的接错、接反问题。

需要核查同站各小区天馈线/光纤是否接错，主要是在单站验证时通过路测检查小区PCI的方式进行。若使用多天线，需要在工程施工时核查多天线各端口是否连接正确，否则会严重影响多天线的网络性能，如影响波束赋形功能等。

③ 天线方向角、下倾角核查。检查NR方向角和下倾角与无线网络规划设计是否一致。建议NR站点同站小区之间的天线夹角尽量不小于90°，对于特殊场景（如铁路覆盖）同站小区之间的天线夹角尽量不大于150°。

完成站点信息采集后，填写表4-2-3所示的SA无线参数检查表。

表4-2-3 SA无线参数检查表

验收人		5G站点ID		5G站点名称					
验收日期									
站点地址				站点类型	室外宏站				
基站参数确认									
基站参数（工程）	规划数据		实测数据		验证是否一致		备注		
5G经度/（°）	××		××		一致				
5G纬度/（°）	××		××		一致				
gNB ID	××		××		一致				
小区参数确认									

无线参数（5G）	小区名1			小区名2			小区名3			备注
	规划数据	实测数据	结果	规划数据	实测数据	结果	规划数据	实测数据	结果	
小区ID（Cell ID）	××	××	一致	××	××	一致	××	××	一致	
PCI	××	××	一致	××	××	一致	××	××	一致	
频段/MHz	××	××	一致	××	××	一致	××	××	一致	
频点/MHz	××	××	一致	××	××	一致	××	××	一致	
小区带宽/MHz	××	××	一致	××	××	一致	××	××	一致	
根序列	××	××	一致	××	××	一致	××	××	一致	
TAC	××	××	一致	××	××	一致	××	××	一致	
Power/dBm	××	××	一致	××	××	一致	××	××	一致	

工程参数（5G）	小区名1			小区名2			小区名3			备注
	规则数据	实测数据	结果	规则数据	实测数据	结果	规则数据	实测数据	结果	
天线挂高/m	××	××	一致	××	××	一致	××	××	一致	
方位角/（°）	××	××	一致	××	××	一致	××	××	一致	
总下倾角/（°）	××	××	一致	××	××	一致	××	××	一致	
电子下倾角/（°）	××	××	一致	××	××	一致	××	××	一致	
机械下倾角/（°）	xx	××	一致	××	××	一致	××	××	一致	
AAU型号	××	××	一致	××	××	一致	××	××	一致	

2）定点CQT

单站验收测试主要是验证各扇区的各项性能是否满足入网要求，每个扇区均需验证。内容包含接入性能测试、上下行速率性能测试、ping时延测试。

（1）单站接入测试。SA场景下，终端接入5G网络，依次完成随机接入、UE能力查询、鉴权、安全模式加载、SA网络注册、PDU默认承载添加等流程。在接入测试时，需要至少尝试10次Attach，以确保每次都能成功接入，即成功率为100%。

具体测试步骤如下。

① 测试终端处于被测小区内覆盖好点、空载/轻载网络、NR SS-RSRP ≥ −75dBm 或 SS-SINR ≥ 15dB。

② 测试终端连接测试工具，进行Attach和Detach测试。

③ 静止测试，至少进行10次测试，记录测试日志。

④ 在路测软件中查看并记录NR Access Success Rate统计结果。

⑤ 在路测软件中查看并记录Call Setup Success Rate统计结果。

（2）单站速率测试。

具体测试步骤如下。

① 依次在选定的各个测试点进行测试，将测试终端放置在预定的测试点。

② 测试终端进行满buffer下行TCP（传输控制协议）业务，稳定后保持30s以上；记录L2吞吐量。记录RSRP、CQI、SINR、MCS（调制与编码方案）、MIMO方式等信息。

③ 测试终端进行满buffer上行TCP业务，重复步骤③。

④ 在不同测试点重复步骤③和④。

（3）单站时延测试。

具体测试步骤如下。

① 测试终端处于主测小区内覆盖好点。

② 测试终端接入系统，分别发起32B、2000B的ping包，重复ping 100次。

③ 测试终端处于覆盖中点、差点，重复步骤②。

④ 测试完成后进行参数回退，以免引起负面影响。

3）绕点DT

（1）测试内容。单站验证阶段DT只验证各扇区的覆盖性能和天馈系统连接情况，包括覆盖、切换及保持三部分。

① 覆盖测试：每个扇区的覆盖方向和覆盖范围与规划结果基本一致，无天馈线接反问题。

② 切换测试：顺时针、逆时针站内切换功能正常，切换过程数据业务无中断或无明显掉零的情况发生，且5G切换成功率均为100%。

③ 保持测试：在这个测试过程中，5G RRC重建比例、5G掉线率均为0。

（2）测试步骤。

具体测试步骤如下。

① 测试终端连接测试工具，确保辅站已正常添加，启动TCP下行灌包或FTP下载业务。

② 驾驶测试车围绕站点进行测试，测试车应视实际道路交通条件以中等速度（不超过40km/h）匀速行驶，DT终端长时间保持业务；中间如有未接通或掉话，则及时停车记录问题并重新建立连接开始测试。

③ 要求站内3个小区顺时针及逆时针各测试一圈，确保SS-RSRP ≥ -75dBm。

④ 记录测试数据，基于测试数据绘制下行SS-RSRP、SS-SINR、CSI-RSRP、CSI-SINR、RSRP、SINR的DT打点图和CDF（累积分布函数）曲线，同时统计切换成功率、掉线率、RRC重建成功率等指标。

4）报告输出

单站验证CQT、DT完成后，完成相应测试表的填写和样例截图。

（1）填写单站验证CQT表（表4-2-4）。

表4-2-4　单站验证CQT表

SA单站业务验证测试										
验收人			5G站点ID				5G站点名称			
验收日期										
测试日期			测试终端				测试软件			
类别	测试编号	测试项目	目标值	小区1		小区2		小区3		备注
				测试值	是否通过	测试值	是否通过	测试值	是否通过	
CQT	2.2.2.1-1	ping时延（32B）/ ms	≤15		☐		☐		☐	从发出Ping Request到收到Ping Reply之间的时延平均值
		ping成功率（32B）/%	≥98		☐		☐		☐	从发出Ping Request到收到Ping Reply的成功率
	2.2.2.1-2	ping时延（2000B）/ms	≤17		☐		☐		☐	从发出Ping Request到收到Ping Reply之间的时延平均值
		ping成功率（2000B）/%	≥98		☐		☐		☐	从发出Ping Request到收到Ping Reply的成功率
	2.2.2.2	NR接入成功率/%	100		☐		☐		☐	UE空闲态发送Ping包，核查RRC消息流程包含RRC Setup Request、RRC Setup Complete及RRC Reconfiguration、RRC Reconfiguration Complete等关键消息，并且Ping包被成功发送

类别	测试编号	测试项目	目标值	小区1		小区2		小区3		备注
				测试值	是否通过	测试值	是否通过	测试值	是否通过	
CQT	2.2.2.2	NR接入时延/ms	≤120	☐		☐		☐		空闲态UE对FTP服务器发起ping业务，终端发出第一条RACH preamble至终端发出RRC Connection Reconfiguration Complete的时间差
	2.2.2.3	单用户下行峰值速率（3.5G 64T64R/32T32R设备）/(Mb·s⁻¹)	≥800	☐		☐		☐		3.5G 64T64R/32T32R设备，空载，覆盖好点或极好点，NR PDCP层速率，2T4R终端
		单用户下行峰值速率（3.5G 8T8R设备）/(Mb·s⁻¹)	≥650	☐		☐		☐		3.5G 8T8R设备，空载，覆盖好点或极好点，NR PDCP层速率，2T4R终端
		单用户下行峰值速率（2.1G 4T4R设备）/(Mb·s⁻¹)	≥270	☐		☐		☐		2.1G 4T4R设备，空载，覆盖好点或极好点，NR PDCP层速率，NR 1T4R终端
		单用户上行峰值速率（3.5G 64T64R/32T32R设备，开启上行256QAM功能）/(Mb·s⁻¹)	≥220	☐		☐		☐		3.5G 64T64R/32T32R设备，开启上行256QAM功能，空载，覆盖好点或极好点，NR PDCP层速率，2T4R终端
		单用户上行峰值速率（3.5G 64T64R/32T32R设备，开启上行64QAM功能）/(Mb·s⁻¹)	≥170	☐		☐		☐		3.5G 64T64R/32T32R设备，开启上行64QAM功能，空载，覆盖好点或极好点，NR PDCP层速率，2T4R终端
		单用户上行峰值速率（3.5G 8T8R设备，开启上行256QAM功能）/(Mb·s⁻¹)	≥200	☐		☐		☐		3.5G 8T8R设备，开启上行256QAM功能，空载，覆盖好点或极好点，NR PDCP层速率，2T4R终端
		单用户上行峰值速率（3.5G 8T8R设备，开启上行64QAM功能）/(Mb·s⁻¹)	≥150	☐		☐		☐		3.5G 8T8R设备，开启上行64QAM功能，空载，覆盖好点或极好点，NR PDCP层速率，2T4R终端
		单用户上行峰值速率（2.1G 4T4R设备，开启上行256QAM功能）/(Mb·s⁻¹)	≥75	☐		☐		☐		2.1G 4T4R设备，开启上行256QAM功能，空载，覆盖好点或极好点，NR PDCP层速率，NR 1T4R终端
		单用户上行峰值速率（2.1G 4T4R设备，开启上行64QAM功能）/(Mb·s⁻¹)	≥60	☐		☐		☐		2.1G 4T4R设备，开启上行64QAM功能，空载，覆盖好点或极好点，NR PDCP层速率，NR 1T4R终端

续表

类别	测试编号	测试项目	目标值	小区1 测试值	小区1 是否通过	小区2 测试值	小区2 是否通过	小区3 测试值	小区3 是否通过	备注
CQT	2.2.2.4	语音业务呼叫建立成功率/%	100	□		□		□		覆盖好点或极好点,按照以下优先级顺序进行语音业务测试:VoNR＞EPS Fallback＞VoLTE
DT	2.2.2.5	无线覆盖率/%	市区:≥92	□		□		□		SS-RSRP≥-105dBm 和 SS-SINR≥-3dB 的数据点百分比
			县城及以下:≥90	□				□		
	2.2.2.6	切换成功率/%	≥98	□		□		□		5G小区间切换:同站/跨站5G小区间切换

（2）填写单站验证DT表（表4-2-5）。

表4-2-5　单站验证DT表

小区	指标							
	RSRP(dBm)/是否正常		SINR(dB)/是否正常		下载速率(Mb/s)/是否正常		下传速率(Mb/s)/是否正常	
小区1	测试数据	是或否	测试数据	是或否	测试数据	是或否	测试数据	是或否
小区2	测试数据	是或否	测试数据	是或否	测试数据	是或否	测试数据	是或否
小区3	测试数据	是或否	测试数据	是或否	测试数据	是或否	测试数据	是或否

（3）DT样例截图。

① SS-RSRP覆盖图,如图4-2-7所示。

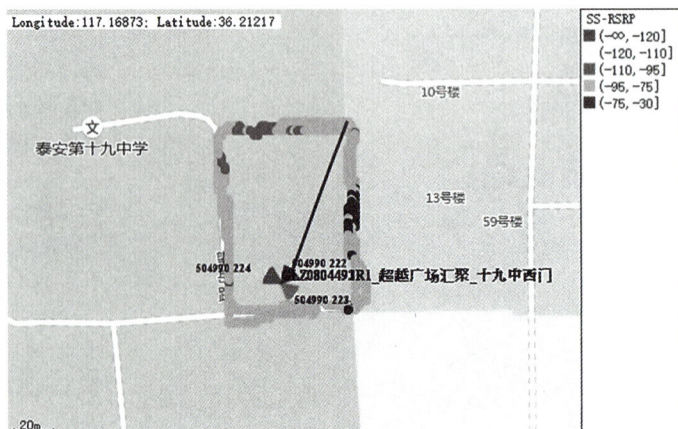

图4-2-7　SS-RSRP覆盖图

② SS-SINR覆盖图,如图4-2-8所示。

③ Throughput DL覆盖图,如图4-2-9所示。

④ Throughput UL覆盖图,如图4-2-10所示。

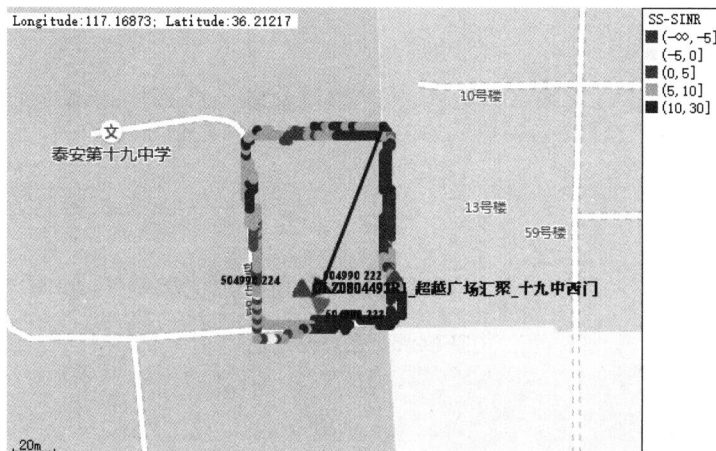

图 4-2-8　SS-SINR 覆盖图

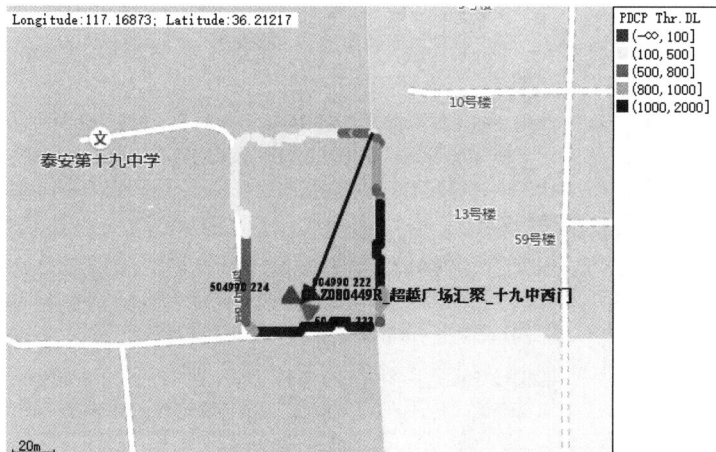

图 4-2-9　Throughput DL 覆盖图

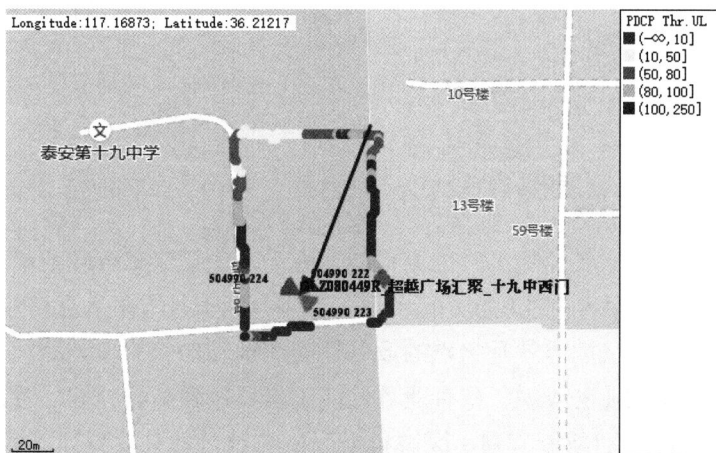

图 4-2-10　Throughput UL 覆盖图

3 **任务确认**

本任务以输出 "SA无线参数检查表" "单站验证CQT表" "单站验证DT表" 作为任务完成成果。

4 **任务评估**

任务完成之后, 老师按照表4-2-6来评估任务的完成情况并打分, 学生填写自评。

表4-2-6　任务评估表

任务名称: 新开基站单站验证实战训练	任务负责人: 任务组成员:	日期
评估项目	评价标准	得分情况
无线参数检查 (20分)	根据任务实施步骤1), 检查的参数是否完备, 检查的方法是否正确, 全部无问题得20分; 少检查一个参数扣1分, 扣完为止	
业务验证测试 (30分)	根据任务实施步骤2), 速率测试方面15分, 时延测试方面15分, 全部按照要求得30分; 检查测试内容和次数是否达到标准, 内容缺失1项扣10分, 次数缺失一次扣1分, 操作不熟练扣5分	
单站验证DT (20分)	根据任务实施步骤3), 全部按照要求得20分; 检查测试内容和次数是否达到标准, 内容缺失1项扣10分, 次数缺失一次扣1分, 操作不熟练扣5分	
报告输出 (20分)	根据任务实施步骤4), 报告填写内容是否齐全, 内容是否具有合理性, 格式是否符合规范, 全部满足要求得20分; 缺漏或错误1处扣除1分, 扣完为止	
任务完成时间 (10分)	在4h内完成任务得10分; 每超时5min扣1分, 扣完为止	
评价人	评价说明	总分
学生		
老师		

5 **任务总结**

(1) 基站在规划后实际施工时位置可能会变动, 位置信息可联系施工单位重新获取。在单站验证过程中可通过观察小区的服务范围判断天线方向是否正确。

(2) 单站验证测试内容就是定点的业务性能测试和动点的覆盖测试。业务性能测试时要求测试较多的业务类型, 每种业务性能下限要达到验收标准; 覆盖测试要对基站的覆盖主范围, 特别是街道和小区进行全区域测试。如果发现性能和覆盖不达标, 要尽快联系前台和后台解决。

（3）如在测试过程中发现速率不达标，需综合考虑无线环境、测试卡开卡速率、小区 PRB 利用率等多种因素，联系后台工程师进行问题定位和处理。

思考与练习

一、填空题

1. 代表电平强度的参数是 _____，代表信号信噪比的参数是 _____。

2. 覆盖率的定义公式为 _____。

3. SS-SINR 小于 -3dB 表明 _____。

二、问答题与简答题

1. 什么是CQT，测试点如何选取？

2. 简述CQT常用的参数和指标。

3. 简述DT中需重点关注的指标。

4. 如果DT中发现终端掉线，应如何处理？

5. 5G单站验证的流程包括哪些？

6. 5G单站验证的目的是什么？

7. 常用的5G单站测试软件有哪些？

三、实战题

1. 图4-1所示为某区域DT测试图，请分析存在的问题并给出解决方案。

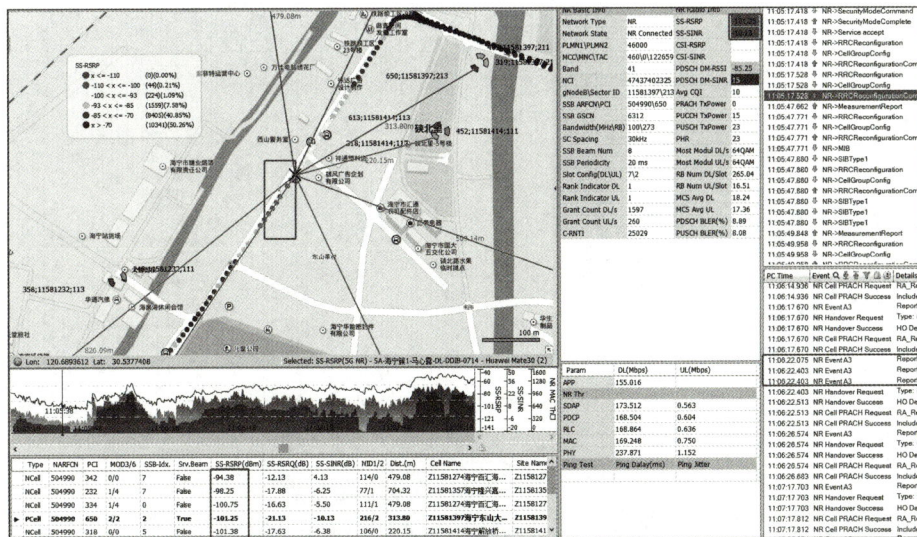

图4-1　测试图分析

2. 某报告厅新建一套室内分布系统进行5G信号覆盖，新建小区PCI为245，图4-2所示为该报告厅室内CQT遍历测试PCI覆盖图，请分析该报告厅存在的问题，并给出解决方案。

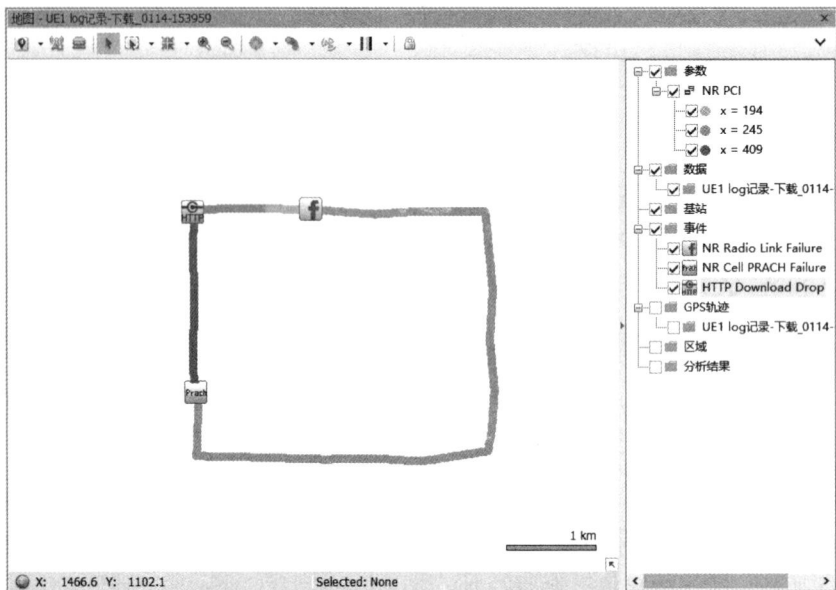

图4-2 PCI覆盖图

3. 图4-3所示为某站点的单站验证DT小区拉线图，请分析存在的问题并给出解决方案。

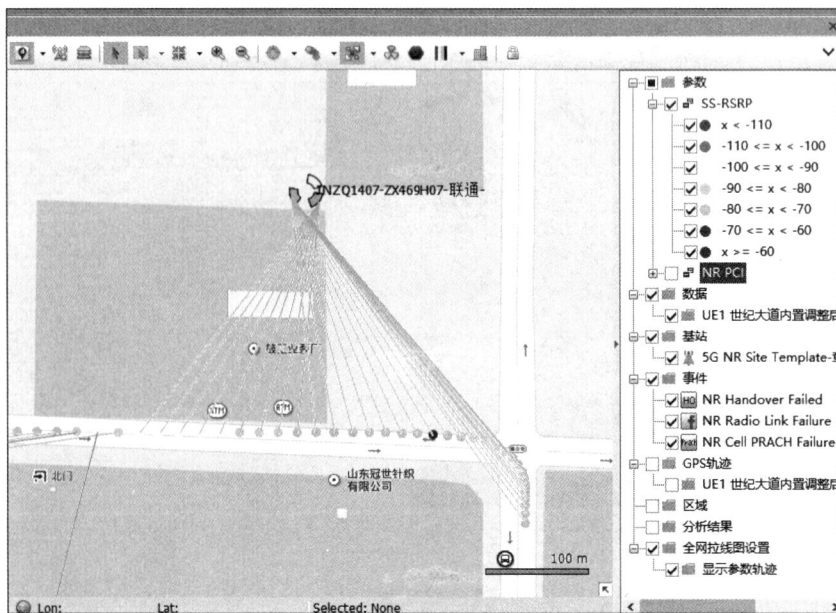

图4-3 RSRP测试图

参 考 文 献

3GPP组织，2021. 5G协议23系列、24系列、38系列 [S].

崔海滨，杜永生，陈巩，等，2020. 5G移动通信技术 [M]. 西安：西安电子科技大学出版社.

刘晓峰，孙韶辉，杜忠达，等，2019. 5G无线系统设计与国际标准 [M]. 北京：人民邮电出版社.

中兴通信，2021. 5G工程组网 [Z].

中兴通讯，2021. 5G基站单站验证 [Z].

中兴通讯，2021. 5G基站介绍 [Z].

中兴通讯，2021. 5G基站开通 [Z].

中兴通讯，2021. 5G基站硬件管理 [Z].

中兴通讯，2021. UME网管操作手册 [Z].

中兴通讯，2021. WebLMT操作手册 [Z].

中英文术语对照表

英文缩写	英文全称	中文
A		
AAU	active antenna unit	有源天线单元
AMF	access and mobility management function	接入和移动性管理功能
API	application programming interface	应用程序接口
AR	augmented reality	增强现实
B		
BBU	base band unit	基带处理单元
BDS	BeiDou navigation satellite system	北斗卫星导航系统
C		
C-RAN	centralized-RAN	集中式无线接入网
CDF	gumulative distribution function	累积分布函数
CDMA	code division multiple access	码分多址
CP	cyclic prefix	循环前缀
CPRI	common public radio interface	通用公共无线接口
CQI	channel quality indicator	信道质量指示
CQT	call quality test	呼叫质量测试
CSI	channel state information	信道状态信息
CSI-RSRP	CSI reference signal received power	CSI参考信号接收功率
CSI-SINR	CSI signal-to-noise and interference ratio	CSI信噪比和干扰比
D		
DHCP	dynamic host configuration protocol	动态主机配置协议
D-RAN	distributed-RAN	分布式无线接入网
DT	drive test	路测
E		
eCPRI	enhanced-common public radio interface	增强型通用公共无线接口
eMBB	enhanced mobile broadband	增强移动宽带
eMTC	enhanced machine-type communication	增强型机器类型通信

续表

英文缩写	英文全称	中文
EPS	evolved packet system	演进分组系统
E-UTRAN	evolved UMTS terrestrial radio access network	演进的 UMTS 陆地无线接入网
F		
FDD	frequency division duplexing	频分双工
FM	fault managment	告警管理
FTP	file transfer protocol	文件传输协议
G		
5G	5th generation mobile communication technology	第五代移动通信技术
5G RAN	5G radio access network	5G 无线接入网
5GC	5G core network	5G 核心网
gNB	gNodeB	5G 基站
gNB CU	gNB centralized unit	gNB 集中式单元
gNB DU	gNB distributed unit	gNB 分布式单元
GNSS	global navigation satellite system	全球导航卫星系统
3GPP	3rd generation partnership project	第三代合作计划
GPRS	general packet radio service	通用分组无线服务
GPS	global positioning system	全球定位系统
GTP	GPRS tunnelling protocol	GPRS 隧道协议
GSM	global system for mobile communications	全球移动通信系统（2G）
I		
ID	identity document	识别标识
IMEI	international mobile equipment identity	国际移动设备识别码
IP	Internet protocol	网际协议
K		
KPI	key performance indicator	关键绩效指标
L		
LTE	long term evolution	长期演进
M		
MAC	media access control	介质访问控制层
MCC	mobile country code	移动国家码
MCL	maximum coupling loss	最大耦合损失
MCS	modulation and coding scheme	调制与编码方案

续表

英文缩写	英文全称	中文
MIMO	multiple input multiple output	多输入多输出
mMTC	massive machine type of communication	海量机器类通信
MNC	mobile network code	移动网络码
MO	management object	管理对象
MOS	mean opinion score	平均意见得分
N		
NAS	non-access stratum	非接入层
NB-IoT	narrow band Internet of things	窄带物联网
NFV	network functions virtualization	网络功能虚拟化
NGAP	NG application protocol	NG 应用协议
NR	new radio	新无线
NSA	non-standalone	非独立组网
NTP	network time protocol	网络时间协议
O		
OAM	operation administration and maintenance	操作维护管理
ODF	optical distribution frame	光纤配线架
OFDM	orthogonal frequency division multiplex	正交频分复用
OMC	operation and maintenance center	操作维护中心
P		
PaaS	platform as a service	平台即服务
PCI	physical cell identifier	物理小区标识
PDCP	packet data convergence protocol	分组数据汇聚协议
PDU	protocol data unit	协议数据单元
PESQ	perceptual evaluation of speech quality	客观语音质量评估
PLMN	public land mobile network	公共陆地移动网
PnP	plug-and-play	即插即用
PRACH	physical random access channel	物理随机接入信道
pRRU	pico RRU	微微站
PTN	packet transport network	分组传送网
Q		
QAM	quadrature amplitude modulation	正交幅度调制
QPSK	quadrature phase shift keying	正交相移键控
QSFP	quad small form-factor pluggable	四通道 SFP 接口

续表

英文缩写	英文全称	中文
R		
RAN	radio access network	无线接入网
RANCM	RAN configuration management	无线配置管理
RB	resource block	资源块
RE	resource element	资源粒子
REM	radio equipment management	无线网元管理
RF	radio frequency	射频
RGPS	relative global positioning system	相对全球定位系统
RLC	radio link control	无线链路层控制
RRC	radio resource control	无线资源控制
RRU	radio remote unit	远端射频单元
RS	reference signal	参考信号
RSSI	received signal strength indication	接收信号强度指示
S		
SA	stand alone	独立组网
SA VoNR	stand alone voice over new radio	独立组网下的语音通话
SCTP	stream control transmission protocol	流控制传输协议
SDAP	service data adaptation protocol	服务数据适配协议
SDN	software defined network	软件定义网络
SFP	small form-factor pluggable	小封装热插拔
SFTP	secret file transfer protocol	安全文件传送协议
SNMP	simple network management protocol	简单网络管理协议
SNTP	simple network time protocol	简单网络时间协议
SON	self organization network	自组织网络
SPU	service processing unit	服务处理单元
SSB	synchronization signal and PBCH block	同步信号和物理广播信道资源块
SS-RSRP	SS reference signal received power	同步参考信号接收功率
SS-RSRQ	SS reference signal received quality	同步参考信号接收质量
SS-SINR	SS signal to interference plus noise ratio	同步信号与干扰加噪声比
T		
TAC	trace area code	跟踪区域码
TCP	transmission control protocol	传输控制协议